高等职业教育园林工程类"十二五"规划教材
省级示范性高等职业院校"优质课程"建设成果

园林植物景观营造与维护

主　编　杨丽琼　肖雍琴

副主编　张智晖　王占锋

主　审　冯光荣

西南交通大学出版社
·成　都·

内容提要

本书依据当前社会对园林行业领域的岗位知识技能需求而编写,内容包括园林植物的识别与欣赏、园林植物的造景设计、园林植物的栽植与施工和园林植物的日常养护管理四个学习情境,每个学习情境都设置了若干具体的学习任务和案例分析。

本书适用于高职高专院校及相关培训机构的园林类专业及相关专业教学。

图书在版编目(CIP)数据

园林植物景观营造与维护/杨丽琼,肖雍琴主编.
—成都:西南交通大学出版社,2013.7(2020.1重印)
高等职业教育园林工程类"十二五"规划教材
ISBN 978-7-5643-2455-1

Ⅰ.①园… Ⅱ.①场… ②肖… Ⅲ.①园林植物–景观设计–高等职业教育–教材 Ⅳ.①TU986.2

中国版本图书馆 CIP 数据核字(2013)第 153076 号

高等职业教育园林工程类"十二五"规划教材
园林植物景观营造与维护

主编 杨丽琼 肖雍琴

*

责任编辑 张 波
封面设计 墨创文化
西南交通大学出版社出版发行
(四川省成都市金牛区二环路北一段 111 号西南交通大学创新大厦 21 楼)
邮政编码:610031 发行部电话:028-87600564
http://www.xnjdcbs.com
成都蓉军广告印务有限责任公司印刷

*

成品尺寸:185 mm × 260 mm 印张:15.75
字数:395 千字
2013 年 7 月第 1 版 2020 年 1 月第 4 次印刷
ISBN 978-7-5643-2455-1
定价:39.00 元

省级示范性高等职业院校
"优质课程"建设委员会

主　任　刘智慧

副主任　龙　旭　徐大胜

委　员　邓继辉　阳　淑　冯光荣　王志林　张忠明

邹承俊　罗泽林　叶少平　刘　增　易志清

敬光红　雷文全　史　伟　徐　君　万　群

王占锋　晏志谦　王　竹　张　霞

《园林植物景观营造与维护》
编写人员名单

主　编　杨丽琼　肖雍琴

副主编　张智晖　王占锋

编　者　（按姓氏笔画排序）

段益莉（内江职业技术学院）

郭　嘉（内江职业技术学院）

苏婷婷（成都农业科技职业学院）

王占锋（成都农业科技职业学院）

汪　源（成都农业科技职业学院）

肖雍琴（内江职业技术学院）

熊朝勇（内江职业技术学院）

杨丽琼（成都农业科技职业学院）

张智晖（成都农业科技职业学院）

赵春春（成都农业科技职业学院）

主　审　冯光荣（成都农业科技职业学院）

序

随着我国改革开放的不断深入和经济建设的高速发展，我国高等职业教育也取得了长足的发展，特别是近十年来在党和国家的高度重视下，高等职业教育改革成效显著，发展前景广阔。早在 2006 年，教育部连续出台了《教育部、财政部关于实施国家示范性高等职业院校建设计划，加快高等职业教育改革与发展的意见》（教高〔2006〕14 号）、《关于全面提高高等职业教育教学质量的若干意见》（教高〔2006〕16 号）文件以及近年来陆续出台了《关于充分发挥职业教育行业指导作用的意见》（教职成〔2011〕6 号）、《关于推进高等职业教育改革创新引领职业教育科学发展的若干意见》（教职成〔2011〕12 号）、《关于全面提高高等教育质量的若干意见》（教高〔2012〕4 号）等文件，这标志着我国高等职业教育在质量得以全面提高的基础上，已经进入体制创新和努力助推各产业发展的新阶段。

近日，教育部、国家发展改革委、财政部《关于印发〈中西部高等教育振兴计划（2012—2020 年）〉的通知》（教高〔2013〕2 号）明确要求，专业设置、课程开发须以社会和经济需求为导向，从劳动力市场分析和职业岗位分析入手，科学合理地进行。按照现代职业教育体系建设目标，根据技术技能人才成长规律和系统培养要求，坚持德育为先、能力为重、全面发展，以就业为导向，加强学生职业技能、就业创业和继续学习能力的培养。大力推进工学结合、校企合作、顶岗实习，围绕区域支柱产业、特色产业，引入行业、企业新技术、新工艺，校企合力专业，共建实训基地，共同开发专业课程和教学资源。推动高职教育与产业、学校与企业、专业与职业、课程内容与职业标准、教学过程与生产服务有机融合。因此，树立校企合作共同育人、共同办学的理念，确立以能力为本位的教学指导思想显得尤为重要，要切实提高教学质量，以课程为核心的改革与建设是根本。

成都农业科技职业学院经过 11 年的改革发展和 3 年的省级示范性建设，在课程改革和教材建设上取得了可喜成绩，在省级示范院校建设过程中已经完成近 40 门优质课程的物化成果——教材，现已结稿付梓。

本系列教材基于强化学生职业能力培养这一主线，力求突出与中等职业教育的层次区别，借鉴国内外先进经验，引入能力本位观念，利用基于工作过程的课程开发手段，强化行动导向教学方法。在课程开发与教材编写过程中，大量企业精英全程参与，共同以工作过程为导向，以典型工作任务和生产项目为载体，立足行业岗位要求，参照相关的职业资格标准和行业企业技术标准，遵循高职学生成长规律、高职教育规律和行业生产规律进行开发建设。按照项目导向、任务驱动教学模式的要求，构建学习任务单元，在内容选取上注重学生可持续发展能力和创新创业能力的培养，具有典型的工学结合特征。

本系列教材的正式出版，是成都农业科技职业学院不断深化教学改革的结果，更是省级示范院校建设的一项重要成果，其中凝聚了各位编审人员的大量心血与智慧，也凝聚了众多行业、企业专家的智慧。该系列教材在编写过程中得到了有关兄弟院校的大力支持，在此一并表示诚挚感谢！希望该系列教材的出版能有助于促进高职高专相关专业人才培养质量的提高，能为农业高职院校的教材建设起到积极的引领和示范作用。

诚然，由于该系列教材涉及专业面广，加之编者对现代职业教育理念的认知不一，书中难免存在不妥之处，恳请专家、同行不吝赐教，以便我们不断改进和提高。

龙 旭

2013 年 5 月

前　言

根据《教育部关于加强高职高专教育人才培养工作的意见》的有关要求，结合专业改革，编者重新整合了教学内容，突出专业技能的培养，编写完成了《园林植物景观营造与维护》这本教材。

编者在内容选取、结构安排上进行了合理的筛选和大胆的尝试，基于"工作过程系统化"和岗位能力，整合课程，优化课程结构，重构课程体系，将传统学科体系的"园林植物基础"、"观赏树木"、"花卉"、"园林植物景观维护"、"室内植物装饰"、"园林植物造景"经过高度综合，基于工作过程来设置了4个学习情境，将6门课程的内容整合到《园林植物景观营造与维护》一本教材，以期改善园林工程专业植物类课程课程数量多，内容繁琐，课程之间缺少关联且内容重复，导致教学重点不突出，教学效果差的状态。

本书内容选取遵循"实用、够用、能用"的原则，尽量减少空洞的理论，并采用设置学习情境的方法，每个学习情境下又设置若干具体的任务，每个学习情境都安排了案例分析，增强了专业技能的实用性。

本书由杨丽琼、肖雍琴主编，张智晖、王占锋担任副主编。具体分工为：情境一、情境四、情境二相关知识部分和情境三部分由成都农业科技职业学院杨丽琼编写，并负责全书修改和统稿；情境二的任务四、任务六由内江职业技术学院肖雍琴编写；本教材的大纲制定、内容体系构建及相关素材的收集由成都农业科技职业学院张智晖、王占锋主要参与；情境二的任务二和情境三大部分由内江职业技术学院熊朝勇编写；情境二的任务一、任务七由内江职业技术学院段益莉编写；情境二的任务三、任务五由内江职业技术学院郭嘉编写；情境四的任务四由成都农业科技职业学院汪源编写；情境一和情境四的实训项目由成都农业科技职业学院的赵春春和苏婷婷编写；全书由成都农业科技职业学院冯光荣主审。

本书在编写过程中参考了大量的文献和图书资料，在此向所有参考文献的作者表示真诚感谢！

　　由于编者水平有限，书中疏漏、错误及不足之处在所难免，盼望同行及广大读者给予批评指正。

编　者

2013 年 6 月

CONTENTS

情境一　园林植物的识别与欣赏

【学习目标】
1. 能识别园林工程中常见园林绿化植物，包括木本园林植物、草本花卉、草坪。
2. 掌握园林植物的美学特性，能将植物的美学特性应用在后期植物造景上。

【重　　点】
乔、灌、草的概念及分类方法。

【难　　点】
1. 各类植物的识别要点。
2. 对植物美学特性的理解与应用。

【学习框架】

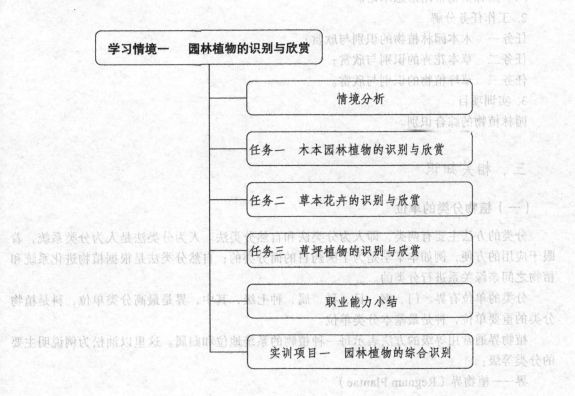

学习情境一　园林植物的识别与欣赏

- 情境分析
- 任务一　木本园林植物的识别与欣赏
- 任务二　草本花卉的识别与欣赏
- 任务三　草坪植物的识别与欣赏
- 职业能力小结
- 实训项目一　园林植物的综合识别

情境分析

一、问题引入

小王和小赵了解了园林植物在园林工程造景中的重要性后，突然对植物产生了兴趣，但园林工程上应用的成千上万种植物，都演绎着相同的生命周期，发芽、开花、结果……他们不知道怎样去区别和认识，他们找到了专业老师，老师说："别急，要想应用园林植物，我们得先了解园林植物，下面我们就一一区别认识它们吧！"

二、解决方案与任务分解

王老师指出：要区别认识种类繁多的园林植物，我们必须完成以下任务：

1. 学习与园林植物相关的知识

（1）植物分类的单位；

（2）植物的自然分类法；

（3）植物的拉丁名；

（4）园林植物常用形态术语。

2. 工作任务分解

任务一　木本园林植物的识别与欣赏；

任务二　草本花卉的识别与欣赏；

任务三　草坪植物的识别与欣赏。

3. 实训项目

园林植物的综合识别。

三、相关知识

（一）植物分类的单位

分类的方法主要有两类，即人为分类法和自然分类法。人为分类法是人为分类系统，着眼于应用的方便，例如本草学是为了医药目的而分类的；自然分类法是根据植物进化系统和植物之间亲缘关系进行分类的。

分类的单位有界、门、纲、目、科、属、种七级，其中，界是最高分类单位，科是植物分类的重要单位，种是最基本分类单位。

植物界通常用等级的方法表示每一种植物的系统地位和归属。这里以油松为例说明主要的分类等级：

界——植物界（Regnum Plantae）

门——种子植物门（Spermatophyta）

纲——松柏纲（Confierae）

目——松柏目（Coniferales）

科——松科（Pinaceas）

属——松属（Pinus）

种——油松（Pinus tabulaeformis）

种是自然界中客观存在的一种类群，这个类群中的所有个体都有着极其近似的形态特征和生理、生态特征，个体之间可以自然交配产生正常的后代而使种族延续，它们在自然界又占有一定的分布区域。亚种是种内的变异类型，这个类型除了在形态构造上有显著的变化特点外，在地理分布上也有一定范围的地带性分布区域。变种也是种内的变异类型，虽然在形态构造上有显著变化，但是没有明显的地带性分布区域。变型是指在形态特征上变异比较小的类型。

（二）植物的自然分类法

植物自然分类的系统有恩格勒系统、哈钦松系统、克朗奎斯特系统。下面我们主要介绍恩格勒系统和哈钦松系统。

1. 恩格勒分类系统的特点

（1）认为单性而又无花被（葇荑花序）是较原始的特征，所以将木麻黄科、胡椒科、杨柳科、桦木科、山毛榉科、荨麻科等放在木兰科和毛茛科之前。

（2）认为单子叶植物较双子叶植物原始。

（3）目与科的范围较大。

在 1964 年，该系统根据多数植物学家的研究，将错误的部分加以更正，即认为单子叶植物是较高级植物，而放在双子叶植物之后，目、科的范围亦有些调整。由于其著作极为丰富，系统较为稳定而实用，所以在世界各国及中国北方多采用，例如《中国树木分类学》和《中国高等植物图鉴》等书均采用该系统。

2. 哈钦松分类系统的特点

（1）单子叶植物比较进化，排在双子叶植物之后。

（2）在双子叶植物中，将木本与草本分开，木本起源于木兰目，草本起源于毛茛目。

（3）花两性；花的各部分分离、螺旋状排列；具有多数离生雄蕊等性状；花单性；花的各部分呈合生或附生、花部呈对生或轮状排列；具有少数合生雄蕊等原始性状。因此木兰目、毛茛目是被子植物中原始类群，应排在前面。

（4）单叶和叶呈互生排列现象属于原始性状，复叶和叶呈对生或轮生排列现象属于较进化的现象。

（5）目和科的范围较小。

（三）植物的拉丁名

由于植物分布的地理差异很大，因此植物名称的地理差异性也大，常出现同物异名或同名异物的现象，如白玉兰所处地方不同名字也不同，有玉兰、应春花、迎春花、望春花、木花树等的称呼。因此对植物的考察研究、开发利用、国际国内学术交流非常不利。为避免混乱，很早以前，植物学家就对制定国际通用的植物命名法做了很多努力。1867 年德堪多（A. P. Decando）等人根据国际植物学大会精神拟定出"国际植物命名法规"，并在每年每届国际植物学会议后加以修订补充。"法规"是国际植物分类学者命名共同遵守的文献和规章。

1. 拉丁学名的组成

现行的植物命名都是采用林奈的双命名法。双命名法由两部分组成，即属名和种名，种名之后附以命名人的姓氏（缩写）。属名第一字母必须大写，种名第一字母小写。如：

　　银白杨　　　Populus　　　alba　　　L.
　　属名　　　　种名　　　　命名人

变种是在种名之后加 var.（Varietas 的缩写）、变种名及变种命名人，变型是在种名之后加 f.（Forma 的缩写）、变型名及变型定名人。如：

　　蟠桃　Prunus persica var.　　compressa　　　Bean.
　　属名　　种名　　　　　　　变种名　　变种命名人

2. 国际植物命名法规简介

（1）每一种植物只有一个合法的拉丁学名。其他名只能作异名或废弃。

（2）每种植物的拉丁学名包括属名和种名，另加命名人名。

（3）一植物如出现两个或两个以上的拉丁学名，应选用最早发表的名称（不早于 1753 年林蔡的《植物志种》一书发表的年代），并且是按"法规"正确命名的。

（4）一个植物合法有效的拉丁学名，必须有有效发表的拉丁文描写。

（5）保留名：是不合命名法规的名称，按理应不通行，但由于历史上已习惯久用，经公议可以保留，但这一部分数量不大。

（四）园林植物常用形态术语

1. 根

（1）根系（图 1.1）。

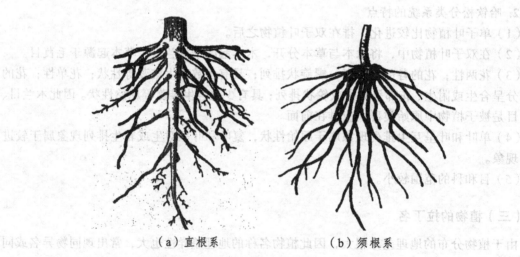

（a）直根系　　　（b）须根系

图 1.1　根　系

① 直根系：主根粗长，与侧根有明显区别的根系，如侧柏、毛白杨等。

②　须根系：主根不发达或早期死亡，而由茎的基部发生许多较细的不定根形成的根系，如棕榈、蒲葵等。

（2）根的变态。

①　板根：热带树木在干基与根颈之间形成板壁状凸起的根，如榕树。

②　呼吸根：伸出地面或浮在水面用以呼吸的根，如水松、池杉的屈膝状呼吸根。

③　附生根：用以攀附他物的不定根，如络石。

④　气生根：茎上产生的不定根，悬垂在空气中，有时向下伸入土中，形成支持根，如榕树从大枝上发生多数向下垂直的根。

⑤　寄生根：着生在寄主组织内，以吸收水分和养料的根，如桑寄生。

2. 树皮

光滑：表面平滑无裂，如大叶白蜡（幼龄）、梧桐等。

粗糙：表面不平滑，也无较深沟纹，呈不规则脱落之粗糙状，如朴树、臭椿等。

细纹裂：表面呈浅而细的开裂，如水曲柳。

方块状开裂：表面呈方块状的裂纹，如柿树。

鳞块状纵裂：表面呈不规则的块状开裂，如油松。

鳞片状开裂：表面呈不规则的片状开裂，如鱼鳞云杉。

浅纵裂：表面呈纵条状或近于人字形的浅裂，如喜树、紫椴等。

深纵裂：表面呈纵条状或近于人字形的深裂，如刺槐、栓皮栎、槐树。

窄长条浅裂：表面呈细条状的浅裂，如圆柏、杉木等。

不规则纵裂：表面呈不规则纵条状或近于人字形的开裂，如黄檗。

横向浅裂：表面呈浅而细的横向开裂，如桃树、樱花等。

鳞状剥落：表面呈不规则的鳞片状脱落，如木瓜等。

片状剥落：表面呈不规则的薄片状脱落，如悬铃木、白皮松等。

长条片剥落：表面呈长条片状脱落，如蓝桉等。

纸状剥落：表面呈纸状分层脱落，如白桦、红桦等。

3. 叶形（图1.2）

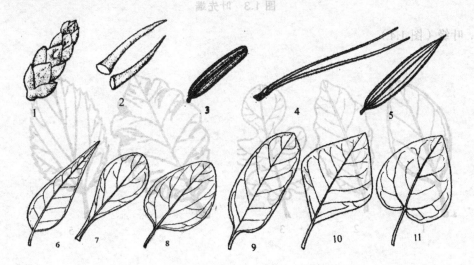

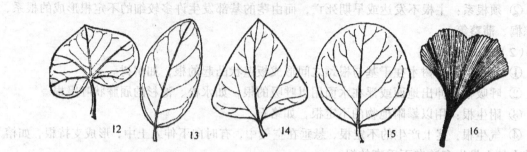

1—鳞形；2—锥形；3—条形；4—针形；5—刺形；6—披针形；7—匙形；8—卵形；9—长圆形；
10—菱形；11—心形；12—肾形；13—椭圆形；14—三角形；15—圆形；16—扇形

图 1.2 叶 形

4. 叶先端（图 1.3）

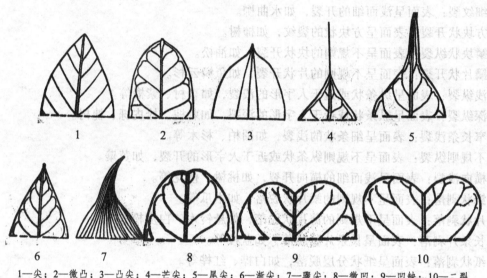

1—尖；2—微凸；3—凸尖；4—芒尖；5—尾尖；6—渐尖；7—骤尖；8—微凹；9—凹缺；10—二裂

图 1.3 叶先端

5. 叶缘（图 1.4）

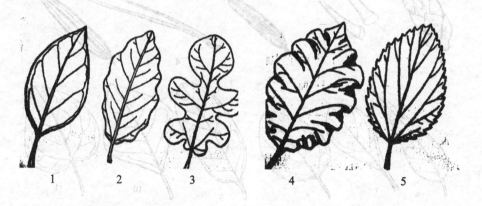

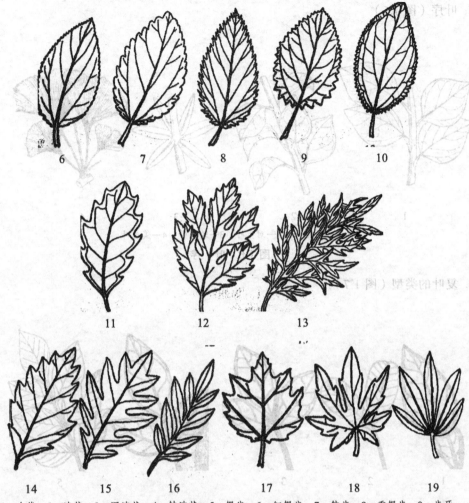

1—全缘；2—波状；3—深波状；4—皱波状；5—锯齿；6—细锯齿；7—钝齿；8—重锯齿；9—齿牙；
10—小齿牙；11—浅裂；12—深裂；13—全裂；14—羽状浅裂；15—羽状深裂；
16—羽状全裂；17—掌状浅裂；18—掌状深裂；19—掌状全裂

图1.4 叶　缘

6. 叶脉及脉序（图1.5）

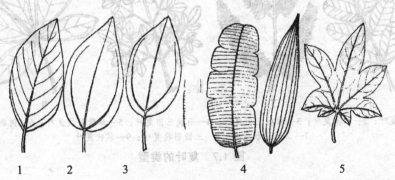

1—羽状脉；2—三出脉；3—离基三出脉；4—平行脉；5—掌状脉

图1.5 叶脉和脉序

7. 叶序（图1.6）

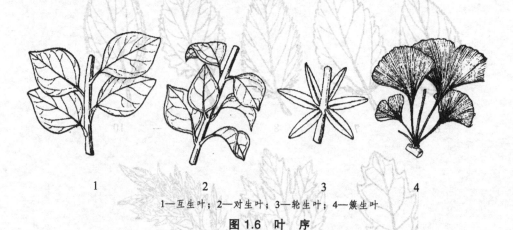

1—互生叶；2—对生叶；3—轮生叶；4—簇生叶

图1.6 叶 序

8. 复叶的类型（图1.7）

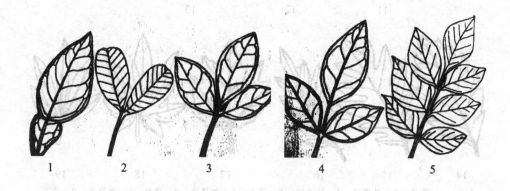

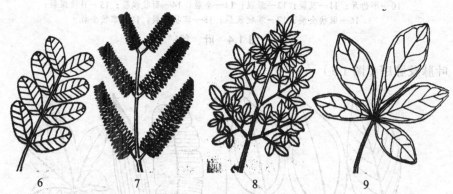

1—单生复叶；2—二出复叶；3—掌状三出复叶；4—羽状三出复叶；5—奇数羽状复叶；6—偶数羽状复叶；
7—二回羽状复叶；8—三回羽状复叶；9—掌状复叶

图1.7 复叶的类型

9. 花序的类型（图1.8）

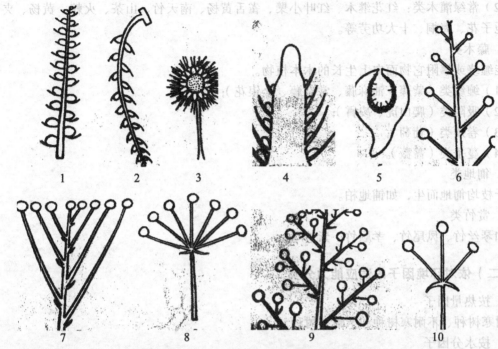

1—穗状花序；2—柔荑花序；3—头状花序；4—肉穗花序；5—隐头花序；6—总状花序；
7—伞房花序；8—伞形花序；9—圆锥花序；10—聚伞花序

图1.8 花序的类型

任务一 木本园林植物的识别与欣赏

一、木本园林植物的分类识别

（一）按树木的生长习性分类

1. 乔木类

树体高大，一般6 m以上，具有明显主干的直立树木。又可依其高度分为伟乔（31 m以上）、大乔（21~30 m）、中乔（11~20 m）和小乔（6~10 m）。

（1）常绿类：一年四季常青，冬季不落叶。如小叶榕、天竺桂、桢楠、香樟、广玉兰、杜英、棕榈、雪松、柳杉、龙柏等。

（2）落叶类：冬季落叶，春季发芽。如银杏、水杉、枫杨、紫叶李、红枫、鸡爪槭、悬铃木、泡桐、栾树等。

（3）半落叶类：在春季萌发新叶之后，老叶才完全脱落。如大叶榕。

2. 灌木类

树体矮小通常在6 m以下，主干低矮或无明显主干。

（1）落叶灌木类：蜡梅、紫荆、木槿、海棠等。

园林植物的形态术语中图片来源于：潘文明主编的《观赏树木》，中国农业出版社。

（2）常绿灌木类：红花继木、红叶小檗、雀舌黄杨、南天竹、山茶、火棘、黄杨、夹竹桃、栀子花、海桐、十大功劳等。

3. 藤木类

能缠绕或攀附它物而向上生长的木本植物。

（1）缠绕类（紫藤、油麻藤、常春藤、金银花）；

（2）吸附类（爬山虎、凌霄）；

（3）卷须类（葡萄）；

（4）蔓条类（蔷薇）。

4. 匍地类

干枝均匍地而生，如铺地柏。

5. 赏竹类

如琴丝竹、凤尾竹、孝顺竹、紫竹等。

（二）依对环境因子的适应能力分类

1. 按热量因子

耐寒树种、不耐寒树种和半耐寒树种。

2. 按水分因子

旱生树种、中生树种和湿生树种。

（1）旱生树种。

该类型植物在干旱的环境中能长期忍受干旱而正常生长发育，多见于雨量稀少的荒漠地区和干燥的低草原上，个别的也可见于城市环境中的屋顶、墙头、危岩陡壁上。根据它们的形态和适应环境的生理特性又可分为以下3类：

① 少浆植物或硬叶旱生植物。

体内含水量很少，而且在丧失一半含水量时仍不会死亡，该类形态和生理特点是：叶面积小，多退化成鳞片状、针状或刺毛状；叶表具有厚的蜡层、角质层或毛茸，以防止水分的蒸腾；叶的气孔下陷并在气孔腔中生有表皮毛，以减少水气的散失；当体内水分降低时，叶片卷曲或呈折叠状；根系极发达，能从较深的土层内和较广的范围内吸收水分。这类的叶子失水后不萎凋变形，同一属中少浆植物单位叶面积上的气孔数目常比同属中中生植物的气孔数为多，因此，在土壤水分充足时，其蒸腾作用会比中生植物强得多，但在干旱条件下蒸腾作用却极低。如怪柳、沙拐枣、卷柏等。

② 多浆植物或肉质植物。

体内有由薄壁组织形成的储水组织，体内含有大量水分，因此能适应干旱的环境条件。其形态和生理特点是茎或叶具有储水组织而多肉；茎或叶的表皮有厚角质层，表皮下有厚壁细胞层，这种结构可以减少水分的蒸腾；大多数种类的气孔下陷，气孔数目不多；根系不发达，属于浅根系植物；多浆植物有特殊的新陈代谢方式，生长缓慢，但因本身储有充分的水分，故在热带、亚热带沙漠中其他植物难于生存的条件下，仙人掌类、肉质植物却能很好地适应，有的种类能长到 20 m 高。根据储水组织所在的部位，可分为肉茎植物和肉叶植物。肉茎植物具有粗壮多肉的茎，其叶则退化成针刺状，例如仙人掌科植物。肉叶植物则叶部肉质化显著而茎部的肉质化不显著，例如一些景天科、百合科及龙舌兰科植物。

③ 冷生植物或干矮植物。

这类植物的体形多矮小，常呈团丛或匍匐状，按具体环境而言，又有两种情况：其一是环境干燥而寒冷，因而树木具有旱生性状，如生在高山地区的伏地桧类及坐垫状灌木等均属之，又可称为干冷生树种；另一是环境并不干旱，而是多湿状况，但由于气候寒冷，因而造成生理上的干旱，致使树木呈旱生性状，如生于北方亚寒带、寒带地区的匍匐性桧类、冷杉等。该类植物由于环境多湿，故又可称为湿冷生树种。

（2）中生树种。

该类植物适于生长在水湿条件适中的环境中，其形态结构及适应性均介于湿生植物和旱生植物之间，不能忍受过干和过湿的生长环境。它们在干旱条件下易枯萎，在水分过多的地方又易被淹死。绝大多数植物属于中生植物。由于这类植物种类多，分布广，数量也最大，因而对于干和湿的忍耐程度也有很大的差异。在形态结构上，它们既具有旱生结构，也具有湿生结构，随着水分条件的变化，耐旱力强的种类则趋于旱生方向，耐湿力强的种类则趋于湿生方向。中生植物可塑性大，适应性多样，但较长时间的干旱或潮湿都会影响它们的正常生长。就木本植物而言，油松、侧柏、酸枣等有很强的耐旱性，但仍然以在干湿适度的条件下生长最佳；而如桑树、旱柳、紫穗槐等，虽有很高的耐水湿能力，但仍然以在中生环境下生长最佳。

（3）湿生树种。

湿生植物是指在土壤含水量很高、空气湿度较大的环境中能够正常生长，而不忍受较长时间的水分不足的植物，如枫杨、赤杨等。这类植物因环境中经常有充足的水分，没有任何避免蒸腾过度的保护性形态结构，相反却具有对水分过多的适应特征。根据实际的生态环境又可分为阳性湿生植物和阴性湿生植物两种类型：

① 阳性湿生植物。

主要生长在光线充足、土壤水分经常处于饱和状态的环境中或仅有较短的干期地区的湿生植物，如灯芯草等。适应土壤潮湿通气不良，故根系多较浅，无根毛，根部有通气组织，木本植物多有板根或膝根；由于地上部分的空气湿度不是很高，所以防止蒸腾，叶片上仍可有角质层生存。在造园工作中，这类植物常配置在地下水位高的湿地、池沼边缘、沼泽地等。

② 阴性湿生植物。

主要生长在半阴，空气湿度较高，土壤潮湿环境下的湿生植物。如热带雨林中的各种附生植物和秋海棠等。由于它们适生的环境光照弱，大气湿度大，这类植物叶片大都很薄，栅栏组织和机械组织不发达而海绵组织很发达；角质层弱化，且根系浅而分枝少。在造园工作中，这类植物适于配置在湿度较大而光线较暗的谷底、瀑口、假山石、建筑物北面等地。常见的湿生植物如水杉、水松、落羽杉、红树、垂柳、水冬瓜（喜树）、枫杨等。

3. 按光照因子分

根据植物对光的适应程度，一般把植物分为以下 3 类：

① 阳性植物。

阳性植物生长阶段喜阳，不耐阴，常不能在林下正常生长和完成其更新，具有较高的光补偿点，约在全部太阳光强度的 3% ~ 5% 时，达到光补偿点。在阳光充足的条件下，才能正常生长发育，发挥其最大观赏价值。如：桃、杏、紫薇、牡丹、松树、刺槐、杨树、银杏等。

② 阴性植物。

具有较强的耐阴能力，在较弱的光照条件下，比强光下生长良好，光照强度过大，就会导致光合作用减弱。长时间的强光直射，会造成植株死亡。其光补偿点低，不超过全部太阳光照强度的1%，如：文竹、云杉、珍珠梅、珊珊树、红豆杉、一叶兰、万年青等。

③ 中性植物。

中性植物对光照强度的要求介于上述二者之间，对光的适应幅度较大，在全日照下生长良好，也能忍受适当的庇荫。在高温干旱时在全光照下生长受抑制。如杜鹃、山茶、七叶树、枫杨等。大多数植物属此类型，但其耐阴程度因植物种类而异。在同一植株上，处于阳光充足部位枝叶的解剖构造倾向于阳性植物，而处于阴暗部位的枝叶构造则倾向于阴性植物。

了解植物的耐阴性在园林植物栽培中具有重要意义。可以根据不同环境的光照强度，合理选择栽培植物，做到植物与环境相统一，也可以根据植物的需光不同进行合理配置，发挥植物群落的整体生态功能，更好地提高城市环境质量。如阳性树种的寿命一般比耐阴树种的短，但阳性树种的生长速度较快，所以在进行树木配植时必须搭配得当。又如树木在幼苗阶段的耐阴性高于成年阶段，即耐阴性常随年龄的增长而降低，在同样的庇荫条件下，幼苗可以生存，但成年树即感到光照不足。了解了这一点，则可以进行科学的管理，适时地提高光照强度。此外，对于同一树种而言，生长在分布区南界的植株就比生长在其分布区中心的植株耐阴，而生长在分布区北界的植株则较喜光。同样的树种，海拔越高，树木的喜光性越强。这些知识，与园林植物的引种驯化、繁育、园林植物的造景设计和养护管理等方面有紧密的联系。

（三）依树木的观赏特性分类

观叶、观花、观果、观树形、观枝干、观根类。

（四）依树木在园林绿化中的用途分类

1. 孤植树（园景树、独赏树、标本树）

通常作为庭园和园林局部的中心景物，欣赏其个体美，形体高大，树姿优美或具有其它突出观赏特点，常布置在视野开阔，视线集中位置，如榕树、紫薇、南洋杉、雪松、金钱松、龙柏、紫叶李、龙爪槐等。

2. 行道树

是种在道路两旁给车辆和行人遮荫并构成街景的树种。落叶或常绿乔木均可作行道树，但必须具有抗性强、耐修剪、主干直、分枝点高等特点。例如：悬铃木、榕树、栾树、棕榈、天竺桂、银杏、香樟、紫薇等。

3. 庭荫树

是植于庭园或公园以取其绿荫为主要目的的树种。一般多为冠大荫浓的落叶乔木，在冬季人们需要阳光时落叶。例如：梧桐、银杏、七叶树、槐、栾、朴、榉、樟等。如"方宅十余亩，草屋八九间。榆柳荫后檐，桃李罗堂前。"正是庭荫树配置方式的描写。

4. 林带与片林

用于风景林、防护性片林及休疗养性片林。

5. 藤木类

可用于棚架、建筑墙面垂直绿化；攀附灯竿、廊柱、枯树等；悬垂于屋顶、阳台；覆盖地面做地被植物。

6. 花灌木

通常指有美丽芳香的花朵或色彩艳丽的果实的灌木和小、乔木。这类树木种类繁多，观赏效果显著，在园林绿地中应用广泛。例如：玉兰、迎春、月季、山茶、杜鹃、梅花等。

7. 绿篱植物类

绿篱是成行密植、通常修剪整齐的一种园林栽植方式。一般都是耐修剪，多分枝和生长较慢的常绿树种。例如：黄杨、小叶女贞、金叶女贞、红花继木、珊瑚树、圆柏、侧柏等。也有以观花、果为主而不加修整的自然式绿篱。例如：木槿、贴梗海棠，黄刺玫，珍珠梅，枸杞等。

8. 桩景类（盆栽、地栽）

如银杏、罗汉松等。

9. 室内绿化装饰类

如橡皮树、发财树等。

二、木本园林植物的美学特性与欣赏

（一）植物的形态美

园林植物种类繁多，姿态各异，有的苍劲雄伟、有的婀娜多姿、有的古雅奇特、有的提根露爪、有的俊秀飘逸、有的挺拔刚劲、有的情影婆娑，可谓千姿百态。每一种植物都有着自己独特的形态特性，经过合理搭配，就会产生与众不同的艺术效果。植物形态美可以通过植物的大小（或者高矮）、植物的外形以及植物的质感等参数加以描述。树木形态，虽然有差异，但因其种类不同而具有一定的形状特征，远观即可识别。园林植物的树形由树干、树枝、树叶、花果所组成，其形成各种轮廓线给人以不同的艺术感受，树形上部即树冠是园林植物的主要观赏部分。在园林绿化植物配置中常常运用树冠线的变化使景色层次增加，丰富园林景观。在城市规划，特别是园林规划和建筑设计中常常需要掌握树冠轮廓，配置各种园林植物。园林植物的树形由树干、树枝、树叶等组成。其上半部出枝叶组成的树冠随季节、特性变化繁多。故在植物配置上往往占有一定重要因素。

1. 乔木

在开阔空间中，多以大乔木作为主体景观，构成空间的框架，中小型乔木作为大乔木的背景，所以在植物配置时需要首先确定大乔木的位置，然后再确定中小乔木、灌木等的种植位置。而中小型乔木也可以作为主景，但经常应用于较小的空间。乔木树形的种类大致如下：

（1）主干直立，有中央领导干的乔木。

① 圆柱形：中央领导干较长，上部有分枝，主枝贴近主干，如黑杨、加杨等。

② 塔形：主枝平展，主枝从基部向上逐渐变短变细，如雪松、冷杉、落羽杉、南洋杉等。

③ 圆锥形：主枝向上斜伸、树冠紧凑丰满，呈圆锥体，如桧柏、水杉、圆柏等。

不同的外形特征给人的视觉感受是不同的，比如圆锥形、圆柱形、塔形等植物是向上的符号，能够通过引导视线向上，给人以高耸挺拔的感觉，如图 1.9 所示，在设计中这种植物如同"惊叹号"，成为瞩目的对象。

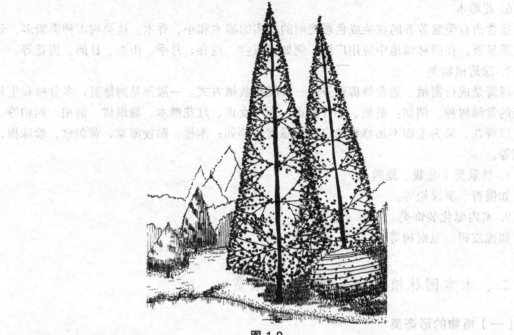

图 1.9

④ 倒卵形：中央领导干较短，至上部也不突出，主枝向上斜伸，树冠丰满，如深山含笑、千头柏、樟树、广玉兰等。

⑤ 棕榈形：如棕树、蒲葵、槟榔、酒瓶椰子、旅人蕉等。

不同的形状和大小，具有不同的观赏特性。例如棕榈、蒲葵、椰子、龟背竹等具有热带情调；大形的掌状叶给人以素朴的感觉，大形的羽状叶给人轻快、洒脱的感觉。它们因外形奇特，是植物景观中的"明星"，如图 1.10 中的酒瓶椰子，图 1.11 中的旅人蕉。

图 1.10

图 1.11

⑥ 风致形：主枝横斜伸展，如油松、枫树、梅树等。

（2）中央领导干不明显，或主干直立但至一定高度即分枝。

① 卵圆形：如悬铃木、玉兰等。

② 圆头形：如元宝枫、栾树、馒头柳等。

③ 平顶伞形：如合欢、千头赤松等。

④ 垂枝形：主枝虬曲，小枝下垂者，如垂柳、龙爪槐、龙爪柳等。

垂枝类型者，常形成优雅和平的气氛，如柳树（图 1.12）。

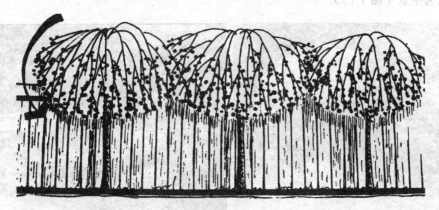

图 1.12

2. 灌木类

灌木无直立主干，呈丛生状

① 圆球形：如黄刺玫、玫瑰、小叶黄杨等。

② 卵形：如西府海棠、木槿等。

③ 垂枝形：如连翘、金钟花、垂枝碧桃等。

④ 匍匐形：如铺地柏、迎春、爬墙虎等。

⑤ 攀缘形：如金银花、紫藤、葡萄、凌霄等。

一般来说，圆球形的灌木多有素朴、浑实之感。最适宜在树木群丛的外缘或装点草坪，路缘及屋基种植（图 1.13）。

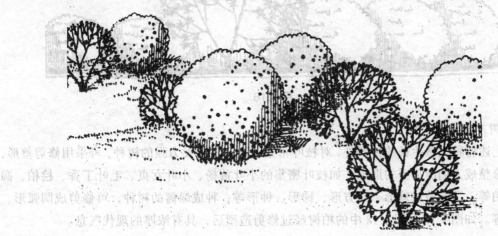

图 1.13

由于灌木给人的感觉并不像乔木那样"突出"，而是一幅"甘居人后"的样子，所以在植物配置中，乔灌木组合造景时，灌木往往作为背景或衬托其它乔木。当然灌木并非就不能作为主景：

① 各种类型的灌木与园林小品或建筑配合组景时，也可成为主景（图1.14）。

② 一些低矮灌木由于有着美丽的色彩，常被修剪成植物模纹，在景观中也会成为瞩目的对象，成为主景（图1.15）。

图 1.14

图 1.15

③ 一些灌木由于有着美丽的花色、优美的姿态，在景观中也会成为瞩目的对象，成为主景（图 1.16），尽管这处景观由灌木组成，画面中央的那株灌木因其大小、形态的与众不同仍然成为视觉的焦点。

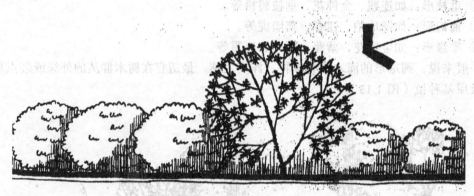

图 1.16

3. 树木的人工造型

除上述各种天然生长的树形外，对枝叶密集和不定芽萌发力强的树种，可采用修剪整形，将树冠修整成人们所需要的形态，如枝叶密集的小叶黄杨、小叶女贞、毛叶丁香、桧柏、圆柏、龙柏等，可修剪成球形、立方形、梯形、钟形等；种成绿篱的树种，可修剪成圆弧形、立方形等。如图1.17和图1.18中的柏树经过修剪造型后，具有浓厚的现代气息。

图 1.17　　　　　　　　　　　　　　图 1.18

树形可随环境因素而变化，一般生长情况正常者，皆能保持其原有特征的树形。相反则会影响其树形变化，如密植的植物长大后如不及时疏稀，保持一定株距，则会使其相互生存竞争，往往会使其体形变得瘦长。原来是球形的，会变形。此外，由于树冠的疏密度也会影响其体量轻重和观赏效果，树冠稀疏透光的如银杏、柳树、桃树等。密集透光差的如云杉、圆柏、珊瑚树等。

4. 树根

树根是园林植物的立地"基础"一般深入地下，由主根、侧根、次根组成根系。

有些树根除固定树木、吸收肥料水分作用外，还有观赏价值。如榕树的气生根从主干或者侧干上的树冠下垂，有如纱帘、异常奇特。松树根可穿于岩缝之间，与石块山林组合成为佳景。树根依其深入土壤程度不同，有深根性树种，如马尾松、榉树、冷杉。还有浅根性树种，如柳树、白杨、洋槐、悬铃木、樱花等。根蔓之状态有盘曲如龙状、姿态奇趣，富有一定的观赏价值。有些树木根部还有各种药用。

5. 花

（1）花姿。

花为植物主要生殖器官，专用于以传粉及配偶作用，故通常有鲜明颜色及芳香气味。但是在植物的配置中，往往要考虑各种树木开花的形状和颜色，花观赏价值、经济价值都十分高。植物不同，开花也不同，各种植物之花，虽形状不同，颜色各异，大小有别，其构成为花梗、花瓣、雄蕊、雌蕊、子房。

园林植物的花朵，有各种各样的形状和大小，而且在色彩上更是千变万化，这就形成了不同的观赏效果。早春开放的白玉兰硕大洁白，有如白鸽群集枝头；初夏开放的珙桐、四照花，以其洁白硕大，如鸽似蝶的苞片在风中飞舞；小小的桂花则带来了秋天的甜香；蜡梅和梅花的凌霜傲雪，使得人类坚定了等待春天的信念。

花姿有以形大取胜的大丽菊、绣球花、荷花、广玉兰等。有以形怪取胜的荷包花、吊钟海棠、吊兰。有条状连续花序的连翘、紫薇、丝兰，有整株全面开花的梅、桃，其观赏效果各不一样；也有先叶后花的，如白玉兰，在种植配置中就应考虑利用常绿树作背景，借以衬托。

（2）花相。

将花或花序着生在树冠上的整体表现形貌，特称为"花相"。园林树木的花相，从树木开花时有无叶簇的存在而言，可分为两种形式。

① "纯式"指在开花时，叶片尚未展开，全树只见花不见叶的一类，故曰纯式；

② "衬式"在展叶后开花，全树花叶相衬，故曰衬式。

现将树木的不同花相分述如下：

① 独生花相：本类较少、形较奇特，例如苏铁类。

② 线条花相：花排列于小枝上，形成长形的花枝。由于枝条生长习性之不同，有呈拱状花枝的，有呈直立剑状的，或略短曲如尾状的等等。简而言之，本类花相大抵枝条较稀，枝条个性较突出，枝上的花朵成花序的排列也较稀。呈纯式线条花相者有连翘、金钟花等；呈衬式线条花相者有珍珠绣球、三桠绣球等。

③ 星散花相：花朵或花序数量较少，且散布于全树冠各部。衬式星散花相的外貌是在绿色的树冠底色上，零星散布着一些花朵，有丽而不艳，秀而不媚之效。如珍珠梅、鹅掌楸、白兰等。纯式星散花相种类较多，花数少而分布稀疏，花感不烈，但亦疏落有致。若于其后能植有绿树背景，则可形成与衬式花相相似的观赏效果。

④ 团簇花相：花朵或花序形大而多，就全树而言，花感较强烈，但每朵或每个花序的花簇仍能充分表现其特色。呈纯式团簇花相的有玉兰、木兰等。属衬式团簇花相的可以大绣球为典型代表。

⑤ 覆被花相：花或花序着生于树冠的表层，形成覆伞状。属于本花相的树种，纯式有绒叶泡桐、泡桐等，衬式有广玉兰、七叶树、栾树等。

⑥ 密满花相：花或花序密生全树各小枝上，使树冠形成一个整体的大花团，花感最为强烈。例如榆叶梅、毛樱桃等。衬式如火棘等。

⑦ 干生花相：花着生于茎干上。种类不多，大抵均产于热带湿润地区。例如槟榔、枣椰、鱼尾葵、山槟榔、木菠萝、可可等。在华中、华北地区之紫荆，亦能于较粗老的茎干上开花，但难与典型的干生花相相比拟。

总之，园林植物的主干、枝条的形状、树皮的结构、根的裸露，都是千姿百态，各具特色的。在园林植物配置中，利用枝干的特点，可创造许多不同的优美景观。另外，园林植物裸露的根也是中国人民自古以来的追求。在露根上，效果较为突出的树种有松、榆、楸、榕、蜡梅、山茶、银杏、鼠李、广玉兰、落叶松等。

因此，我们在园林植物的配置中，掌握和熟悉园林植物的基本形态和外部形态，便于我们在植物的配置中更好地使植物的观赏性得到充分的发挥，有利于在绿地植物配置中满足观赏和其它功能上的要求。组成园林植物外部形态的树冠、树枝、树叶、树根、花朵等，每一部分都有其自身独特的观赏性，只要我们运用得恰如其分都能够发挥其积极有效的作用。

（二）植物的色彩美

1. 叶的色彩

叶色是重要的观赏特征之一。园林植物一般都是不同深浅的绿色。常绿针叶树多显深绿色，阔叶树多显黄绿色或深绿色。多数树木春天叶黄绿，夏天叶深绿或灰绿，秋天叶黄色或红色。叶色的变化取决于气候、季节、叶绿素、叶黄素、胡萝卜素等，红、橙、黄、紫叶，如槭类、紫薇、枫香、柿树、樟树、银杏等都具有很高的观赏性。还有些园林植物具有双色叶，如红背桂叶面是深绿色，叶背呈紫红色，银白杨叶面绿色、叶背是银白色或银灰色。

叶片的颜色具有极大的观赏价值，根据叶色的特点可分为以下几类：

（1）绿色类：绿色是叶片的基本颜色，但将不同绿色的树木搭配在一起，能形成美妙的色感，例如在暗绿色针叶树丛前，配植黄绿色树树冠，会形成满树黄花的效果。

① 叶色呈深浓绿色者：油松、圆柏、雪松、云杉、侧柏、山茶、女贞、桂花、槐、榕、毛白杨、构树等。

② 叶色呈浅淡绿色者：水杉、落羽松、金钱松、七叶树、鹅掌楸、玉兰等。

（2）春色叶类及新叶有色类：园林植物的叶色常因季节的不同而发生变化，对春季新发生的嫩叶有显著不同叶色的，统称为"春色叶树"，例如臭椿、五角枫的春叶呈红色，黄连木春叶呈紫红色，红枫的新叶呈红色等。

（3）秋色叶类：凡在秋季叶片有显著变化的树种，均称为"秋色叶树"。

① 秋季呈红色或紫红色类：鸡爪槭、五角枫、茶条槭、枫香、地锦、小檗、樱花、盐肤木、黄连木、柿、南天竹、花楸、乌桕、石楠、卫矛、山楂、红槲、黄栌等。

② 秋叶呈黄色或黄褐色类：银杏、白蜡、鹅掌楸、加拿大杨、柳、梧桐、榆、白桦、无患子、复叶槭、紫荆、栾树、悬铃木、胡桃、水杉、落叶松、金钱松等。

我国北方每于深秋观赏黄栌红叶，而南方则以枫香、乌桕红叶著称；在欧美的秋色叶中，红槲、桦类等最为夺目，而在日本，则以槭树最为普遍。

（4）常色叶类：有些树的变种或变型，其叶片常年呈异色，而不必分春秋季的来临。全年呈紫色的有紫叶小檗、紫叶欧洲槲、紫叶李、紫叶桃、红花檵木等；全年均为黄色的有千层金、金叶鸡爪槭、金叶雪松、金叶圆柏、金叶女贞等；全年叶呈斑驳彩纹的有金心黄杨、银边黄杨、变叶木、洒金珊瑚等。

（5）双色叶类：某些树种，其叶背与叶表的颜色显著不同，此称"双色叶树"。例如，银白杨、胡颓子、青紫木、红背桂、广玉兰等。

2. 花的色彩

园林植物的花朵，有各种各样的形状和大小，而且在色彩上更是千变万化，这就形成了不同的观赏效果。花色要结合开花季节的各种因素才能起到开落的连续，接替交接色彩，形成丰富多彩的景色。依开花季节而呈现不同花色区别如下：

（1）春季：桃（红、白），山茶（红、白），牡丹（红、黄、白、紫、淡红），紫藤（紫、白），杜鹃（红、白、黄、淡红），木兰（紫、红），连翘（黄），瑞香（白、紫、黄）。

（2）夏季：合欢木（白、淡红），绣球（白、紫），木槿（白、紫、淡红），紫薇（白、绿、淡红），六月雪（白），夹竹桃（白、黄、淡红）。

（3）秋季：芙蓉（白、淡红），桂（黄、淡黄），胡枝子（白、红），油茶（白、红）。

（4）冬季：梅（白、红），蜡梅（黄）。

3. 果实的色彩

果实的颜色有着更大的观赏意义，尤其是在秋季，硕果累累的丰收景色，充分显示了果实的色彩效果。正如苏轼描述的果实的色彩，"一年好景君须记，正是橙黄橘绿时"。

（1）果实呈红色者，桃叶珊瑚、小檗类、平枝枸子、山楂、冬青、枸杞、火棘、花楸、樱桃、郁李、欧李、枸骨、金银木、南天竹、珊瑚树、桔、柿、石榴等。

（2）果实呈黄色者，银杏、梅、杏、瓶兰花、柚、甜橙、佛手、金柑、南蛇藤、梨、木瓜、贴梗海棠、沙棘等。

（3）果实呈蓝色者，紫珠、葡萄、十大功劳、李、忍冬、桂花、白檀等。

（4）果实呈黑色者，小叶女贞、小蜡、女贞、五加、鼠李、常春藤、君迁子、金银花、黑果忍冬等。

（5）果实呈白色者，红瑞木、芫花、雪果、西康花楸等。

（三）植物的意境美

常易为人们注意的是植物的形体美和色彩美，以及嗅觉感知的芳香美，听觉感知的声音美等。除此以外，树木（植物）尚具有一种比较抽象的，但却是极富于思想感情的美，即联想美。

最为人们所熟知的如松、竹、梅被称为"岁寒三友"，象征着坚贞、气节和理想，代表着高尚的品质；其他如松、柏因四季常青，又象征着长寿、永年；紫荆象征兄弟和睦，含笑表示深情，红豆表示相思、恋念；而对于杨树、柳树，却有"白杨萧萧"表示惆怅、伤感，"垂柳依依"表示感情上的依依不舍、惜别等。在民间，传统上更有所谓"玉、堂、春、富、贵"的观念，对此，有的认为是粗俗的观念，但是在某些地区，广大的民间却喜欢在欢乐的节日里，家中能有玉兰、海棠、迎春、牡丹、桂花开放，哪怕只有其中的一种能在家中盛开，就会给其带来全年精神上的快乐与安慰，实际上，这种民间广大群众所喜闻乐见的习俗是不应受到贬责的，园林工作者应当热情地给予支持，使千家万户都能有名花盛开。

树木联想美的形成是比较复杂的，它与民族的文化传统、各地的风俗习惯、文化教育水平、社会的历史发展等有关。中国具有悠久的文化，在欣赏、讴歌大自然中的植物美时，曾将许多植物的形象美概念化或人格化，赋予丰富的感情。事实上，不仅中国如此，其他许多国家亦均有此情况，例如日本人对樱花的感情，每当樱花盛开的季节，男女老幼载歌载舞，举国欢腾；加拿大以糖槭树象征着祖国大地，将树叶图案绘在国旗上。中国亦习惯以桑、梓代表乡里，出现于文学中。一个较著名的例子是，在第二次世界大战后，苏联在德国柏林建立一座苏军纪念碑；在长轴线的焦点，巍然矗立着抗击法西斯、保卫祖国、保卫和平的威武战士抱着儿童的雕像；军旗倾斜表示庄严的哀悼，母亲雕像垂着头沉浸于深深的悲痛之中，在母亲雕像旁配植着垂枝白桦，白桦是俄罗斯的乡土树种，垂枝表示哀思。这组配植使我们想象到来自远方祖国家乡的母亲，不远万里来到异国想探视久久思念的儿子，但当她得知爱子已牺牲而来到墓地时的心情。这组配植是非常成功的，当你细细品味时总是感人泪下，从而唤起反对法西斯、保卫世界和平的感情。还会觉得战士的英灵也会得到慰藉，因为他得到人民的尊重并且有母亲和家乡的草木在身旁陪伴而不会感觉是在异国他乡。我国首都天安门广场人民英雄纪念碑及毛主席纪念堂南面的松林配植也是较好的例子。

植物的联想美，如前所述，多是由文化传统逐渐形成的，但是它并不是一成不变的，随着时代的发展而会转变的。例如"白杨萧萧"是由于旧时代，一般的民家多将其植于墓地而形成的，但是在现代却由于白杨生长迅速，枝干挺拔，叶近革质而有光泽，具有浓荫匝地的效果，所以成为良好的普遍绿化树种，即时代变了，绿化环境变了，所形成的景观变了，游人的心理感受也变了，所以当微风吹拂时就不会有"萧萧愁煞人"的感觉。相反地，如配植在公园的安静休息区中却会产生"远方鼓瑟"、"万籁有声"的安静松弛感而收到充分休息的效果。又如梅花，旧时代总是受文人"疏影横斜"的影响，带有孤芳自赏的情调，而现在却应以"待到山花烂漫时，她在丛中笑"的富有积极意义和高尚理想的内容去转化它。

（四）植物的芳香美

香味是"植物之灵魂"，在园林植物的观赏性状中最具特色。中国古典园林注重意境美的创造，主张运用植物时"重于香而轻于色"，以芳香植物来提升园林景观的文化底蕴，把独特的韵味和意境带给园林。现代园林常追求大色块，重视视觉冲击力，反而忽略了嗅觉的感受，忽视了芳香植物的应用，而这类植物恰恰最具中华民族的文化特质和中国园林的文化特色，它们有姿态、有韵味、有意境，是园林"绿化"、"美化"、"香化"的重要材料，因此，应在摸清家底的基础上，大力加强芳香植物的引种及育种，并在园林中广泛应用，使我们的园林在世界园林中独树一帜，芳香溢远。

1. 芳香植物的分类

芳香植物可分为乔灌木、藤本类、草本类三个类型。

（1）乔灌木类：具有芳香气味的乔灌木主要有柏科侧柏、香柏；海桐科海桐；玄参科毛泡桐；樟科香樟、阴香、月桂；金缕梅科蜡瓣花、金缕梅；芸香科的花椒、黄檗、九里香；木兰科白兰、黄兰、含笑、玉兰、广玉兰、望春玉兰、山玉兰、馨香玉兰、天女花、夜合花、优昙花；蔷薇科的梅花、香水月季、突厥蔷薇、稠李、多花蔷薇、木瓜；省沽油科银鹊树；瑞香科瑞香、结香；木樨科华北紫丁香、蓝丁香、北京丁香、暴马丁香、波斯丁香、桂花、素馨花、茉莉、女贞；忍冬科糯米条、香荚蒾、珊瑚树、接骨木；楝科楝树、米兰；蜡梅科蜡梅；山茶科木荷、油茶、厚皮香；豆科金合欢、金雨相思；茜草科栀子、黄栀子；番荔枝科鹰爪花；萝藦科夜来香；菊科蚂蚱腿子；千屈菜科散沫花；马鞭草科兰香草；五加科鹅掌柴；杜鹃花科毛白杜鹃、云锦杜鹃等。

（2）藤本类：蔷薇科木香、金樱子、香莓、光叶蔷薇、多花蔷薇；忍冬科金银花；豆科紫藤、藤金合欢等是具有芳香气味的藤本类植物。

（3）草本类：石蒜科纸白水仙、丁香水仙；姜科的姜花；唇形科薄荷、留兰香、罗勒、藿香、紫苏、香薷紫荆芥、迷迭香、鼠尾草、百里香、薰衣草、灵香草；马鞭草科荆条；百合科百合、铃兰、萱草、玉簪；柳叶菜科月见草、待霄草；菊科香叶蓍、地被菊、龙蒿；十字花科香雪球、紫罗兰；豆科羽扇豆；天南星科石菖蒲；败酱科植物缬草；石竹科麝香石竹；拢牛儿苗科香叶天竺葵、豆蔻天竺葵以及兰科的兰花等。

2. 芳香植物的功能

（1）美化及香化：我国许多名园利用芳香植物创造了绝佳的景致。杭州西湖的"曲院风荷"，突出了"碧、红、香、凉"的意境美，即荷叶的碧，荷花的红，熏风的香，环境的凉，使夏日呈现出"接天莲叶无穷碧，映日荷花别样红"的景观。许多植物的香味都具有深深的文化底蕴，给园林带来独特的韵味和意境。如梅花，"遥知不是雪，为有暗香来"；"天与清香似有私"。又如"禅客"栀子花，"薰风微处留香雪"。再如夏秋盛开的茉莉，"燕寝香中暑气清，更烦云鬟插琼英"；"一卉能熏一室香，炎天尤觉玉肌凉"。苏州留园的"闻木樨香轩"，网师园的"小山丛桂轩"，拙政园的"远香堂"、"荷风四面亭"、"玉兰堂"，承德避暑山庄的"香远益清"、"冷香厅"、"观莲所"等，也纷纷借用桂花、荷花、玉兰的香味来抒发某种意境和情绪。

从形态美到意境美是园林艺术的升华。芳香植物创造了清香幽幽的园林，反映了自然的真实，让人感到自然是可以捉摸的、是亲切和悦的，体现了哲学中人与天地相和谐的观点，同时也达到了"景有尽而意无穷"的园林意境美的至高境界。

（2）保健功能：芳香植物的药理作用很早就为人们所认识。我国早在盛唐时期，植物香熏就成为一门艺术，后来传入日本，是为日本"香道"的起源；《神农本草经》等医学专著有"闻香治病"的记载；12～14世纪，欧洲人在屋前燃烧芳香植物来躲避瘟疫；明代李时珍在《本草纲目·芳香篇》中列举了多种具有清热、杀菌、镇痛的香料植物。清代张山雷在《本草正义》中也谈到玫瑰等芳香植物的一些疗效。19世纪30年代法国化学家Rene首创了植物芳香疗法（Aromatherapy），通过吸入植物挥发性物质来预防、治疗或减轻疾病。1964年，法国人Jean Val net出版 *Aromatherapia*，使芳香疗法这种无毒、无副作用的自然疗法逐渐得到了现代医学的承认。据现代科学研究发现，芳香植物的保健作用主要有以下两方面。

① 预防和治疗疾病花香对预防和治疗疾病大有裨益。桂花的香气有解郁、清肺、辟秽之功能；菊花的香气能治头痛、头晕、感冒、眼翳；丁香花的香气，对牙痛有镇痛作用；茉莉的芳香对头晕、目眩、鼻塞等症状有明显的缓解作用；香叶天竺葵的香气具有平喘、顺气、镇静的功效；郁金香的香气能疏肝利胆；槐花香可以泻热凉血；薰衣草香味具有抗菌消炎的作用；薄荷具有祛痰止咳的功效；台湾扁柏的芳香气味，有降低血压的功效；紫茉莉分泌的气体 5 s 即可杀死白喉、结核菌、痢疾杆菌等病毒。

② 改善心境和情绪芳香生理心理学研究发现，天竺葵花香有镇定神经、消除疲劳、促进睡眠的作用；茉莉花的香味能使人消除疲劳；兰花的幽香，能解除人的烦闷和忧郁，使人心情爽朗；紫罗兰和玫瑰的香味，给人以爽朗和愉快的感觉；迷迭香、薄荷的香气对人的想象力有良好的促进作用；菊花香中的菊油环酮、龙脑等挥发性芳香物可使儿童思维清晰、反应灵敏、有利于智力发育；水仙花香味中的酯类成分，可提高神经细胞的兴奋性，使情绪得到改善、消除疲劳；薰衣草、檀香木、侧柏、莳萝等植物的挥发陛物质有镇静作用；松、柏、樟树等的一些挥发物具有提神、醒脑、舒筋、活血的功能。

（3）净化空气：有些芳香植物还能减少有毒有害气体、吸附灰尘，使空气得到净化。如米兰能吸收空气中的 SO_2；桂花、蜡梅能吸收汞蒸气；松柏类树种有利于改善空气中的负离子含量；丁香、紫茉莉、含笑、米兰等不仅对 SO_2、HF 和 Cl_2 中的一种或几种有毒气体具有吸收能力，还能吸收光化学烟雾、防尘降噪。因此，在树种规划时选用一些芳香植物，并结合水景配置，可使空气质量得到极大改善。

（4）驱除蚊虫：薄荷、留兰香、罗勒、茴香、薰衣草、灵香草、迷迭香等芳香植物的香气还能驱除蚊蝇等昆虫。

可见，园林中引入芳香植物，不但能美化、香化环境，增添园林韵味，还能清新空气，预防和治疗疾病，给人以舒适的享受。

3. 芳香植物的园林应用

（1）芳香植物专类园：很多芳香植物本身就是美丽的观赏植物，可以建立专类园。配置时注意乔木、灌木、藤本、草本的合理搭配以及香气、色相、季相的搭配互补，再配以其它园林设计要素，如提供观赏、食用、茶饮、美容、沐浴、按摩等服务，使这类专类园具有生产、旅游、服务、休闲等功能。近年来显示出诱人市场潜力的"芳香主题旅游"也多与这类专类园结合，在法国、日本，以"花境"或"花园"形式经营的芳香植物农场，就吸引了大批的游客。

芳香植物专类园中，可在开阔区域种植雪松、华山松、香樟、刺槐、国槐、广玉兰、暴马丁香等树种。在园路转角或凉亭旁，种植四时飘香的植物，如春天的梅花，夏天的栀子、玉兰，秋天的桂花和冬天的蜡梅。在散步道两边，植低矮的灌木或草本芳香植物，如西洋甘菊、柠檬草、鼠尾草、百里香、香叶天竺葵、薰衣草、迷迭香，栀子、玫瑰、柠檬马鞭草等，行人走动便会飘起阵阵芳香，令人心旷神怡。池塘里可种植荷花，不管是春天的"小荷才露尖尖角"，还是夏天"映日荷花别样红"，甚至是秋冬的"留得残荷听雨声"，都是一番动人的景致。池塘边可以种植香菖蒲，它的根系能吸附水中的杂质污物，保持塘水的干净；还可配置些具有芳香气味的蔬菜或果树，供游人采摘、收割，这类植物有薄荷、罗勒、迷迭香、茴香、紫苏、鼠尾草、芫荽、藿香、薰衣草、杨梅、金樱子等。

（2）植物保健绿地：随着环保意识的增强，人们对所处生活环境的品质有了更高的要求，植物保健绿地应运而生，成为小区域内的"绿肺"，起到美化环境、净化空气的作用。在这类绿地中应用松柏类、桂花、茉莉、丁香等具有治疗作用的芳香植物，有利于预防和治疗疾病，提高人体免疫能力。景色宜人的园林空间还有利于人们放松神经，获得身心的和谐健康。

（3）夜花园：夜花园因其静谧安详已成为人们喜爱的园林形式，尤其在炎炎夏日，"夜花园"成为人们消暑、纳凉的好去处。夜间视觉所获得的信息大量减少，因此，芳香植物在"夜花园"中有广阔的应用前景。在这类园中，常选用浅色系、夜间可开放释香的植物，如月见草、待霄草、晚香玉、玉簪、夜来香、茉莉、桂花、栀子花、白丁香、波斯丁香、暴马丁香、夜合花、含笑、瑞香、香叶天竺葵等。

4. 芳香植物园林应用需注意的问题

（1）功能性：根据园林的功能，选择适合的芳香植物。如在气氛轻松活泼的中心场地或游乐区，宜选择茉莉、百合等使人兴奋的种类；而在安静的休息区，应选择薰衣草、紫罗兰、檀香木、侧柏、莳萝等使人镇静的种类。配置儿童活动区域时，不宜选择带刺或有毒的植物种类，如玫瑰、黄花夹竹桃等，或采取必要的保护措施。

（2）控制香味的浓度：露天环境，空气流动快，香气易扩散而达不到预期效果，因此必须通过地形或建筑物形成小环境才能维持一定的香气浓度、达到预期的效果；同时应注意种植地的主要风向，一般将芳香植物布置在上风向，以便于香味的流动与扩散。对于一些香味特别浓烈的植物，如暴马丁香、夜来香等，不宜集中大量种植，否则过浓的香味，会让人感到不适。室内香气容易积累，因此，茉莉、丁香、薰衣草等不宜大量摆放，否则香气过浓会使人出现头晕、胸闷等身体不适反应。

（3）香味的搭配：一定时期内确定1～2种芳香植物为主要的香气来源，并控制其它芳香植物的种类和数量，以避免香气混杂。

（五）植物的声音美

植物本身是不会发声的，但我们可以通过植物搭配，再借助于风、雨、雪的作用，让人产生美的感官享受。

1. 借助外力发声

比如响叶杨，因在风的吹动下叶片发出的清脆声响而得名。针叶树种最易发声，当风吹过树林，便会听到阵阵涛声，有时如万马奔腾，有时似潺潺流水，所以会有"松涛"、"万壑松风"等景点题名。还有一些叶片较大的植物也会产生音响效果，如拙政园的留听阁，因唐代诗人李商隐《宿骆氏亭寄怀崔雍崔衮》诗"秋阴不散霜飞晚，留得枯荷听雨声"而得名，这对荷叶产生的音响效果进行了形象的描述。再如"雨打芭蕉，清声悠远"，唐代诗人白居易的"隔窗知夜雨，芭蕉先有声"最合此时的情景，就在雨打芭蕉的淅沥声里，飘逸出浓浓的古典情怀。

2. 林中动物"代言"

另一种声音源自林中的动物和昆虫，正所谓"蝉噪林愈静，鸟鸣山更幽"。植物为动物、昆虫提供了生活的空间，而这些动物又成为植物的"代言人"。要想创造这种效果就不能单纯研究植物的生态习性，还应了解植物与动物、昆虫之间的关系，利用合理的植物配置为动物、昆虫营造适宜的生存空间。比如在进行植物配置时设计师可以选择结果植物或蜜源植物，如罗汉松、香樟、女贞、冬青、十大功劳、火棘、海桐、八角金盘等，借此吸引鸟类或者蝴蝶、蜜蜂，形成鸟语花香的优美景致。

总之，在植物景观设计过程中，不能仅考虑某一个观赏因子，应在全面掌握植物的观赏特性的基础上，根据景观的需要合理配置植物，创造优美的植物景观。

（六）植物的质感

所谓质感，是指物体表面的质地作用于人的视觉而产生的心理反应。而植物的质感，也就是表面质地的粗细程度在视觉上的直观感受，即质地是否粗糙、叶缘形态、树皮的外形、植物的综合生长习性和植物的观赏距离等因素。

这里需要强调的，是"质感"与"质地"的区别。对于一株植物而言，其质地是指该植物作为设计材料所固有的结构性质，是其与生俱来的；而其质感则指的是这一质地带给观赏者——人的心理感受；换而言之，质地是植物的内在属性，而质感则是由其内在属性折射于外部观察者而产生的心理感受。质感的这种特点，使得其在具体应用中具有相当大的主观性，更需要设计者运用细腻的感性思维去把握和衡量。植物的质感是指植物直观的光滑或粗糙程度，它受到植物叶片的大小和形状、枝条的长短和疏密以及干皮的纹理等因素影响。

一般来说，植物的质感由两方面因素决定：一方面是植物本身的因素，即植物的叶片、小枝、茎干的来大小，形状及排列，叶表面粗糙度，叶缘形态，树皮的外形，植物的综合生长习性等；另一方面是外界因素，如植物的被观赏距离、环境中其它材料的质感等因素。一般地，叶片较大、枝干疏松而粗壮、叶表面粗糙多毛、叶缘不规整、植物的综合生长习性较疏松者质感也较粗。

1. 叶的质感

叶的质地不同，观赏效果也不同。革质的叶片，具有光影闪烁的效果；纸质、膜质的叶片常给人恬静之感；粗糙多毛的叶片，则富于野趣。以其单叶的叶看大多数为卵形、圆形、椭圆形等，其形状给人感觉一般化。所以马蹄形、掌形、针形就较为突出。从单叶和复叶比较，复叶更加能够引起人们的注意，具有较高的观赏价值。树叶的大小，一般可以分为：特大叶如芭蕉、荷花、蒲葵、美人蕉等，质地最具有粗质感；大叶如悬铃木、八角金盘、龟背竹等，具有粗质感；小叶如乌桕、榆树等，质地较粗，特小的如六月雪、瓜子黄杨等，质地具有细质感。植物质感的类型见图1.19。

2. 枝干的质感

一般枝条稀疏，枝条开张度大，枝条较粗的植物质感粗，如图1.19（a）中的枝干；枝条较紧凑，细枝较多，能形成比较密实的表面形状者植物质感细腻，如图1.19（c）的枝干。

3. 植物质感的类型
（1）粗质型（图1.19（a））。

此类型植物通常具有大叶片、疏松粗壮的枝干以及松散的树形，其生长习性也较为疏松。

粗质型园林植物主要有：火炬树、凤尾兰、核桃、广玉兰、臭椿、刺桐、木棉、向日葵、木槿、玉簪等。

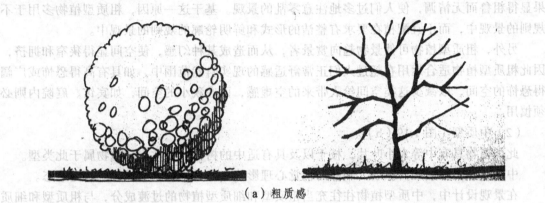

（a）粗质感

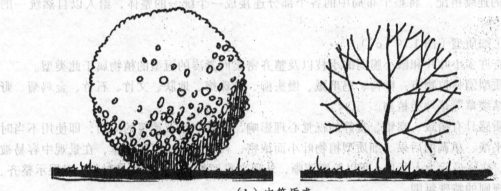

（b）中等质感

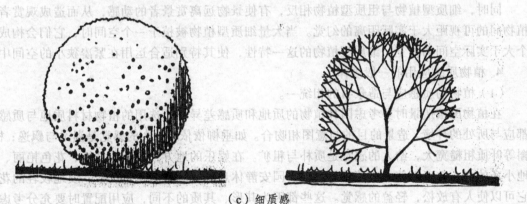

（c）细质感

图1.19

一般情况下粗质感具有质朴、厚重、温暖和粗犷的视觉心理反应；从另一方面来说粗质感也具有负面的心理效果，如果使用不当也会产生粗俗、简陋、笨拙的不良后果。粗质与细质的搭配，具有强烈的对比性，当将其植于中质型及细质型植物丛中时，会首先为人所见，产生"跳跃"之感，故在景观设计中可作为中心物加以装饰和点缀。粗质型植物在外观上都显得比细质登植物更空旷、更疏松、更模糊。粗质型植物通常还有较大的明暗变化，产生拉近的错觉，种植在花镜的远端，可以产生缩短花镜的效果。

在使用和种植粗质型植物时应注意小心适度，以免它在布局中喧宾夺主，或是让整体效果显得粗鲁而无情调，使人们过多地注意零乱的景观。基于这一原因，粗质型植物多用于不规则的景观中，而不宜配植在要求有整洁的形式和鲜明轮廓的规则的景观中。

另外，粗质型植物可使景物趋向赏景者，从而造成某种幻感，使空间显得狭窄和拥挤，因此粗质型植物适合运用在超过人们正常舒适感的现实自然范围中，如具有高得恐怖或广阔得恐怖的空间，以减少这类空间给人带来的空虚感，而在狭小的空间，如宾馆、庭院内则必须慎用。

（2）中质型（图 1.19（b））。

此类植物具有中等大小叶片，枝干以及具有适中的树型。通常多数植物属于此类型。

中间质感具有温和、软弱、平静的视觉心理影响，也是一种调和过渡的感觉形态。

在景观设计中，中质型植物往往充当粗质型和细质型植物的过渡成分，与粗质型和细质型植物的连续搭配，将整个布局中的各个部分连接成一个统一的整体，给人以自然统一的感觉。

（3）细质型（图 1.19（c））。

具有许多小叶片和微小脆弱的小枝以及整齐密集而紧凑的冠型的植物属于此类型。

细质型园林植物有：榉树、鸡爪槭、馒头柳、珍珠梅、地肤、文竹、石竹、金鸡菊、野牛草、结缕草等草坪类植物。

细质感具有精致、高雅、寂静的视觉心理影响，当然它也有消极的一面，即使用不当时会产生平淡、单调的后果。细质型植物叶小而浓密，枝条纤细而不易现露，在景观中容易被人忽视，往往最后为人所见，所以轮廓清晰，外观文雅而细腻，宜作背景材料，以展示整齐、清晰、规则的特殊氛围。

同时，细质型植物与粗质型植物相反，有使景物远离赏景者的动感，从而造成观赏者与植物间的可视距大于实际距离的幻觉。当大量细质型植物被植于一个空间时，它们会构成一个大于实际空间的幻觉。细质型植物的这一特性，使其特别适合运用在紧凑狭小的空间中。

4. 植物质感应用的一般规律

（1）植物的质感应与造景目的相统一。

在植物配植造景时要考虑园林植物的质地和质感差异，所选用的植物材料质地与质感等都应与所处的环境、造景的目的与意图相吻合。如垂柳依依，给人的感觉是温柔与飘逸；栎、槲等叶质粗糙宽大，给人的感觉是质朴与粗犷。在娱乐的地方，应种植低矮、花色艳丽、质地小巧的花，它可以使人心情愉悦。在公园安静休息区里应种些花色相似、质地较轻的花，它可以使人有放松，轻盈的感觉。这些都因为其形、其质的不同，应用配置时要充分考虑花材的质感差异，做到因需取材、因景取材、景物相宜、人物相宜。

（2）植物的质感应与周围环境相协调。

植物枝叶呈现柔和的曲线，不同的植物的质地、色彩在视觉感受上有差别，园林中经常用柔质的植物材料来软化生硬的几何式建筑形体，如基础栽植、墙角种植、墙壁绿化等形式。

一般体型较大、立面庄严、视线开阔的建筑物附近，要选干高枝粗、树冠开展的树种；在玲珑精致的建筑物四周，要选栽一些姿态轻盈、叶小而致密的树种。

（3）植物的质感应与空间大小相适应。

空间大小不同，不同质感植物所占比重应不同。大空间设计时，粗质型植物应居多，这样空间会因粗糙刚健而具良好配合；小空间细质型植物应居多，这样空间会因漂亮、整洁的质感而使人感到雅致而愉快。

（4）植物的质感应与其他植物相结合。

在植物配植时，需要根据特定需要决定于其他植物的配合方式，或融于其中，或显于其外，这些都可以依托于质感的异同而达到。

同一质感的植物配植易达到整洁和统一，质感上也易调和，例如草坪上的地被植物。相似质感搭配，既有明显的不同，又有某些共性，这样的搭配比同一质地质感上丰富，由于质感相似，容易取得协调，相似调和感觉舒适、稳定。如卵石旁种植阔叶沿阶草，卵石和阔叶沿阶草在质感上达到了统一，显示出粗犷美。

为提高质感效果的最佳方法之一就是根据质感的对比，使各种素材的优点相得益彰，达到突出的效果。例如苔藓与石头的配合，由于质感的对比效果比草坪和石头的对比更为优越。石的坚硬强壮的质感与苔藓的柔软光滑的质感形成对比，在不同的质感中产生了美。

总的来说，质感比较粗糙的植物具有较强的视觉冲击性，往往可以成为景观中的视觉焦点，在空间上会有一种靠近观赏者的趋向性，而质感细腻的植物则相反。所以，在重要的景观节点应选用质感粗糙的植物，而背景则可选择质感细腻的植物，中等质感的植物可以作为两者的过渡；如果空间狭小、为了避免过于局促，则尽量避免使用质感粗糙的植物，而应选用质感细腻的植物。另外，植物的质感也会随季节的改变而变化，比如落叶植物，当冬季落叶后仅剩下枝条，植物的质感就表现得比较粗糙了，所以，植物组团全部为落叶植物的话，冬季植物景观效果就显得单调散乱。所以在进行植物配置时，设计师应根据所需景观效果，综合考虑植物质感的季节变化，按照一定的比例合理搭配针叶常绿植物和落叶植物。

任务二　草本花卉的识别与欣赏

一、草本花卉的分类

（一）按生长习性进行分类

1. 草本花卉

（1）一年生草花（春播花卉）：春季播种、夏季开花、冬季枯死在，一年内完成一个生命周期的花卉。如万寿菊、半枝莲、百日草、鸡冠花、凤仙花等。

（2）二年生花卉（秋播花卉）：在两个生长季内完成生活史的花卉。当年只生长营养器官，越年后开花、结实、死亡。一般在秋季播种，次年春夏开花，种子成熟后枯死，生长期跨年度完成。如羽衣甘蓝、金盏菊、三色堇、雏菊等。

任务一，木本园林植物的识别与欣赏中部分图片来源于：金煜主编的《园林植物景观设计》，辽宁科学技术出版社。

（3）多年生草花：即寿命在两年以上，一次栽植可多年开花的一类花卉。

① 宿根花卉：植株入冬后，根系在土壤中宿存越冬，至翌年春暖后重新生长发育，能连续生长多年的草本花卉。如菊花、萱草、芍药等。

② 球根花卉：花卉地下根或地下茎变态成膨大的根或茎，以贮藏水分、养分度过休眠期的花卉。如百合、仙客来、水仙、美人蕉、风信子等。

a. 按球根形状分。

球茎类：地下部分呈球状或扁球状，内部实心，如唐菖蒲等。

鳞茎类：地下部分呈鳞片状，如水仙等。

块茎类：地下部分呈块状或条状，新芽着生于芽眼，须根着生无规律，如马蹄莲、晚香玉等。

根茎类：地下部分呈根状，上部有明显的节，有横生的分枝，每一分枝顶端为生长点，须根从节部生出，如美人蕉、荷花等。

块根类：新芽着生于根茎部分，根系从块根末端生出，如大丽花等。

b. 按生态习性分。

春植球根：春天种植，如大丽花、美人蕉等。

秋植球根：秋天种植，如仙客来、郁金香、风信子等。

③ 多年生常绿草本：没有明显的休眠期，地下部分为须根系，全年绿色，如吉祥草、沿阶草等。

④ 兰科花卉：

地生类：中国兰花，如春兰、寒兰等。

附生类：热带兰花，如大花惠兰、蝴蝶兰、卡特兰等。

⑤ 水生花卉：常年生长在水中或沼泽地中的多年生草本花卉。

挺水植物：根生于泥水中，茎叶挺出水面，如荷花等。

浮水植物：根生于泥水中，叶面浮于水面或略高于水面，如睡莲等。

沉水植物：根生于泥水中，茎叶全部沉入水中，仅在水浅时偶有露出水面，如水草。

漂浮植物：根伸展于水中，叶浮于水面，随水漂浮流动，在水浅时可生根于泥中，如凤眼莲等。

⑥ 蕨类植物：不开花，也无种子，叶丛生状，叶片背面着生孢子，依靠孢子繁殖的花卉，如肾蕨、铁线蕨、凤尾蕨、鸟巢蕨、鹿角蕨等。

2. 多肉多浆植物

多肉植物亦称多浆植物、肉质植物，在园艺上有时称多肉花卉，但以多肉植物这个名称最为常用。多肉植物是指植物营养器官的某一部分，如茎或叶或根（少数种类兼有两部分）具有发达的薄壁组织用以贮藏水分，在外形上显得肥厚多汁的一类植物。它们大部分生长在干旱或一年中有一段时间干旱的地区，每年有很长的时间根部吸收不到水分，仅靠体内贮藏的水分维持生命。包括仙人掌科及番杏科、景天科、大戟科、萝摩科、凤梨科、龙舌兰科等各科植物。如仙人掌、龙舌兰、昙花、令箭荷花、芦荟、仙人球等。

3. 食虫植物

食虫植物是一种会捕获并消化动物而获得营养（非能量）的自养型植物。食虫植物的大部分猎物为昆虫和节肢动物。其生长于土壤贫瘠，特别是缺少氮素的地区，例如酸性的沼泽和石漠化地区。这种能够吸引和捕捉猎物，并能产生消化酶和吸收分解出的营养素的食虫植物分布于 10 个科约 21 个属，有 630 余种。此外，还有超过 300 多个属的植物具有捕虫功能，但其不具备消化猎物的能力，只能被称之为捕虫植物。某些猪笼草偶尔可以捕食小型哺乳动物或爬行动物，所以食虫植物也称为食肉植物。常见的有猪笼草、瓶子草、捕蝇草等。

（二）依据园林用途的分类

（1）花坛花卉：可大量布置于花坛的花卉，主要以一、二年生草本花卉为主，如一串红、矮牵牛、三色堇、雏菊、金鱼草等。

（2）盆栽花卉：蒲包花、菊花、君子兰等。

（3）室内花卉：较耐阴，适合在室内做植物装饰的花卉。如橡皮树、发财树等。

（4）切花花卉：唐菖蒲、康乃馨（香石竹）、非洲菊、月季等。

（三）依据经济用途分类

（1）药用花卉：芍药、桔梗等。

（2）香料花卉：如晚香玉等。

（3）食用花卉：如荷花、萱草等。

（4）其他：生产纤维、淀粉、油料的花卉。

（四）按花卉原产地气候型进行分类

1. 中国气候型

气候特点：夏热冬寒，年内温差大，夏季降水量较多。

地区：中国大部分地区、日本、北美东部、巴西南部、大洋洲东部、非洲东南部等地。依据冬季气温的高低分为：

（1）温暖型（低纬度地区）。

原产这一气候型地区的著名花卉有：

中国水仙、石蒜、百合、山茶、杜鹃、南天竹、中国石竹、报春、凤仙、矮牵牛、唐菖蒲等。

（2）冷凉型（高纬度地区）。

主要原产花卉有：菊花、芍药、翠菊、荷包牡丹、鸢尾等。

2. 欧洲气候型

气候特点：冬季气候温暖，夏季温度不高，一般不超过 15～17 ℃，降水量较少，但四季较均匀。

地区：欧洲大部分、北美西岸中部、南美西南部、新西兰南部。

主要原产花卉有：三色堇、雏菊、矢车菊、霞草、紫罗兰、花羽衣甘蓝等。

3. 地中海气候型

气候特点：自秋季至次年春末降雨较多，冬季无严寒，最低温度为 6～7 ℃；夏季干燥、凉爽，极少降雨，为干燥期，气温为 20～25 ℃，因夏季气候干燥，多年生花卉常成球根状态。

主要原生花卉：风信子、郁金香、水仙、鸢尾、仙客来、小仓兰、唐菖蒲等。

4. 墨西哥气候型

气候特点：周年温度约 14~17 ℃，温差小，降雨量因地区不同，有的雨量充沛均匀，也有集中在夏季的。

地区：墨西哥高原、南美洲的安第斯山脉、非洲中部高山地区、中国云南等地。

主要原生花卉：大丽花、晚香玉、一品红、球根秋海棠、报春、香水月季、云南山茶等。

5. 热带气候型

气候特点：常年气温较高，约 30 ℃ 左右，温差小，空气湿度较大，有雨季与旱季之分。

此气候区分为两个地区：

（1）亚洲、非洲及大洋州的热带地区：主要原生花卉：鸡冠花、虎尾兰、彩叶草、猪笼草、变叶木、红桑等。

（2）中美洲和南美洲热带地区：主要原生花卉：紫茉莉、花烛、长春花、大岩桐、美人蕉、竹芋、牵牛花、卡特兰、朱顶红等。

6. 沙漠气候型

气候特点：周年气候变化极大，昼夜温差也大，降雨少，干旱期长。

地区：非洲、大洋洲中部、墨西哥西北部及我国海南岛西南部。

主要原生花卉：仙人掌类、芦荟、龙舌兰、十二卷等。

7. 寒带气候型

气候特点：气温偏低，冬季漫长而严寒，夏季短促而凉爽，植物生长期只有 2~3 个月，夏季白天长，风大。

地区：西伯利亚、阿拉斯加等寒带地区及高山地区。

主要原生花卉：细叶百合、雪莲、龙胆等。

（五）依据观赏用途分类

（1）观花：以观赏花色、花形为主，一般花色鲜艳而美丽，如菊花、月季、牡丹、大丽花、扶桑、君子兰、茶花、杜鹃等。

（2）观叶：以观赏叶色、叶形为主，一般叶片比较独特，如文竹、龟背竹、变叶木、橡皮树、朱蕉、五针松、肾蕨。

（3）观果：以观果实为主。一般果实累累、色泽艳丽，如佛手、石榴、金橘、南天竹、冬珊瑚、无花果、观赏瓜类等。

（4）观茎：以观茎枝为主，一般茎枝具有独特的风姿，如光棍树、佛肚竹、珊瑚树、山影拳、虎刺梅等。

（5）芳香：以欣赏香味为主，一般花期较长香味浓郁，如米兰、茉莉、珠兰、白兰、含笑、桂花等。

（六）依据栽培方式分类

（1）露地花卉。

（2）温室花卉。

（3）切花栽培。

（4）促成栽培或抑制栽培：利用温室和栽培技术调节花期，周年生产花卉。使花期提前或延迟的栽培。

（5）无土栽培：水培、其它基质如珍珠岩等栽培。

（6）种苗栽培。

二、草本花卉的美学特性与欣赏

由于大多数草本花卉接近地面，对于视线完全没有阻隔作用，所以除立体花坛外，一般在立面上不起作用，但是在地面上却有着较高的价值，除了覆盖地表外，还起到界定空间或作为主景的作用。色彩艳丽的草本花卉常以花坛的形式吸收眼球而作为主景。（该部分内容在情境二的花坛及花境的应用与设计部分介绍）

任务三　草坪植物的识别与欣赏

一、草坪植物的分类

（一）草坪和草坪草的概念

草坪：指以禾本科和莎草科多年生草本植物为主体，经人工建植和管理，具有绿化美化、护坡作用和观赏效果，可供人们游憩、活动或运动的坪状草地，它是由草坪草和表土组成的统一体。

草坪草：指用于建植草坪的草本植物，以禾本科和莎草科多年生草本植物为主，具有一定的特性，如：低矮、耐修剪、耐践踏、绿期长、护坡能力强，抗不良生长环境能力强等。

（二）草坪草的形态特征

1. 草坪草的器官

（1）禾本科草坪草的器官。

① 根：无主根，由胚部直接长出的根称为初生根，在近地表的茎节上随幼苗生长长出的根称为次生根。

② 茎：分直立茎和横走茎。

直立茎：与地面垂直生长，呈筒或管状，有明显的节和中空节间。

横走茎：与地面水平生长，分为匍匐茎和根状茎有明显的节和节间，节间部分能产生不定根和枝条。

③ 叶：起源于叶原基。以深绿、浓绿为好。按禾草叶的宽窄分：

窄形 1~2 mm：紫羊茅、羊茅、细叶结缕草等。

中形 2~3 mm：野牛草、草地早熟禾、匍匐剪股颖等。

宽形 3~4 mm：结缕草、假俭草、高羊茅等。

④ 花：生殖器官，分为总状花序、穗状花序、圆锥花序。多为两性，很少单性。

（2）双子叶植物器官。

① 根：直根、圆锥根、块根、须根等。

② 茎：按质地分草本茎、木本茎。

按生长习性分：直立茎、缠绕茎、攀缘茎、匍匐茎等。

③ 叶：叶片宽大，有全缘、锯齿、牙齿、钝齿、波状缘等。

2. 草坪的分蘖类型

（1）密丛型：分蘖节位于地表或接近地表，新枝至分蘖节发生后彼此紧贴与母枝平行生长，并保持在叶鞘内，形成紧密的株丛。如紫羊茅、硬羊茅、羊茅等，尽量单播。

（2）根茎型：分蘖是形成垂直向上生长并在土表形成枝条，或由分蘖处呈水平方向形成地下枝条（即"根状茎"，一般分布在 5 ~ 20 cm 的土层中）。如野牛草、无芒雀麦等。

（3）疏丛型：分蘖节位于地表以下 1 ~ 5 cm 处，侧枝与主枝呈锐角方向伸出，形成不太紧密的株丛。如黑麦草、鸡脚草、猫尾草等

（4）根茎—疏丛型：分蘖过程中形成数量多而短的根状茎，可形成致密的草皮。草地早熟禾。

（5）匍匐茎型：大部分茎呈水平状匍匐地表，如狗牙根。

（三）草坪草的分类

1. 按气候与地域分布分类

（1）暖季型草坪草：主要分布于热带、亚热带地区，即长江流域及以南较低海拔地区。最适温度 26 ~ 32 ℃，低于 10 ℃ 则进入休眠，年生长 240 天左右，耐低修剪、根系深、抗旱、耐热、耐践踏。

（2）冷季型草坪草：主分布于亚热带、温带地区，即长江以北地区。最适宜温度为 15 ~ 25 ℃。

2. 按植物种类分类

（1）禾本科草坪草：羊茅亚科、黍亚科、画眉草亚科。

（2）非禾本科草坪草：如莎草科苔草、豆科白三叶、旋花科马蹄金、百合科沿阶草。

3. 按生态区划分

（1）青藏高原带：气候寒冷、生长期短、雨量极少、日照充足。主要是耐寒抗旱的冷季型草坪草。如草地早熟禾、高羊茅、紫羊茅、羊茅、匍匐剪股颖、多年生黑麦草、白三叶等。

（2）寒冷半干旱带：温带季风半干旱半湿润气候的过渡区，地下水矿化度高，光照充足，昼夜温差大，空气湿度小，冬季十分干燥。该区草坪必须灌水，不灌水难建植草坪。如草地早熟禾、粗茎早熟禾、加拿大早熟禾、高羊茅、紫羊茅、羊茅、多年生黑麦草、白三叶、匍匐剪股颖、野牛草、小冠花等。

（3）寒冷潮湿带：气候对冷季型草种有利。如草地早熟禾、粗茎早熟禾、加拿大早熟禾、高羊茅、紫羊茅、羊茅、多年生黑麦草、草坪型白三叶、匍匐剪股颖。

（4）寒冷干旱带：干旱少雨，土壤瘠薄，在水分保证下可建植与寒冷半干旱带相同的草坪。

（5）北过渡带：夏季高温潮湿，冬季寒冷干燥。需要高水平的管理才有好的草坪。如早熟禾类、剪股颖类、结缕草类、高羊茅、野牛草等。

（6）云贵高原带：

① 冷季型：草地早熟禾、粗茎早熟禾、加拿大早熟禾、高羊茅、紫羊茅、羊茅、多年生黑麦草、草坪型白三叶、匍匐剪股颖等。

② 暖季型：野牛草、中华结缕草、日本结缕草、大结缕草、马尼拉草、假俭草、狗牙根、马蹄金等。

（四）我国常见草坪草

1. 暖季型草坪草

（1）狗牙根属（Cynodon Richard）禾本科。

① 形态特征：具有根状茎或匍匐茎，节间长短不等，茎干平卧可达 1 m，节上生根和产生分枝，叶舌短小，具有小纤毛。根系浅少须根。

② 分布：我国华南、华中、华北、西南、西北和华北南部，黄河以南有野生种自然分布。

③ 生态习性：喜光稍耐阴，能经初霜，喜深厚肥沃排水良好的湿润土壤，稍耐盐碱。极耐践踏。

④ 栽培特点：春播或匍匐茎繁殖均可，管理粗放，冬季草根部增施薄肥覆盖，夏秋季增施氮肥或磷肥。

⑤ 应用：多用于运动场。

⑥ 常见品种：

天堂草 328（Tifgreen）：抗旱、耐践踏，但低温保绿性差，再栽培条件要求严。抗螨虫菌病和蠕茎，易受草皮蛴螬伤害。

塞特（Santa Ana）：耐寒、耐践踏、抗盐、低温保绿性好，用于高尔夫发球台、球道、运动场。抗螨虫菌病。

百慕大（Barmuda）：可用于各种草坪，价格昂贵。

OKS91 11：极耐寒，种繁，自然高度 10～20 cm，高尔夫发球台、球道和高草区的理想选择。

佳宝（Jackpot）：出苗和建植速度快、最耐阴、抗寒性高，竞争性和耐践踏性强。

（2）结缕草属（Zoysia Willd.）禾本科。

① 日本结缕草（Z. japonica Steud）。

a. 形态特征：茎叶密集，株体低矮，深根，具有坚韧的地下根状茎及地上匍匐枝，植株直立，成熟叶片革质，上面具柔毛。

b. 分布：我国辽宁、河北、山东、山西、陕西、甘肃、江苏、浙江等地。

c. 生态习性：喜光、抗旱、耐高温、耐瘠薄、属暖季型草坪草中抗寒能力较强的品种。喜肥沃排水良好的砂质土壤。冬季草根在 −20 ℃ 左右能安全过冬，20～25 ℃ 生长最好，30～32 ℃ 生长减弱。36 ℃ 以上生长缓慢或停止，极少有夏枯。竞争性强，但蔓生能力弱，有秃斑恢复缓慢。

d. 栽培特点：无性繁殖。生长旺盛期每月修剪 2～3 次。秋冬和早春应施肥加土和镇压，以提高草坪抗旱、抗病的能力。一般隔年一次在起休眠季节对草坪进行刺孔，覆沙。

e. 应用范围：固土护坡、运动场。

② 细叶结缕草（Z. tenuifolia Willd. Ex Trin.）又名天鹅绒草、台湾草，多年生草本。

a. 形态特征：具有细密的根茎和节间很短的匍匐枝，叶面疏生柔毛，叶线形或针状叶纤细、柔软、密集、翠绿。

b. 分布：长江流域以南广泛种植，北限至石家庄、郑州、北京、西安。

c. 生态习性：10 ~ 12 ℃ 开始生长，15 ~ 25 ℃ 生长旺盛，30 ~ 35 ℃ 生长速度减慢，36 ℃ 以上持续 15 天就进入休眠。低于 - 15 ℃ 不能越冬。喜光，最适生长微酸微碱土壤，抗病、虫，成坪后杂草难入侵。

d. 栽培特点：营养繁殖，一般 1 m^2 草皮栽植成 4 ~ 6 m^2。
施肥在春夏两季进行，以氮肥为主，每次 15 ~ 22.5 g/m^2，全年施肥 2 ~ 3 次。生长季节每月修剪 2 ~ 3 次。夏季注意防治锈病。

e. 应用：用于各类运动场草坪、游憩草坪、观赏草坪、花坛草坪和水土保持草坪。

③ 沟叶结缕草（Z. matrella（L.）Merr.）又名马尼拉草、马拉巴结缕草。

a. 形态特征：多年生草本，具粗壮坚韧的横走茎和匍匐茎。直立茎细弱，高 10 ~ 15 cm，基部多分枝。

b. 分布：广东、福建、广西、长江流域各省部分地区正在逐渐推广使用。

c. 生态习性：喜光不耐阴，耐热不耐寒，气温低于 10 ℃ 受抑制，低于 5 ℃ 停止生长或休眠，低于 0 ℃ 受冻害。低于 - 5 ℃ 不能越冬。3 ~ 8 月生长旺盛。36 ℃ 以上生长正常。耐频繁践踏和修剪，但过度踏压会出现秃斑或死亡。

d. 栽培特点：种子和营养繁殖均可。建植草坪可用满铺法或草块散铺。土壤贫瘠地区每年应追肥 2 ~ 3 次，每次 22.5 ~ 30 g/m^2。做运动场草坪时每 15 ~ 20 天修剪一次，留茬 3 ~ 4 cm。

e. 应用：高尔夫球、足球、网球等运动场草坪，游憩草坪，观赏草坪，花坛草坪和水土保持草坪。

（3）蜈蚣草属（Eremochloa Buese）禾本科。假俭草（E. ophiuroides（Munro）Hack.）。

a. 形态特征：株高 10 ~ 15 cm，秆至基部直立，具爬地生长的匍匐茎。叶色黄绿至蓝绿色。

b. 分布：广东、福建、广西、台湾、湖南、江西、江苏、浙江等省及香港特别行政区。

c. 生态习性：喜湿润、耐干旱，36 ℃ 以上正常生长，- 13.3 ℃ 以上能安全越冬。耐瘠薄，对土壤要求低。具有很强的抗 SO_2 和吸附灰尘的能力。

d. 栽培特点：种子和营养繁殖均可，生长期追肥 2 ~ 3 次，每次 15 ~ 22.5 g/m^2。作游憩草坪可少修剪，作运动场草坪每年修剪 10 ~ 15 次，一般 5 ~ 8 月每 10 ~ 15 天修剪一次，9 月修剪 2 次。

e. 应用：各类运动场草坪、飞机场草坪、厂矿抗 SO_2 和灰尘污染草坪、水土保持草坪等。

（4）野牛草属（Buchloe Engelm）。野牛草[B.dactyloides（Nutt.）Engelm.]又名水牛草。

a. 形态特征：多年生禾本科植物，具匍匐茎，茎秆高 5 ~ 25 cm。

b. 分布：原产北美和墨西哥干旱草原。1950 年引入。现北方广泛种植，是我国栽培面积最广建坪面积最大的一种草坪草。可生长良好。

c. 栽培特点：生长旺盛期 20~30 天修剪一次。全年 4~5 次，每次留茬 2~4 cm。施肥一般在 5、9 月，每次施尿素 15~18 g/m²，后期施肥可延长绿期 15~20 天。

d. 应用：各类开放性休憩草坪，水土保持草坪。

e. 常见品种：塔克拉玛、代码、SRX9900、帝王。

2. 冷季型草坪草种

（1）早熟禾属（Poa L.）总约 300 种，我国 100 种以上，禾本科，最大特征：船形的叶尖和位于叶片中心叶脉两侧平行的绿色线。

① 草地早熟禾（P.pratensis L.）蓝草、六月禾。

a. 形态特征：具细根状茎，秆丛生，光滑，高 50~80 cm。叶片密生于基部。

b. 分布：主分布于黄河流域、东北、四川和江西等地，常见于河谷、草地、林边等处。

c. 生态习性：性喜温暖，湿润，喜光耐阴，适于林下生长，耐寒性较强，抗旱力较差，夏季炎热生长停滞，秋凉后生长繁茂，在排水良好、土壤肥沃的湿地中生长良好。

d. 栽培特点：种子繁殖，40 多天可成新坪，绿期长，生长季节勤修剪、多施肥、多浇水。但 3~5 年后生长衰弱，应及时补种。

e. 应用：通常与多年生黑麦草、小糠草等混播用于庭院，耐践踏性差，多用于观赏和水土保持。

f. 常见品种：自由、蓝神、超级伊克利、新哥来德、抢手股（蓝筹）。

② 加拿大早熟禾（P.compressa L.）扁茎早熟禾。

a. 形态特征：多年生、茎秆扁圆，呈半匍匐状，须根发达，茎节很短，基部叶片密集短小，叶色蓝绿，成叶扁平。

b. 分布：原产北美洲，我国长江流域以北引种。

c. 生态习性：适应温带气候，在干旱和相当瘠薄的土壤中生长良好。具有一定的耐阴性，在江南地区基本保持四季常绿。

d. 栽培特点：春秋播种均可，栽植 3~4 年后，其长势衰退，可疏松土壤，切断草根，施复合肥 30~37.5 g/m²，以促进更新生长。

e. 应用：主要用于赛马场草坪和开阔的草坪。

③ 一年生早熟禾（P. annua L.）又名小鸡草。

a. 形态特征：秆细弱，丛生，高 8~30 cm。5~6 月种子成熟后即脱落，母株死亡。

b. 分布：我国大部分省区及亚洲国家均有分布。

c. 生态习性：耐寒，能在较低温度下正常生长。喜冷凉气候，不耐旱，对土壤适应性强，耐瘠薄。

d. 栽培特点：种子繁殖，自播繁殖。宜于其他草种混合播种建坪。

e. 应用：光照条件较差的林下、花坛内、行道树下、建筑物阴面等做观赏草坪。

（2）羊茅属（Festusa L.）。

① 高羊茅（F.arundinacea Schreb.）。

a. 形态特征：多年生草本，须根发达，直立丛生，高达 40~70 cm，基部红色或紫色。成熟叶片扁平、坚硬。

c. 生态习性：适应性强、抗旱、耐涝、耐酸、耐瘠薄，但抗寒性较差，易受低温伤害，夏季高温有休眠现象。寿命长，耐践踏。绿期 300 天左右。

d. 栽培特点：种子直播。50 天左右可成坪。粗放管理较好。

e. 应用：广泛。

f. 常见品种：皇后、爱瑞 3、野狼、猎狗 5 号等。

② 紫羊茅（F.rubra L.）。

a. 形态特征：须根发达，具有短匍匐枝，丛生。高 40 ~ 70 cm，基部红色或紫色。

b. 分布：北半球温带地区。

c. 生态习性：抗旱、抗寒、耐酸、耐瘠薄。乔木下能生长良好。

d. 栽培特点：种子直播，草坪年龄长易形成草丘，应注意通气。

e. 应用：广泛。

f. 常见品种：斑纳、威斯它、皇冠、迭戈。

（3）黑麦草属（Lolium L.）。

多年生黑麦草（L.perenne L.）。

a. 形态特征：具有短根状茎，直立，丛生，高 70 ~ 100 cm。

b. 分布：华东、华南、西南和华北中南部表现好

c. 生态习性：喜温暖湿润气候抗霜不耐热，生长周期 4 ~ 6 年，较耐践踏和修剪，再生性好。

d. 栽培特点：种子繁殖。春秋修剪次数多。

e. 应用：抗 SO_2，工厂建设。

f. 常见品种：畅想、艾德王、金牌美达丽、托亚、全星、速生。

（4）剪股颖属（Agrostis L.）。

① 匍茎剪股颖：

a. 形态特征：秆茎横卧地面，叶片扁平线形。

b. 分布：东北、华北、西北、浙江、江西、内蒙古等地，多生潮湿草地。

c. 生态习性：耐寒、耐热、喜温暖湿润气候。

d. 栽培特点：种子繁殖。每年补施氮肥 30 ~ 37.5 g/m^2，草高 15 cm 时修剪，修剪高度为 0.6 ~ 2 cm。

e. 应用：广泛。

② 细弱剪股颖：

a. 形态特征：稍带紫色。

b. 分布：北方湿润和西南一部分地区生长良好。

c. 生态习性：抗寒、耐瘠薄、耐低修剪、耐阴，耐热性稍差。

d. 栽培特点：种子和播茎均可。

e. 应用：可做急绿化材料。

③ 绒毛剪股颖。

3. 几种非禾本科草坪草

（1）马蹄金（Dichondra repens Forst.）黄胆草，金钱草，旋花科马蹄金属。

a. 形态特征：茎细长，匍匐地面，叶互生，圆形或肾形。

b. 分布：浙江、江西、福建、台湾、湖南、广西、广东、云南等省。

c. 生态习性：喜光，最适温 15～30 ℃。

d. 栽培特点：营养繁殖。生长期间防治斜纹夜蛾和蚜虫。

e. 应用：观赏草坪。

（2）白三叶（Trifolium repens L.）豆科。

a. 形态特征：茎实心细长，光滑、匍匐生长。

b. 分布：东北、华北、华东有野生种。

c. 生态习性：最适温度 19～24 ℃，抗寒性强，耐低温霜冻，生长期 –10 ℃ 可正常生长，抗热差。

d. 栽培特点：种子、营养均可。

e. 应用：广泛。

（3）沿阶草[Japonicus Ophiopogon（L.f.）Ker-G.awl.]。

a. 形态特征：多年生长绿草本，根状茎粗短，叶基生成密丛，长线形。

b. 分布：四川、浙江、江西、湖南、贵州、广西、云南、福建等海拔 200 m 以下的山坡林地或溪沟旁。

c. 生态习性：喜温暖湿润气候，遇冬季 –10 ℃ 低温不受冻害，喜稍荫蔽。

d. 栽培特点：分株繁殖。

e. 应用：广泛（麦冬）。

二、草坪的美学特性在园林布局上的应用

1. 作主景

（1）在较大空间中应用。突出空间的开阔、宽广。通常在大型公园、植物园和风景区使用。如：杭州西湖"柳浪闻莺"。

（2）在小空间中应用。可达到简洁、明快、开朗的效果。

（3）在四合空间中做主景。四面景物为山体、建筑或高大乔木时。

（4）在规则式绿地中使用。广场、宾馆、办公楼、停车场等地方使用。

2. 作配景

由于草坪具有低矮、整齐、色泽均匀、质地适中的特点，对地形、水体、建筑及乔、灌木、园路、小品等园林景观起到非常好的对比、调和、烘托及陪衬的作用和效果，起到突出主景的作用。

（1）草坪与地形。通常用草坪来烘托地形变化的美感，用在公园、风景区、小游园、小区及庭院布置中。特别在表现微地形上有良好的效果。

（2）草坪与水体。通常在水畔或水体附近布置或大或小的草坪以达到较好的景观效果。此外，草坪也是水体向建筑等其他人文景观过渡的良好材料，使景观的布局更合理，也更能融为一体。

（3）草坪与建筑。通常在建筑的周围布置草坪或把建筑布置在草坪上。首先，色彩上草

坪的色彩自然、均匀，给人感觉舒适。可起到对建筑的烘托和对比。其次，草坪的低矮、整齐、平展、规则的表面和造型，恰到好处地烘托着建筑的造型变化。第三，作为建筑与其他景物的过渡。

（4）草坪与乔、灌木：

① 草坪与剪型树：起到点缀剪型树的作用。在规则式布局、广场、建筑周围、小型绿地及居民小区中常用。

② 草坪与绿篱：一般应用在公园、游园、庭院、小区、广场、道路等的两侧，或者规则式铺装广场的周围。

③ 草坪与灌木造型：具体方法是用密植的灌木修剪成各种形状或图案，布置在草坪上。多应用在广场、公园、游园、立交桥下、街头绿地，及其它小型或条形绿地，建筑旁边和坡地上。

④ 草坪与孤植树：各类草坪均可用，草坪面积较大，应选择体量大、树冠开展的树木；若面积小，则选择小巧玲珑的树木。树木的选择除考虑冠形、姿态外，还应考虑季节的变化与草坪的对比。

⑤ 草坪与树丛：草坪与树丛的配置在各类绿地中大量应用，其位置和作用与孤植树相同，在大草坪上要比孤植树效果更强烈。树丛从两株到十几株一丛均可，视空间大小和树种不同而定。

⑥ 草坪与树群：主要用在大面积草坪上，树群一般位于草坪的一侧或边缘，通过草坪来烘托树群的高大、壮观，给人以树木成林的感觉。

⑦ 草坪与花灌木：面积小可将花灌木单株或成丛栽植；面积较大时可成片栽植，以体现花灌木的整体美。

（5）草坪与小品：小品在造型及色彩上都极富变化，将其布置在草坪上，利用草坪的色彩及表面的特点，能够更好地衬托出小品的色彩及造型的美感。

（6）草坪与道路：嵌草路、草地汀步等。

3. 做背景

草坪做背景无论在规则式布局中，还是自然式布局中，都能起到非常好的效果，与构成整体景观的其他景物，恰当地融合在一起，同时起到对比与调和的作用。

4. 景观过渡

如从建筑到高大乔木；从建筑到水体；从水体到乔、灌木；从道路、广场到建筑、乔、灌木等都可用草坪过渡。

职业能力小结

本学习情境对园林植物的分类方法、识别要点及园林特性进行了全面的介绍。

学完本学习情境后，应具备的职业能力为：

（1）具备各类园林植物的分类识别能力；

（2）具备园林植物的美学观赏能力。

讨论与思考

（1）请谈谈你所在校园的园林植物，指出你认识的乔、灌、草，并简要谈谈它们在园林上的应用。

（2）请谈谈你所在家乡的园林植物的主要特色，提出你的建议与看法。

实训项目一 园林植物的综合识别

一、实训目的

1. 对校园内植物进行分类识别。

2. 培养学生对园林植物美学特性的欣赏能力。

3. 培养学生对园林植物造景配植的欣赏及评价能力。

二、材料、工具

各类型园林植物、参考书、记录本。

三、实训内容

依据植物分类原则，掌握各种常见的园林植物的基本形态特征，了解每一种类的生物学特性及基本应用。

四、实验要求

（1）根据植物形态，结合分类特点，总结其生物学特性及基本应用。

（2）根据观察内容，总结每种园林植物的形态特征。

（3）学生进行现场识别和欣赏，归纳总结 10 种乔木、10 种灌木、10 种草本花卉的名称、观赏用途及常见配植方式。

五、成绩考核

根据实际表现和实训报告结果评定成绩，成绩可以按"优、良、中、及格、不及格"五个等级或按百分制。

情境二　园林植物造景设计

【学习目标】

1. 掌握园林植物的美化功能、造景功能及造景方式。

2. 掌握花坛、花境及其它花卉应用形式的概念，能进行花卉各种应用形式的设计。

3. 掌握园林植物的造景功能、造景原则及造景方式，能够进行各类型园林绿地的植物景观设计如，道路植物景观设计、广场植物景观设计、滨水植物景观设计、室内植物景观设计、庭院植物景观设计、单位附属绿地植物景观设计、居住区植物景观的设计。

【重　　点】

各类型园林绿地的植物景观设计。

【难　　点】

花境的设计与营造。

【学习框架】

学习情境二　园林植物造景设计

情境分析

任务一　道路植物景观设计

任务二　广场植物景观设计

任务三　滨水植物景观设计

任务四　室内植物景观设计

任务五　庭院植物景观设计

任务六　单位附属绿地植物景观设计

任务七　居住区植物景观的设计

职业能力小结

实训项目二　各类型园林绿地植物造景设计

情境分析

小王和小赵通过前面一部分内容的学习，掌握了园林植物的分类识别方法，能识别常见园林植物。他们对自己充满了信心，暑假快到了，他们准备到某园林公司进行岗位见习。公司要将他们安排到园林植物配置岗位上进行实习，两位同学感到不知所措，他们找到老师："老师，我们学习了那么多的园林植物知识，学会认识植物了，什么叫园林植物配置啊，我们对利用植物进行造景一概不知，植物造景应该怎样进行呢？"老师说："别急，接下来我们学习第二个部分的内容，那就是园林植物的造成景设计，加油吧，你们能行的。"

一、解决方案与任务分解

老师指出，要进行园林植物造景设计，我们必须完成以下任务：

1. 学习相关知识

（1）植物造景的美学法则；

（2）美学原理在植物景观营造中的应用；

（3）园林植物的造景功能；

（4）园林植物的配置方式；

（5）花坛的应用与设计；

（6）花境的应用与设计。

2. 工作任务分解

任务一　道路植物景观设计；

任务二　广场植物景观设计；

任务三　滨水植物景观设计；

任务四　室内植物景观设计；

任务五　庭院植物景观设计；

任务六　单位附属绿地植物景观设计；

任务七　居住区植物景观的设计。

3. 实训项目

各类型园林绿地的植物景观设计。

二、相关知识

（一）植物造景的美学法则

1. 植物景观营造的主要美学原理

植物是建筑与构筑物空间塑造及划分的重要组成部分，构筑物构成硬质景观，而植物是软质部分。植物景观不仅可以净化、美化环境，植物景观本身也具有独特的魅力。在植物景观设计中，场地不同，但可沿着同一美学原理去创造美的景观，巧妙地运用线条、空间感、质感、颜色、风格等美学原理是创造美景的有效途径。

（1）植物的线条：

① 曲线：给人自然、自由的感觉；

② 平行线：暗示永恒和流动；

③ 垂直线：有力量；

④ 方形：规则、严谨；

⑤ 直线：风格简洁、明快。

（2）线条应用的一般规律。

线条引领视线，游走于庭园，统一全部设计，线条可以中断，但视线不能停滞，必须安排另一线条，将视线延续，这样庭园才会有整体感。水平线与垂直线必须互相平衡，重复使用同样的形状、大小、质感、色彩的植物，就能构成线条。线条要有助于表现统一、协调和对比，同时线条也可以制造错觉。

2. 空间感

组合各种植物形态，使其互成比例或相辅相成，即可塑造庭园的空间感。空间感应用的一般规律是集合形态相似的植物，再安排一种对比强烈的形态，制造焦点。通常一种形态的植物要用一大丛植物来表现，增强震撼力，而非一棵两棵。封闭、稠密的植物群落与疏松开放的草坪结合，可形成"疏可跑马，密不透风"的植物空间感。

3. 质感应用的一般规律

（1）太多不同质感混合会让人感觉杂乱，而单一质感又太单调，最好集合一群质感相似的植物，再与另一种完全不同质感的植物群形成对比，让人感觉舒适。

（2）植物与硬质构筑物的质感应该调和。

（3）最好混合粗、细两种质感以求平衡。茂密、大叶粗糙的植物看起来重量感强；枝叶疏松、叶片细致光滑的植物看起来比较轻盈。

（4）运用质感和重量感可以制造错觉。小空间适合种植细致的植物让空间变大；大空间若在远处种植粗糙的植物，看起来就不会太空旷。

4. 颜色

同色花卉大片种植，大胆表现色彩，重复一种颜色可以统一视觉，引导视线于设计的焦点上。色彩搭配应用于花境时需格外谨慎，不仅要考虑花期的搭配，草本花卉与球根花卉的观赏期互补，更要把握各个花期花卉的色彩搭配。相同品种的花卉种植面积不要小于 $1 \, m^2$，如此才能产生一定的视觉效果。

5. 风格

强调对称的轴线布局，以及植物几何形态的修剪造型，多是欧洲古典园林的明显标志。非对称布局，简洁明快的线条感，多是现代园林的风格体现。寻求自然，强调植物原生自然形态的配置，也是现代生态园林的特色。

6. 平衡

平衡并非完全对称，只让人感觉稳定就可以了，即产生视觉上的稳定感，所以平衡可分为：对称平衡和不对称平衡。

7. 对比

强调各形态因子上的差异，如强调植物形态、叶片质感、颜色、变化空间的疏密对比等。

8. 韵律

植物景观能引领视线，游走于园林空间，产生庭园的韵律。将体积、形态、线条、颜色加以重复或对比，就能得到韵律。游走于有韵律的植物空间，不会出现杂乱的感觉，若略有变化就会感到有条理又更丰富。

（二）美学原理在植物景观营造中的应用

1. 多样统一性

亦称变化与统一，在园林植物配置时，树形、色彩、线条、质地及比例都要有一定的差异和变化，但又要使它们之间保持一定的相似性，这样，显得既生动活泼，又和谐统一。运用重复的手法最能体现植物景观的统一感。

2. 对比与调和

对比与调和是艺术构图的重要手段之一。园林景观更需要有对比。

（1）外形的对比与调和。在植物造景中，乔木的高大和灌木的矮宽、尖塔形树冠与卵形树冠，有着明显的对比，外形相似或相同的植物，从树冠上看，其本身又是调和的。

利用外形相同或者相近的植物可以达到植物组团外观上的调和，比如球形、扁球形的植物最容易调和，形成统一的效果。如图 2.1 所示，杭州花港观鱼公园某园路两侧的绿地，以球形、半球形植物构成了一处和谐的景致。

图 2.1

但完全相同会显得平淡、乏味，如图 2.2 所示，栽植的植物高度相同，又都是形态相似的球形或者扁球形，景观效果平淡无奇，缺乏特色，而在图 2.3 中，利用圆锥形的植物形成外形的差异，在垂直方向与水平方向形成对比，景观效果一下子就活跃起来了。

图2.2 完全的调和使植物景观过于平淡

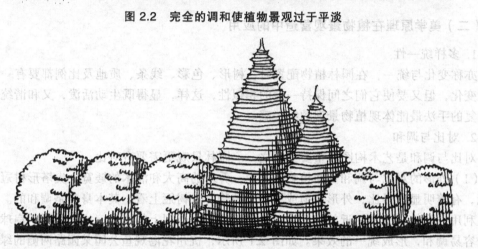

图2.3 在调和基础上的对比使植物景观富有动感

（2）体量的对比与调和。如假槟榔与散尾葵对比，蒲葵与棕竹对比，体量上有很大差别，而它们都是棕榈类的植物，姿态又都是调和的。

（3）色彩的对比与调和。红色和绿色为互补色，黄色与紫色为互补色，蓝色和橙色为互补色，对比强烈。色彩中同一色系比较容易调和，比如黄色和橙黄色，红色和橙红色等。

通常植物群体的基调色彩多选用绿色，因绿色令人放松、舒适，而且绿色在植物色彩中最为普遍。在总体调和的基础上，可适当点缀其它颜色，构成色彩上的对比。进行植物色彩搭配时，应该注意尺度的把握，不要使用过多过强的对比色，否则会显得杂乱无章。

此外，还有明暗的对比与调和，虚实的对比与调和，开闭的对比与调和，高低的对比与调和等。

3. 韵律与节奏

一种树等距离排列称为"简单韵律"；两种树木，尤其是一种乔木与一种灌木相间排列或带状花坛中不同花色分段交替重复等，产生活泼的"交替韵律"，如图2.4所示；园中景物中连续重复的部分，做规则性的逐级增减变化还会形成"渐变韵律"。

4. 均衡与稳定

这是植物配植时的一种布局方法。在平面上表示位置关系适当就是均衡，在立面上表示轻重关系适宜就是稳定。

一般地，色彩浓重、体量庞大、数量繁多、质地粗厚、枝叶茂密的植物种类给人重感；相反，色彩素淡、体量小巧、数量简少、质地细柔、枝叶疏朗的植物种类则给人轻盈的感觉。

根据周围环境，在配植时有规则式均衡（对称式）和自然式均衡（不对称式）。

（图 2.7）。采用前一种配置（图 2.8），若不同的树叶的片度不同的植物进行组合不同的配置则醒目，别具有叶感的视觉效果。若是在一样树木上，是一片粼粼细波，另外在这个放置样排列一致，在细的画作中就家不会于小片绿荫间，原处和的韵律而粼粼，不规则的。虽的景观图越着，而美美困绿的前方大的配置以较和草坪作为背景树木，相互的作用，再建设，有着了困，以加强片绿荫风度的观赏其风的则此困林景观。

也就是困林景观中，能够更加突出，以图有其看着困的物相相前沿越的见越困有，故相作用相即且相。　这么层层观相，而且大规则相粼的长而是前片绿荫化。并来一些前随常的困

图 2.4　有规律的变化形成韵律感

5. 主体与从属

也就是重点与一般的关系，在植物造景中，必须有主体或主体部分，而把其余置于一般或从属地位。一般地，乔木是主体，灌木、草本是从属的。

在园林中，突出主景的方法主要有轴心或重心位置法和对比法。在处理具体的植物景观时，应选择造型特殊、颜色醒目、形体高大的植物作为主景，并将其栽植在视觉焦点或者高地上，通过与背景的对比，突出其主景的位置，如图 2.5 所示，在低矮灌木的"簇拥"下，乔木成为视觉的焦点，自然就成为景观的主体了。

图 2.5

6. 比例与尺度

所谓比例就是指园林中各景物之间的比例关系，而尺度是指景物与人之间的比例关系。这两种关系不一定能用数字来表示，而是属于人们感觉上、经验上的审美概念。

一般地，对于大型景物来说，最佳视距应为景物高度的 3.3 倍，小型景物约为 1.7 倍，对景物宽度来说，最佳视距应为景物宽度的 1.2 倍。

如果以人为参照，尺度可分为三种类型：自然的尺度（人的尺度，图 2.6）、超人的尺度

（图 2.7）、亲切的尺度（图 2.8）。在不同的环境中选用的尺度是不同的，一方面要考虑功能
的需求，另一方面应注意观赏效果，无论是一株树木，还是一片森林都应与所处的环境协调
一致。比如中国古代私家园林属于小尺度空间，所以园中搭配的都是小型的、低矮的植物，
显得亲切温馨；而美国国会大厦前属于超大的尺度空间，配置以大面积草坪和高大乔木，显
得宏伟庄重。两者植物的尺度有所不同，但都与其所处的环境尺度相吻合，所以形成各具风
格的园林景观。

与其它园林要素相比，植物的尺度似乎更加复杂，因为植物的尺度会随着时间的推移而
发生改变。可能一开始的时候达到了理想的效果，但是随着岁月的增加，会失去原有的和谐。
所以设计师应该动态地看待植物及景观，在设计初期就应该预测到由于植物生长而出现的尺
度变化，并采取一些措施以保证景观的观赏效果。

图 2.6　自然的尺度

图 2.7　超人的尺度

图 2.8　亲切的尺度

（三）植物的造景功能

1. 树木与建筑物配合构成景物

（1）衬托、彰显建筑。高大乔木作为建筑物的背景时，衬托出建筑物的特色或利用树木形状、线条等彰显建筑的形状与线条，如图 2.9 所示。

图 2.9

（2）联系建筑。建筑物与建筑物间、建筑物与其它景物间以及建筑与地面，常由于形状、色彩、地位及本质的不同而有不相联系或相联系而不相协调的现象发生。绿篱、行道树等有使彼此间联系与协调的作用，如图 2.10 所示，两栋建筑之间缺少联系，而在两者之间栽上植物后，两栋建筑物之间似乎构成联系，整个景观的完整性得到了加强。

图 2.10

（3）装饰建筑。利用植物对建筑进行垂直绿化或形成花窗、花门等，如图 2.11 所示，利用爬山虎对建筑墙面进行垂直绿化，起到装饰极美化墙面的作用。

（4）代替建筑。利用修剪造型的植物代替雕像或用绿篱代替围墙、栏杆等。

（5）隐蔽或纠正建筑的缺陷。用植物来隐蔽外观不美的建筑物的一部分或全部，如图 2.12 所示，用藤本植物隐蔽了该处外观不美的构筑物，或利用树木与建筑物的对比关系纠正建筑物在视觉上的缺陷。

图 2.11

图 2.12

2. 植物的分区作界功能

该功能与墙、栏杆等有共同之处，可用作分区作界之用。它们的园林功能有以下几点：① 划分园林境界；② 组织园林空间；③ 防止灰尘；④ 减弱噪声；⑤ 防风遮荫；⑥ 充当背景；⑦ 作为绿化屏障。

3. 改观地形

（1）在平坦处栽种高矮变化的树木，在远观上可造成地形起伏的状态，如图 2.13 所示。

（2）在低洼处栽种较高树种，在较高处栽种矮小树种，可使原有起伏的地形改观为平坦的地形；反之则加强地形起伏状态，如图 2.14 所示。

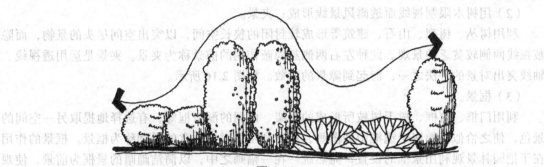

图 2.13

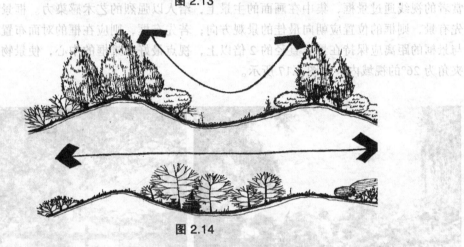

图 2.14

4. 控制视线

（1）用树木阻挡视线形成：障景。

障景又称抑景，在园林绿地中凡是能抑制视线、转变空间方向的屏障景物均为障景。障景因使用材料不同，可分为山石障、影壁障、树丛障或篱障、景墙障等。障景的作用有三个：一是先抑后扬，增加赏景的曲折生动性；二是点景，即障景之本身可构成空间分隔，独成景观；三是用来完全隐蔽不够美观和不能暴露的地方和物体。然而，障景的布置要自然、协调，一般采用不对称的构图，且构图宜有动势，以引导游览者前进（图 2.15）。

图 2.15

（2）用树木限制视线而透露风景线形成：夹景。

利用树丛、树列、山石、建筑等形成较封闭的狭长空间，以突出空间尽头的景物，而隐蔽视线两侧较贫乏的景观。此种左右两侧起隐蔽作用的前景称为夹景。夹景是运用透视线、轴线突出对景的手法之一，能起到障景的功效。如图 2.16 所示。

（3）框景。

利用门框、窗框、树干树枝所形成的框架、山洞的洞口框等，有选择地提取另一空间的景色，使之恰似一幅嵌于镜框中的图画，这种利用景框来欣赏的景物称为框景。框景的作用在于把园林景观利用景框的设置，宛然统一在一幅画之中，以简洁幽暗的景框为前景，使观赏者的视线通过景框，集中在画面的主景上，给人以强烈的艺术感染力。框景在布置时，若先有景，则框的位置应朝向最佳的景观方向；若先有框，则应在框的对面布置景色。观赏点与景框的距离应保持在景框直径的 2 倍以上，视点最好在景框的中心，使景物整个固面落入夹角为 26°的视域内。如图 2.17 所示。

图 2.16   图 2.17

5. 植物的统一和联系功能

建筑物与建筑物间、建筑物与其它景物间以及建筑与地面，常由于形状、色彩、地位及本质的不同而有不相联系或相联系而不相协调的现象发生。绿篱、行道树等有使彼此间联系与协调的作用。如图 2.18 所示，临街的两栋建筑之间缺少联系，而在两者之间栽植上植物之后，两栋建筑之间似乎构成联系，整个景观的完整性得到了加强。再如图 2.19 所示，两组植物之间缺少联系，各自独立，没有一个整体的感觉，而图 2.20 中在两者之间栽植低矮的球形灌木，原先相互独立的两个组团被联系起来，形成了统一的效果。其实要想使独立的两个部分（如植物组团、建筑物或者构筑物等）产生视觉上的联系，只要在两者之间加入相同的元素，并且最好呈水平延展状态，比如地被植物，从而产生"你中有我，我中有你"的感觉，就可以保证景观的视觉连续性，获得统一的效果，如图 2.21 所示，由于地被植物的出现，使两个独立的植物组团成为一个景观单元。

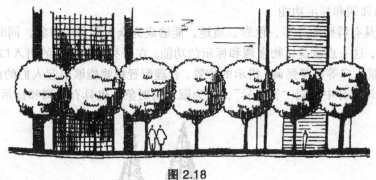

图 2.18

图 2.19

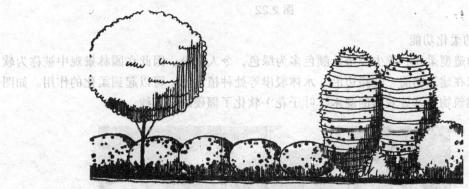

图 2.20

图 2.21

6. 植物的强调和标示功能

某些植物具有特殊的外形、色彩、质地，能够成为众人瞩目的对象，同时也会使其周围的景物被关注，这一点就是植物强调和标示的功能。在一些公共场所的出入口、道路交叉点、庭院大门、建筑入口等需要强调、指示的位置，合理配置植物能够引起人们的注意。如图 2.22 所示，水杉在该设计中如同"惊叹号"，成为瞩目的对象，也具有强调和标示的功能。

图 2.22

7. 植物的柔化功能

植物因为造型柔和、较少棱角，颜色多为绿色，令人放松，因此在园林景观中被称为软质景观，所以在建筑物前、道路边沿、水体驳岸等处种植植物，可以起到柔化的作用。如图 2.23 所示，建筑物墙基处栽植的灌木（叶子花）软化了僵硬的墙基线。

图 2.23

8. 植物的空间构筑功能

（1）利用植物创造空间。

在室外植物可以像建筑材料一样充当地面、天花板、围墙、门窗等作用，营造出通透、半通透、围合或半围合的空间。

① 利用茂密、高大的树冠构成顶面覆盖，充当天花板的作用。如图 2.24 所示，松林树冠相互搭接，构成封闭的顶面，创造舒适凉爽的林下休闲空间，也为其它耐阴植物创造适宜的生存环境。

图 2.24

② 利用分枝点低的植物冠丛形成立面上的围合，充当墙体的作用，如图 2.25 所示，常绿植物阻挡了视线，形成围合空间，该空间的封闭程度与植物种类、栽植密度有关。

图 2.25

（2）利用植物组织空间。

在园林设计中，除了利用植物组合创造一系列不同的空间之外，有时还需要利用植物组织园林空间，如图 2.26 所示，利用低矮灌木形成空间边界，修剪整齐的金叶女贞充当了栏杆或矮墙的作用，用于组织或界定园林空间。

图 2.26

（3）利用植物拓展空间。

在室内外空间分界处或建筑小品边界处，利用植物构筑过渡空间，也可以拓展建筑空间。如图 2.27 所示，利用扁球形植物强化了水平方向线，仿佛花架构成的空间被延长了。其实是利用植物的造型令人们产生视觉上的错觉，从而使得空间具有了可延展性。

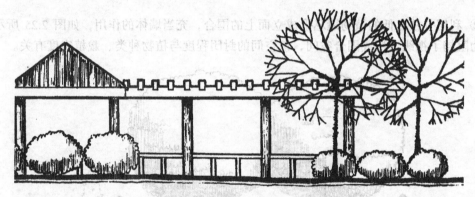

图 2.27

（四）园林植物的配置原则及方式

1. 园林植物配置总则

（1）设计总则。

① 以总体规划为依据。园林植物的景观设计，或是局部的，或是总体的，总要服从园林绿地的功能或立意。任何景观都是"以人为本"来设计的，景观设计者必须把握总体规划，在大处着眼的基础上才能合理安排各个细节景点。

② 因地制宜、适用、经济、美观。绿地规划与设计主要是为使用者的需求而考虑的，各种空间、色彩和尺度均需做到所要表达主题的人性化，并尽量在成本费用上做到既经济又美观。

③ 以植物造景为主。植物既具有生态、经济的各种功能，同时又具有各种景观艺术特性，在提倡生态园林的今天，利用植物造景是当代景观设计的一大主题。

④ 适地适树。多采用本地植物种类和品种不仅能体现地方特色，还能防止外地树种的不适应性而造成的景观功能损失和经济损失。

⑤ 表现诗情画意的意境美。意境美是中国古典园林的艺术精华，也正是现代园林所缺乏的。运用植物创造意境美是对优秀文化的继承，现代园林应加以提倡。

⑥ 以人为本。任何景观都是为人而设计的，但人的需求并非完全是对美的享受，真正的以人为本，应当首先满足使用者的最根本的需求。

（2）设计细则。

"完美的植物景观，必须具备科学性与艺术性两方面的高度统一，既要满足植物与环境在生态上的统一，又要通过艺术构图原理体现出植物个体及群体的形式美，及人们在欣赏时所产生的意境美。"就具体的植物景观设计而言，还需注意以下几点原则：

① 顺应地势，割划空间。

应顺应地形的起伏程度，水面的曲直变化以及空间的大小等各种现实自然条件和欣赏要求来合理划分植物空间。以植物为主景的园林景观，如若从平面划分绿地，则应以树木的树冠划分立面，形成植物空间。现代园林设计中，经常用大草坪或疏林划出开旷明朗空间，并用竹林或小径围合成安逸、私密、柔和的小空间。根据不同的地势，划分出不同的功能场所，如群众性活动场所，休息场所或眺望场所，甚至纯装饰性绿化场所，然后根据不同的功能场所利用植物创造空间氛围。空间要似连似分、变化多样，方能形成景色各异的整体景观。而在平原湖泊地造景，利用植物的高低错落和围合进行层次分隔，增强水面和空间的深远感就显得更为重要。对原有地形，既不可一律保持，又不宜过分雕琢；既要处处匠心独运，又不露人工斧凿之痕迹，以达"源于自然而高于自然"的目的。

② 空间多样，统一布局。

现代园林空间艺术，讲求植物造景，多以植物、土坡等分隔和划分空间。因此植物种类要多样，配置要有一定景深，空间大小相济，避免一览无余并有豁然开朗之意境，营造"山重水复疑无路，柳暗花明又一村"的空间意境。但每一空间植物应丰富而不乱，变化中求统一。同一空间骨干树种要求单一，不同空间树种则要丰富多变。这样才既不流于单纯乏味，又不致繁琐杂乱。在自然风景区，采用同一种或数种具相同观赏特性的树木，作为骨干树种对区域或局部进行大面积的丛植或片植，会形成壮丽景象。

③ 主次分明，疏落有致。

植物配置犹如音乐有高低音一样，要做到高低配合，错落有致。植物配置的空间，无论平面或立面，都要根据植物的形态、高低、大小、落叶或常绿、色彩、质地等，做到主次分明。群体配置，要充分发挥不同园林植物的个性特色，且必须突出主题，分清主次，不能千篇一律，平均分配。如用常绿树和落叶树混植造景时，常绿树四季常青，庄严深重但缺乏变化，而落叶树色彩丰富，轻快活泼富于变化，但冬景萧条，故欲表达季相变化，突出鲜明的色调和空灵，应以常绿高大植物作背景，落叶小巧植物于前可尽显春光秋色。对于高矮相差不大的灌木或地被，可以利用地势的起伏，或筑台砌阶，以增强高差，使之错落有致，层次分明。现代植物造景讲求群落景观，"师法自然"植物造景利用乔、灌、草形成树丛、树群时要注意深浅兼有，若隐若现，虚实相生，疏落有致。开朗中有封闭，封闭中辟开朗，以无形之虚造有形之实，体现自然环境美。一般而言，有可借之景（借景），透视线宜稀疏，或以高大枝干成框（框景），或植低矮灌木群落作铺垫；相反，若视野凌乱不堪，则以浓密遮之，即为障景，以达"嘉则收入，俗则屏之"。

④ 立体轮廓，均衡韵律。

群植景观，常讲究优美的林冠线和曲折回荡的林缘线。植物空间的轮廓，要有平有直，有弯有曲。等高的轮廓雄伟浑厚，但平直单调；变化起伏凹凸的轮廓丰富自然，但不可杂乱。不同的曲线应用于不同的意境景观中。行道树以整齐为美，而风景林以自然为美。立体轮廓线可以重复但要有韵律，尤其对于局部景观。自然式园林林缘线要曲折但忌繁琐。而空旷平整之地植树更应参差不齐，前后错落，且讲求树木花草的摆排位置，如孤植树在前，其次为树丛，树林常作屏障背景，中间以花、草连接，层次鲜明而景深富于变化。

⑤ 环境配置，和谐自然。

在设计植物景观时，要注意植物与其周围建筑、小品以及水体等环境的配合造景。

2. 园林树木的配置原则

（1）首先考虑树木的生长发育特性及生态习性。

各种园林树木在生长发育过程中，对光照、水分、温度、土壤等环境因子都有不同的要求。在进行园林树木配置时，只有满足园林树木的这些生态要求，才能使其正常生长、健壮和保持较长时间的稳定，才能充分地表现出设计意图。有些绿化工程贪图一时的绿化效果，从外地大量购进绿化树种用于本地绿化工程，结果造成人力、物力的严重浪费。为了满足园林树种的生态要求，树种的选择与配置应尽量做到适地适树，最好多采用乡土树种，使树木健康成长，充分发挥其自然面貌与典型之美；同时注意种间关系，建立相对稳定的植物群落，充分发挥树木改善气候的功能和卫生防护功能。

（2）符合园林绿地的功能要求。

配置要体现设计意图，应明确树木要发挥的主要功能。在满足主要功能的前提下，应考虑如何配置才能取得较长期的效果。如在大树、大苗供不应求时，各地园林建设中大多采用种植"填充树种"的办法，更要考虑到三、五年，十年甚至二十年以后的问题，应预先确定分批处理的措施和安排。掌握树木要发挥主要功能应具备的要求，如庭荫树、行道树应具备的要求等。

（3）考虑园林绿地的艺术要求。

进行树木配置时要在大处着眼的基础上再安排细节问题。确定全园基调树种和各分区的主调树种、配调树种，以获得多样统一的艺术效果。全园因各分区主调树种不同而丰富多彩，又因基调树种一致而协调统一；观赏树种的配置要体现色彩季相的变化和形体变化，做到四季有景可观（春花、夏荫、秋色、冬姿）；植物配置时注意绿化、美化、香化的有机结合，选择在观形、闻香、赏色、听声等方面的有特殊观赏效果的树种植物，以满足游人不同感官的审美要求。如"万壑松风"、"雨打芭蕉"以及响叶杨等主要是听其声；注意选择我国传统园林植物树种，使人们产生比拟联想，形成意境深远的景观效果。可以利用"古诗景语"中的"诗情画意"来造景，如引用诗句"疏影横斜水清浅，暗香浮动月黄昏"的意境，在园中挖池筑山，临池植梅，将古诗意境再现，让人们进入诗情画意之中；观赏树种的配置要与建筑协调，起到陪衬和烘托作用。观赏树种配置要与园林的地形、地貌及园路结合起来，取得景象的统一性。如图 2.28 所示植物配置方式与广场轮廓不相协调，图 2.29 植物配置方式与广场轮廓协调。

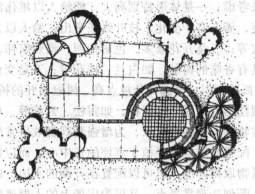

图 2.28　　　　　　　　　　　　　　　　　　图 2.29

（4）观赏树木配置中的经济原则。

节约并合理使用名贵树种，多用乡土树种，可能时尽量用小苗，遵循适地适树的原则。根据苗木的市场价格灵活选择树种。园林结合生产，配置时可选用有食用、药用价值及可提供工业原料的经济树木。

（5）观赏树木配置中的特殊原则。

在有特殊要求时，应有创造性，不必拘泥于园林树木的自然习性，应综合地利用现代科学知识、采取相应措施来保证园林树木配置的效果。

3. 园林树木的配置方式

（1）孤植。

孤植树在园林中通常有两种功能：一是作为园林空间的主景，展示树木的个体美；二是发挥遮荫功能。从观赏功能来考虑，要求姿态优美，色彩鲜明，树体高大，寿命较长，特色显著；从遮荫角度来考虑，孤植树应是树冠宽大，枝叶茂盛，叶大荫浓，病虫害少，无飞毛、飞絮污染环境。孤植树是园林构图中的主景，因而要求栽植地点位置较高，四周空旷，便于树木向四周伸展，并有较适直的鉴赏视距，中间不要有别的景物遮挡视线。在地形规则的构图中，孤植树一般位于构图的中心位置，如广场中心，大草坪或林中空地的构图重心上；在地形复杂的自然式布景中，孤植树一般位于游人视线的焦点位置，如在开阔的水边（图 2.30），可以眺望远景的高地（图 2.31）所示或在自然式园路、河岸、溪流的交叉口。

图 2.30　　　　　　　　　　　　　　　　　　图 2.31

孤植树木的形体特色大体应从几个方面来考虑：一是体形特别高大，能给人以雄伟浑厚的感觉，如榕树、香樟等；二是树体轮廓优美，姿态富于变化，枝叶线条突出，给人以龙飞凤舞、神采飞扬的艺术感染力，如柳树，合欢等；三是开花繁多，色彩艳丽，景观宏伟，给人绚烂缤纷的感受，如木棉、玉兰等；四是具有香味的树种，如白兰、桂花等；五是变色叶树种，如枫香、银杏等。从遮荫的角度来选择孤植树时，要选择分枝点高、树冠展开的树木，如香樟、核桃、悬铃木等。树冠不开展、呈圆柱形或尖塔形的树种，如雪松、云杉等，均不适合用于遮荫树。孤植树以其自身优良的观赏特性可以独自成景，为增强其观赏效果常配置于宽阔开朗的草坪上，以绿色的草地作背景。配置时注意不要植于草坪的正中心，而应偏于一端布置在构图的自然中心，与草坪周围的景物取得呼应。也可以配置在开朗的水边，以明亮的水色作背景。还可以配置于大型广场上，既创造观赏景点，又可为广场上的人群遮荫。为这些开阔空间选择的孤植树，雄伟高大是首先应该保证的条件，同时树种的色彩也要与周围的环境相协调。在较小的空间应用孤植树造景时，选择的树种要小巧玲珑，外形优美潇洒，色彩艳丽，最好是观花或观叶树种，如鸡爪槭、玉兰等。孤植树配置于山冈上或山脚下，既有良好的观赏效果，又能起到改造地形，丰富天际线的作用。在道路的转弯处配置姿态优美或色彩艳丽的孤植树有良好的景观效果。在以树群、建筑或山体为背景配置孤植观赏树时，要注意所选孤植树在色彩上与背景应有反差，在树形上也能协调。

（2）对植。

对植是将数量大致相等的树木对称地种植。对植与孤植不同，对植的树木不是主景，而是起衬托作用的配置。在规则式构图中对植多应用于出入口，建筑物门前等轴线的左右，相对地栽植同种、同形的树木，要求外形整齐美观，树体大小一致（图2.32）。这时选用的对植树种在姿态、体量、色彩上要与景点的思想主题相吻合，既要发挥其衬托作用，又不能喧宾夺主。两株树的对植要用同一树种，姿态可以不同，但动势要向构图的中轴线集中，不能形成背道而驰的局面，影响景观效果。在自然式栽植中，对植可设计在构图轴线两侧，互相呼应，但不强调对称，可以是几株树或2个树丛、树群的对植，只作配景，主景在轴线集中的位置，主要用于引导游客，同时结合庇荫、休息等（图2.33）。这时选择的树种和组成要比较近似，栽植时注意避免呆板的绝对对称，但又必须形成对应，给人以均衡的感觉。

图2.32

图2.33

（3）列植。

列植是对植的延伸，指成行成带地种植树木，属于对称配置，所以列植树木要保持两侧的对称性，当然这种对称并不一定是绝对的对称。列植在园林中可作园林景物的背景，种植密度较大的可以起到分割隔离的作用，形成树屏，这种方式使夹道中间形成较为隐秘的空间。通往景点的园路可用列植的方式引导游人视线，这时要注意不能对景点形成压迫感，也不能遮挡游人。在树种的选择上要考虑能对景点起到衬托作用的种类，如景点是已故伟人的塑像或英雄纪念碑，列植树种就应该选择具有庄严肃穆气氛的圆柏、雪松等。列植应用最多的是公路、铁路及城市街道行道树，因为这些道路一般都有中轴线，最适合采取列植的配置方式。在行道树的树种选择上，首先要有较强的抗污染能力，在种植上要保证行车行人的安全，然后还要考虑生态功能、遮荫功能和景观功能。

（4）丛植。

将几株至一二十株同种类或相似种类的树种较为紧密地种植在一起，使其林冠线彼此密接而形成一个整体的外轮廓线，这种配置方式称丛植。丛植形成的树丛有较强的整体感，个体也要能在统一的构图之中表现其个体美，所以丛植树种选择的条件与孤植树相似，必须挑选在树形、树姿、色彩等方面有特殊价值的种类。从景观角度考虑，丛植需符合多样统一的原则，所选树种要相同或相似，但树的形态、姿势及配置的方式要多变化，不能对植、列植或形成规则式树林。丛植时对树木的大小、姿态都有一定的要求，要体现出对比与和谐。丛植形成的树丛既可作主景，又可以作配景。作主景时四周要空旷，有较为开阔的观赏空间和通透的视线，或栽植点位置较高，使树丛主景突出。树丛配置在空旷草坪的视点中心上，具有极好的观赏效果，如图 2.34 中凤尾丝兰的丛植；在水边或湖中小岛上配置，可作为水景的焦点，能使水面和水体活泼而生动，如图 2.35 中南洋杉的丛植；公园进门后配置一丛树丛既可观赏又有障景的作用。丛植有较强整体感，少量株数的丛植有独赏树的艺术效果。树丛与岩石组合，设置于白粉墙前、走廊或房屋的角隅组成景观是常用的手法。除作主景外，树丛还可以作假山、雕塑、建筑物或其他园林设施的配景。同时，树丛还能作背景，如用雪松、油松或其他常绿树丛植作背景，前面配置桃花等早春观花树木或花境均有很好的景观效果。

图 2.34   图 2.35

经典的树丛设计中讲求一些原则，如三株一丛构成不等边三角形的变化，但树种选择必求一致或至少形似，以产生统一。若树种仅为两种，则单独一株不能为最大，且必须与最大一株为同种，由此以体现树种优势和形态的突出。四株和五株的树位基本遵循三株树丛的规律，但要注意围合出一定的封闭空间。丛植的树种之间的配合有以下几种情况：

① 二株树的配合。距离靠近，则为一个整体，如栽植距离大于成年树的树冠，就成二株独树而不是一个树丛。不同树种如外观上十分类似，可考配植在一起。

② 三株树的配合。最好选用同一树种，且大小、姿态不同，栽植点不在同一直线上，一大一小者近，中者稍远。三株树配合如果选用两个树种，最好同为乔木、灌木、常绿树或落叶树，其中中者为一种树，距离稍远，小者与大者为另一种树距离较近，如图 2.36 中三株苏铁的配合。

③ 四株树的配合。同种树：四株树可分为 3∶1 两组，选中偏大的单独作为一组。

两种树：一般不分组，一种树 3 株，另一种树 1 株作主景植于 3 株之间，形成一个整体。

④ 五株树的配合。可分为 3∶2 或 4∶1 二组，任何三株树栽植点不能在同一直线上。若用 2 种树，株数少的 2 株树应分植于二组中。

（5）聚植。

由二三株至一二十株不同种类的树种组配成一个景观单元的配置方式（图 2.37）。一般聚植有主景、从景、添景之分。

图 2.36　　　　　　　　　　　　　　　　图 2.37

（6）群植。

由二三十株以至数百株的乔、灌木成群配植称为群植，形成的群体称为树群。树群可由单一树种组成，也可由数个树种组成。由一个树种组成，为丰富其景观效果，树下可用耐阴宿根花卉作地被植物。由数个树种组成的树群具有多层结构，水平与垂直郁闭度均匀，其组成层次至少 3 层，多至 6 层。

树群与树丛的区别在于：一是组成树群的树木种类或数量较多；二是树群的群体美是主要考虑的对象，如图 2.38 注意了树群林冠线、林缘线的优美，体现了树群的群体美，树群对树种个体美的要求没有树丛严格，因而树种选择的范围要广，图 2.39 树群不紧凑，整个树群缺乏整体感。由于树群的树木数量多，特别是对较大的树群来说，树木之间的相互影响、相互作用会变得突出，因此在树群的配置和营造中要十分注意各种树木的生态习性，创造满足其生长的生态条件，在此基础上才能配置出理想的植物景观。从生态角度考虑，高大的乔木应分布于树群的中间，亚乔木和小乔木在外层，花灌木在更外围。要注意耐阴种类的选择和应用。从景观营造角度考虑，要注意树群林冠线、林缘线的优美及色彩季相效果。一般常绿树在中央，可作背景，落叶树在外缘，叶色及花色艳丽的种类在更外围，要注意配置画面的生动活泼。树群的位置应选在有足够面积的开阔场地上，如靠近林边开阔的大草坪上、小山坡、小土丘上，小岛及有宽广水面的水滨。树群常作为主景或邻界空间的隔离，其内一般没有园路经过。

树群在园林中的观赏功能与树丛比较近似，在开朗宽阔的草坪及小山坡上都可用作主景，尤其配置于滨水效果更佳。由于树群树种多样，树木数量较大，尤其是形成群落景观的大树群具有极高的观赏价值，同时对城市环境质量的改善又有巨大的生态作用，因此它是今后园林景观营造的发展趋势。

图 2.38　　　　　　　　　　　　　　　　　　图 2.39

（7）林植。

凡成片、成块大量栽植乔灌木，构成林地或森林景观的称为林植。分为密林和疏林两种。密林应选用生长健壮的地方树种。疏林多与草地结合，成为"疏林草地"，夏天可庇荫，冬天有阳光，草坪空地供游玩、休息、活动。疏林的树种有较高的观赏价值，生长健壮，树冠疏朗开展，落叶树居多。要疏密相间，有断有续，自由错落。

（8）散点植。

以单株在一定面积上进行有韵律、有节奏的散点种植，有时可以由双株或三株的丛植作为一个点来进行疏密有致的扩展。每个点不是如独赏树般给以强调，而是着重点与点间有呼应的动态联系。散点植的配植方式既能表现个体的特性又使之处于无形的联系之中。

4. 灌木的配置

（1）灌木在园林中的应用。

灌木在园林植物群落中属于中间层，起着乔木与地面、建筑物与地面之间的连贯和过渡作用。其平均高度基本与人平视高度一致，极易形成视觉焦点，在园林景观营造中具有极其重要的作用，加上灌木种类繁多，既有观花的，也有观叶、观果的，更有花果或果叶兼美的；灌木还常以球形在园林植物景观中配置，丰富植物景观的层次。灌木在园林中有以下几个方面的作用：

① 与其他园林植物配置。

a. 与草坪或地被植物的配置。如以草坪或地被植物为背景，在上面配置三角梅、八仙花、榆叶梅、贴梗海棠、杜鹃、月季等红色系花灌木，或配置连翘、棣棠、云南黄馨、迎春等黄色系灌木以及紫叶小檗、红花继木等常色叶灌木，既能造成地形的起伏变化，丰富地表的层次感，又克服了色彩上的单调感；还能起到相互衬托的作用。

b. 与乔木树种的配置。灌木与乔木树种配置能丰富园林景观的层次感，创造优美的林缘线，同时还能提高植物群体的生态效益。在配置时要注意乔、灌木树种的色彩搭配，突出观赏效果。乔木与灌木的配置也可以乔木作为背景，前面栽植灌木以提高观赏效果，如用常绿的雪松作背景，前面用碧桃、海棠等红花系灌木配置，观赏效果十分显著。或以乔木为主景，乔木下面有韵律地配置球形灌木，创造丰富的景观层次感。

② 配合和联系景物。

灌木通过点缀、烘托，可以使主景的特色更加突出，假山、建筑、雕塑、凉亭都可以通过灌木的配置而显得更加生动。同时，景物与景物之间或景物与地面之间，由于形状、色彩、地位和功能上的差异，彼此孤立，缺乏联系，而灌木可使它们之间产生联系，获得协调。例如，在建筑物垂直的墙面与水平的地面之间用灌木转接和过渡，利用它们的形态和结构，缓和了建筑物和地面之间机械、生硬的对比，对硬质空间起到软化作用。作为绿篱的灌木对观景赏物还有组织空间和引导视线的作用，可以把游人的视线集中引导到景物上。

③ 单独构成景物。

灌木以其自身的观赏特点可单株栽植如孤植树般欣赏，如常用的观赏价值较高的红花继木球、金叶女贞球、红叶石楠球等，又可以群植形成整体景观效果，如在水边配置一片苏铁，可营造热带风光。

④ 布置花境。

花灌木中许多观赏价值较高的种类可配合草本花卉植物一起以作为布置花境的材料，与草本植物相比，花灌木作为花境材料具有更大的优越性，如生长年限长，维护管理简单、适应性强等，但目前应用尚少。充分利用灌木丰富多彩的花、叶、果观赏特点和随季节变化的规律布置花境景观是今后灌木应用很有前途的发展方向。

⑤ 布置专类园。

花灌木中很多种类品种多，应用广泛，深受人们的喜爱，如月季品种已达 2 万多种，有藤本的、灌木的、树状的、微型的等，花色更是十分丰富，这类花灌木常常布置成专类园供人们集中观赏。适合布置专类园的花灌木还有杜鹃、牡丹、碧桃、梅花、山茶、海棠、紫薇等。另外，花朵芳香的花灌木还可以布置成芳香园供人们闻赏花香。

⑥ 吸引昆虫及鸟类。

花灌木开花时节能吸引蜜蜂、蝴蝶等昆虫飞翔其间，果实成熟时又招来各种鸟类前来啄食，丰富了园林景观的内容，创造出鸟语花香的意境。

⑦ 做基础种植。

低矮的灌木可以用于建筑物的四周、园林小品和雕塑基部作为基础种植，既可遮挡建筑物墙基生硬的建筑材料，又能对建筑物和小品雕塑起到装饰和点缀作用。

（2）灌木应用中应该注意的问题。

① 了解灌木对光照的需求。

灌木种类不同，生态习性也存在较大差异，了解各种灌木的生态习性是营造理想景观效果的基础。如耐阴的灌木有：八角金盘、八仙花、珍珠梅、含笑等，这些具备较强耐阴性的灌木，是林下地被的最佳选择。有的灌木如月季、碧桃、榆叶梅等不耐阴，光照不足时生长开花不良，应栽植在空旷的地段。对大多数喜光又有一定耐阴性的种类，如山茶、栀子、杜鹃等，可植于较疏的林下或密林边缘。而对牡丹来说，开花前喜光，花后需适当遮荫以免灼伤叶片，其上方就应栽植发芽晚的落叶树种，开花前不遮挡阳光，开花后上方树木展叶正好起到遮荫作用。因为灌木整体处于园林空间的中间位置，了解各种灌木对光的需求状况具有特殊重要意义。

② 灌木的色彩配置。

色彩丰富是灌木的突出特点，也是灌木应用中应该首先考虑的因素。红色、橙色、黄色等暖色的花给人们以温暖、热烈、辉煌、兴奋的感觉，而蓝色、紫色的花属于冷色，给人以冷凉、清爽、娴雅、平和之感。灌木应用中就要充分考虑人们的感受，如春秋多栽暖色花，炎夏多栽冷色花。要根据栽植场所和应用目的不同来选择不同的灌木，例如公园入口、园路两边、水体边、常绿树前可用色彩艳丽的红色、黄色等灌木烘托气氛，如红花继木与金叶女贞搭配，创造观赏景点；而在安静休息区适合配置白色、紫色、蓝色系的灌木创造优雅、恬静、清爽的环境，如白色的栀子、山茶，蓝色的八仙花等。灌木作为配景时，其色彩要对主景起到装饰衬托作用，决不能喧宾夺主。

5. 草坪的配置

（1）草坪作基调的配置。

绿色的草坪是城市景观最理想的基调，是园林绿地的重要组成部分。如同绘画一样，草坪是画面的底色和基调，而色彩艳丽、轮廓丰富、变化多样的树木、花卉、建筑、小品等等，则是主角和主调。如果园林中没有绿色的草坪作基调，这些树木、花卉、建筑、小品无论色彩如何绚丽、造型如何精致，由于缺乏底色的对比与衬托，得不到统一的美感，就会显得杂乱无章，景观效果明显下降。

（2）草坪与其它植物材料的配置。

① 草坪与乔木树种的配置。

草坪与孤植树、树丛、树群相配既可以表现树体的个体美，又能加强树群、树丛的整体美。疏林与草地结合，形成疏林草地景观，这是目前应用较多的设计手法，既能满足人们在草地上休憩娱乐的需要，又可起到遮荫功能，同时这种景观又最接近自然，满足都市居民回归自然的心理。由几株到多株树木组成的树丛和树群与草坪配置时，宜选择高耸干直的高大乔木，中层配置灌木作过渡，就可与地面的草坪配合形成丛林的意境，如能借助周围的自然地形，如山坡、溪流等，则更能显示山林绿地的意境。这种配置如果以树丛或树群为主景，草坪为基调，则一般要把树丛、树群配置于草坪的主要位置，或作局部的主景处理，要选择观赏价值高的树种以突出景观效果，如春季观花的木棉、玉兰，秋季观叶的乌桕、银杏、枫香以及紫叶李、雪松等都适宜作草坪上的主景树群或树丛。如果以草坪为主景，树丛、树群做背景种植时，应该把树丛、树群配置于草坪的边缘，增加草坪的开朗感，丰富草坪的层次。这时选择的树种要单一，树冠形状、高度与风格要一致，结构应适当紧密，并与草坪的色彩相适宜，不能杂乱无章或没有主次。

② 草坪与花卉的配置。

用花卉布置花坛或花境时，一般要用草坪镶边或做背景来提高花坛、花境的观赏效果，使鲜艳的花卉和生硬的路面之间有一个过渡，显得生动而自然，避免产生突兀的感觉。草坪上种植如郁金香、石蒜、水仙等可形成缀花草坪，增强观赏效果。这种缀花草坪仍以草坪为主体，花卉只起点缀作用，草坪还可以与花卉混合块状种植，即在草坪上留出成块的土地用于栽植花卉，草坪与花卉呈镶嵌状态，开花时两者相互衬托，相得益彰，具有很好的观赏效果。

③ 草坪与花灌木的配置。

园林中栽植的花灌木经常用草坪作基调和背景，而花灌木则作为主景。如常以观赏价值较高的球形灌木作主景，散点植于草坪上，形成类似疏林草地的效果。又如北京植物园碧桃园以草坪为衬托，加上地形的起伏，当桃花盛开时，鲜艳的花朵与碧绿草地形成一幅美丽的图画，景观效果非常理想。大片的草坪中间或边缘用碧桃、樱花、海棠、连翘、迎春或棣棠等花灌木点缀，能够使草坪的色彩变得丰富起来，并引起层次和空间上的变化，提高草坪的观赏价值。

（3）草坪与山体、水体、道路的配置。

用置石点缀草坪是常用的手法，如在草坪上以散点置的方式，疏密有致、高低落地摆放置石，再配以乔、灌、草。也可以在草坪上埋置石块，半露土面，给草坪绿地带来雅趣与野趣。在水池、溪流、湖岸边配置草坪能够使水面开阔，为人们提供观赏水景的最佳场所，便于游人停步坐卧于平坦的草坪之上，既可稍事休息，又能眺望水面的秀丽景色。随着城市街道、高速公路两边及分车带草坪用量的增加，用草坪和道路的配置越来越引起人们的重视。用草坪配置道路的两边及分车带可以装饰道路，美化道路环境，又不遮挡视线，还能提供一个交通缓冲地带，减少交通事故的发生，减轻事故伤亡程度。

（4）草坪边缘处理、装饰和保护管理。

草坪的边缘处理作为草坪的界限标志，也是组成草坪空间感的重要因素，草坪的边缘是草坪与路面、草坪与其他景观的分界线，可以实现向草坪的自然过渡，并对草坪起到装饰美化作用。草坪边缘有的用直线形成规则式，有的采用曲线形成自然式，有时用其他材料镶边，有的则用花卉、灌木镶边增强草坪的景观效果。

（五）花坛的应用与设计

1. 花坛的概念

花坛是指在有一定几何形轮廓线的范围内，按照一定规则栽种多种花卉或不同颜色的同种花卉，使其发挥群体美的一种布置方式。其所要表现的是花卉群体的色彩美以及由花卉群体所构成的图案美。

2. 花坛的特点

（1）通常具有几何形状。

（2）主要表现花卉组成的图案纹样或华丽的色彩美，不表现花卉个体的形态美。

（3）多以时令花卉为主，或点缀以姿态优美的乔灌木，或直接由低矮的木本植物修剪而成。

3. 花坛的功能

美化和装饰环境、标志和宣传、分隔、屏障、组织交通。

4. 花坛的分类

（1）按表现主题分

① 花丛式花坛（盛花花坛）。以观花的一、二年生草花为主，表现花盛开时的色彩或组成的图案。

② 模纹花坛。以低矮的观叶或花叶兼美植物组成精致复杂的图案纹样。

a. 毛毡式（图2.40）：花坛表面细致平整，宛如一块华丽的地毯。

b. 浮雕式（图2.41）：通过修剪或配植高度不同的植物，形成表面纹样凹凸分明的浮雕效果。

c. 彩结式（图2.42）：模仿绸带编成的绳结模样，图案纹样粗细基本一致，并以草坪、时令花卉或卵石为底色。

图 2.40

图 2.41

图 2.42

图 2.43

③ 标题花坛：由植物组成各种文字、图徽等。

④ 混合花坛：不同类型花坛相结合或花坛与水景、雕塑等结合而形成的综合花坛景观。

（2）根据平面位置分。

① 平面花坛。花坛的表面与地面平行，观赏平面效果。其外廓多为规则的几何体。常用于环境较为开阔的城市出入口及市内广场。一般情况下，以大面积草坪作陪衬。

② 斜面花坛（图2.43）。设于斜坡、缓坡或建筑台阶两旁。

③ 立体花坛（图2.44）。将枝叶细密的植物材料布置在具有一定结构的立体造型骨架上，形成的一种花卉立体装饰。时常用于城市的重要路口或主要道路交叉口，一般情况下，用于表现重大节日庆典的浓缩氛围及刻画大型活动的标志物。

（3）按组合方式分。

① 独立花坛（图2.45）。又叫单体花坛，做主景，常布置在广场中央、街道或道路的交

叉口、建筑正前方。一般是对称的几何形。花坛中央可以雕像、喷泉、乔木或立体花坛作中心。

② 花坛群。由多个单体花坛组成的不可分割的构图整体，表现一个主题。各花坛排列组合是对称的，具有构图中心。构图中心可以是：独立花坛、水池、喷泉、纪念碑、雕塑等。

③ 连续花坛群。多个花坛成直线排列成一行，组成一个有节奏规律的不可分割的构图整体。常布置于道路两侧或宽阔道路、广场的中央。可以用2种或3种不同的个体花坛来交替演进。整个花坛可以有起点、高潮、结束。在起点、高潮和结束处常常应用水池、喷泉或雕塑来强调。如昆明世博园中花园大道上的连续花坛群，以世纪花钟为起点，通过花溪、花船、花海、花柱等造型花坛展开，以花开新世纪雕塑为高潮，最后以终点上的大型观赏温室结束整个花坛群。

图 2.44   图 2.45

5. 花坛对植物材料的要求

（1）花丛式花坛。花期一致，开花繁茂，花色鲜明而艳丽的观花一、二年生草本花卉。

（2）模纹式花坛及立体花坛。植株低矮、分枝密、发枝强、耐修剪的草本或木本，如五色草。

（3）适合做独立花坛中心的植物材料。要求：株型圆整、花叶兼美或姿态优美，如加纳利海枣、散尾葵、苏铁、棕竹、棕榈、蒲葵等。

（4）适合做花坛边缘的植物材料。低矮，株丛紧密，稍微匍匐或下垂更佳。如三色堇、雏菊、半枝莲等。

6. 花坛的设计

（1）花坛的设计原则：

① 立意在先：确定花坛应表现的主体思想；

② 以花为主：花始终是构成花坛的主体材料；

③ 合理组织空间；

④ 考虑尽量降低成本；

⑤ 考虑植物的生态习性。

（2）花坛与环境的关系：

① 花坛与周围环境的对比关系。空间构图上的对比，平面展开的花坛与周围的建筑物、乔灌木等立体构图上的对比；色彩的对比，花坛与周围建筑、地面铺装、植物的色彩对比。

② 花坛与周围环境的协调与统一关系。花坛的外部轮廓应大致与周边环境轮廓相一致，

如与广场、道路等的形状相一致；花坛的风格和装饰纹样应与周围环境的性质、风格、功能等相协调。

（3）花坛的平面布置。

作为主景的花坛外形应对称，设置在构图的轴线上，如广场中央等；作为配景的花坛常设置在主景主轴的两侧，主要目的是强调主景，如道路两侧、建筑或大型雕塑的基础等；花坛大小一般不超过广场面积的 1/5～1/3，做主景的花坛长宽比例一般不超过 3 倍，作为镶边的花坛，长宽比例一般超过 4 倍，宽度不超过 1 m；平地上花坛面积越大，图案变形越大，四面观赏花坛可将中央隆起成为向四周倾斜的斜面，在斜面上布置图案；单面观赏花坛常设在 30°～60°的斜面上。

（4）花坛的内部图案纹样设计。花丛花坛图案纹样应主次分明、简洁美观；模纹花坛纹样应丰富和精致，但外形轮廓应简单；花坛常用图案纹样有云卷类、花瓣类、星角类、文字类、标志类等；花坛中图案纹样的粗细，一般，五色草类花坛纹样大于 5 cm，草本花卉花坛纹样大于 10 cm，灌木组成的花坛纹样大于 20 cm。

（5）花坛的色彩设计。在不强调图案的花丛花坛中，同一色调或近似色调的花卉种在一起，易给人柔和、愉快的感觉；在强调醒目图案的花坛中，常用对比色相配；白色花卉常用于衬托其他颜色花卉；花坛应有主调色彩，配色不宜太多；应根据四周环境设计花坛主色调，如公园、景区等为烘托气氛应选择暖色花卉作主体，使人感觉鲜明、活跃；办公楼、图书馆、医院等应选择淡色花卉，使人感到安静、幽雅。花坛设计时应考虑花坛背景的颜色。

（6）花坛的设计图：

① 总平面图。一般以 1/1000～1/500 画出花坛周围建筑物边界、道路分布、广场平面轮廓及花坛的外形轮廓。

② 花坛平面图。较大的花丛花坛以 1/50，精细模纹花坛以 1/30～1/20 画出花坛的平面布置图及内部纹样的精确设计。

③ 立面图。单面观赏花坛及几个方向图案对称的花坛只需画出主立面图；非对称式图案，需有不同立面的设计图。

④ 说明书。对花坛的环境状况、立地条件、设计意图及相关问题进行说明。

⑤ 植物材料统计表。统计植物的品种名称、花色、数量、规格（株高、冠幅等），在季节性花坛中，还须标明花坛在不同季节的代替花卉。

（六）花境的应用与设计

1. 花境的概念

指模拟自然界林地边缘地带多种野生花卉交错生长的状态而设计的一种花卉应用形式。花境是人们参照自然风景中野生花卉在林缘地带的自然生长状态，经过艺术提炼而设计的自然式花带。一般选用低矮花灌木，露地宿根花卉，球根花卉及一、二年生花卉，常栽植在树丛、绿篱、栏杆、绿地边缘、道路两旁及建筑物前，呈自然式种植。它们是根据自然界森林边缘处野生花卉自然散布生长的景观，加以艺术提炼而应用于城市绿化中的植物造景作品。花境是花卉应用于园林绿化的一种重要形式，它追求"虽由人作，宛自天开"，"源于自然，高于自然"的艺术手法。

2. 花境的类型

（1）依设计形式分：

① 单面观赏花镜（图2.46）：在道路或建筑旁多以绿林作背景，整体上前高后低，仅作一面观赏。

② 双面观赏花镜（图2.47）：多设在道路、广场和草地中央，植物种植总体上中间高两侧低为原则，可供两面观赏。

③ 对应式花镜：在道路两侧对称的两个花镜。

（2）依种植材料分：

① 灌木花镜：全由灌木组成，一般以观花、观叶或观果且体量较小的灌木为主。

② 宿根花卉花镜。

③ 球根花卉花镜。

④ 混合花镜：由灌木和多年生花卉、草本花卉组成。

⑤ 专类花境：由叶形、色彩、株高等不同的同一类花卉组成的花境。

图2.46　　　　　　　　　　　　　　　　　图2.47

3. 花境的设计

花境所指的并不仅仅是草花的自然式种植，而是草花和木本花卉的有机结合。更重要的是，花境作为城市绿化景观的重要组成部分，应该与整体的环境空间相协调统一，花境的种植设计要考虑与周边环境尤其是附近的乔、灌木的关系，巧妙地与之结合可以使景观融为一体，或者使花境个体表现更为突出，取得更好的效果，给人以完整的感受和印象。在具体布置时应根据整体的构思，结合周围整体环境的开合、疏密、通透的关系，对花境种植范围的大小、栽种的形式、植株的疏密、高矮以及色彩的搭配等方面仔细推敲，并与建筑小品、山石、水体、园路等有机结合，使两者相互衬托，构成具有自然生态情趣的景观环境。

（1）花境的植物设计。

多选择适应性强，当地自然条件下生长强健且栽培管理简单的多年生花卉为主；花境若处于半阴环境，宜选用耐阴植物；选择花期长且具有连续性和季相变化的花卉或花叶兼美植物。常用的观叶植物有：凤尾兰、金心吊兰、金边吊兰、金边龙舌草、一叶兰、花叶良姜、蜘蛛抱蛋、龟背竹、春羽、朱蕉、紫背竹芋、紫叶美人蕉、箬竹、菲白竹、小琴丝竹、肾蕨、吉祥草、沿阶草、麦冬、紫色鸭趾草、吊竹梅、三叶草、红花酢浆草、紫叶酢浆草、佛甲草、羽衣甘蓝等。观花植物：郁金香、唐菖蒲、萱草、鸢尾、玉簪、葱兰、风信子、毛地黄、羽扇豆、石菖蒲、金鸡菊、波斯菊、木绣球、莱莓、杜鹃、美人蕉、天竺葵、栀子花、鸡冠花、一串红、矮牵牛、洋凤仙、石竹、三色堇等。

（2）花境的色彩设计。

在狭小的环境中用冷色调组成花境，有空间扩大感；夏季，花境使用冷色调的蓝紫色系花，易给人带来凉意；冬春，花境使用暖色调的红、橙色系花，可给人暖意；避免在较小的花境上使用过多的色彩而产生杂乱感。

（3）花境的季相设计。

理想的花境应四季有景可观，寒冷地区可做到三季有景；设计时考虑同一季节开花的花卉分散布置于花境各处，保证花境中开花植物连续不断；

（4）花境的平面设计。

花境是以自然式的花丛为基本单位构成的，各花丛大小并非均匀，应将主花材植物分为数丛种在花境不同位置；花后叶丛景观差的植物面积宜小些，可在其前方配置其它花卉给予遮挡；对于过长的花境，可设计成以 2~3 个单元交替演进。

花境不宜过宽，要因地制宜，要与背景的高低、道路的宽窄成比例，即墙垣高大或道路很宽时，其花境也应宽一些。一般而言，单面观混合花境 4~5 m，单面观宿根花境 2~3 m，双面观花境 4~6 m。在建筑物前一般不要高过窗台。为了便于观赏和管理，花境不宜离建筑物过近，一般要距离建筑物 40~50 cm。

花境的长度视需要而定，过长者可分段栽植，每段长度以不超过 20 m 为宜，段与段间可设置 1~3 m 的间歇地段，设置座椅或其他园林小品。设计时应注意各段植物材料和花卉色彩，要有多样变化。

（5）花境的立面设计。

总体上是单面观的花境前低后高，双面观的中央高，两边低，但整个花境中前后应有适当的高低穿插和掩映，才可形成错落有致自然丰富的景观效果。结合花相构成的整体外形，可以把植物分成水平型、直线型和独特型三大类。立面设计中应结合这三大类协调分布。

（6）花境的设计图：

① 总平面图。常以 1：500~1：100 比例绘制花境周围建筑物、道路、草坪及花境所在位置。

② 花境平面图。以 1：50~1：20 比例，以花丛为单位用流畅曲线表示出花丛的范围，在每个花丛范围内编号或直接标明植物名称。另附表罗列整个花境的植物材料，包括名称、株高、花期、花色及数量。

案例分析一　北京动物园 2009 迎国庆 60 周年花坛设计

一、概　况

2009 年新中国成立 60 周年，在国庆期间，中央和北京市委要求在重点公园开展游园活动，创造隆重、热烈、喜庆、祥和的节日游园气氛。为拓展各公园花卉环境布置思路，北京园林学会和市公园管理中心共同组织了市属公园重点花坛设计方案征集活动，对颐和园、天坛、北海公园、北京植物园、北京动物园、中山公园、景山公园、香山公园等 11 个公园的 20 个重点区域的花坛进行设计竞赛。以下主要以北京动物园南门花坛为例，对节日花坛设计的构思过程做一个简要的阐述。

北京动物园 2009 迎国庆 60 周年花坛环境布置以北京动物园公园南门为主。北京动物园公园南门位于公园的南部，是公园的主要入口。花坛场地坐落在紧邻具有百年历史来远楼前的草坪中，场地面积 141 m^2 且游客量较大。花坛设计以动物文化和新中国成立 60 周年为主题，营造热烈祥和的国庆气氛，为游人创造优美的游园环境。

二、主题分析

北京动物园的特色就是动物，优势也是动物。园内共有动物 500 余种，5 000 余只，如何从其中选出最具有代表性有能突出为祖国献寿主题，便成为对设计者的一大考验。设计源于生活而高于生活。花坛的设计也是遵循这个原理，主题从生活中来。"团团"、"圆圆"访台就提供了一个很好的切入点，没有一种动物能比熊猫更体现北京动物园的特色了。

由此，一张熊猫为祖国庆寿的图画已经跃然纸上了。在一湾碧水旁，一只熊猫正在戏水，一只熊猫在繁花丛中悠然地吃着竹子，而再一只熊猫则调皮地玩耍着，一不小心推倒了身旁的大花篮，把鲜花和山泉洒满大地。象征和谐和幸福的熊猫把祝福和甘露洒向人间，满园繁花也体现了繁荣的盛世，社会的和谐。周边以灌木以及翠竹做围挡，形成一个闭合空间，给人完整、安全的感觉。祖国就是我们坚实的臂膀，给我们母亲般的呵护。

这个作品最后定名为"团花满园"。团花，形容繁荣、华美的景色，取自花团锦簇。其又与赠台大熊猫"团团"的名字相吻合；满园取自"满园春色关不住，一枝红杏出墙来。"的景致，营造出一片喜庆的气氛也映衬了为祖国庆寿的主题，"园"通"圆"是取自另一只赠台大熊猫"圆圆"的名字。取花坛名字的首尾为"团圆"一词，表达了我们在为祖国庆生的同时，对于祖国早日统一的美好祝愿。

三、造型技术

在花坛的熊猫造型上，运用植物种子造型技术。把经过防发芽处理的黄豆粘在玻璃钢胚胎上，再用防水涂料刷成熊猫特有的黑白两色，最终制成栩栩如生的熊猫造型。

四、植物选材

在花材的选材上，因地制宜，以"短日照"晚菊（Dendranthema morifojium）、醉蝶花（Cleome hassleriana）、鸡冠花（Celosia cristata）等花卉为花坛主用花材，随山势起伏进行种植，形成花山效果。黄、紫两色晚菊以花篮为中心大色块流线型种植布局，浅蓝色醉蝶花以水体形式置于山前，使花坛整体充满动感，形似鲜花和甘露洒向人间。再用红色鸡冠花整齐排列种植，形成规矩的边框，使花坛整体既飘逸灵动，又稳定精致。同时，花卉的色彩冷暖搭配，补色对比，又给人以欢快愉悦的视觉享受。

（来源：本案例来自国际园林景观规划设计行业协会网）

实训项目二　花坛的应用与设计

一、实验目的

通过训练让学生学习和掌握花坛的特点及设计的方法和步骤，能独立进行花坛设计图绘制。

二、实验材料

校内外某处指定场所；绘图工具：A4 图纸、铅笔、针管笔、橡皮擦、圆规、直尺、三角板、彩笔等。

三、实习内容与方法步骤

1. 实地调查、测量，拟定花坛草图

到预设计地点了解周围环境，确定花坛的位置、大小，形状及内部构图、花坛的特征、分类及作用，用笔简单勾勒出草图。

2. 花坛植物选择

根据调查了解的情况和花坛草图选择花坛用花的种类、品种、花色等。

3. 花坛设计图绘制

根据常见花坛的图案、色彩、植物等设计原则，绘制花坛设计图，并写出设计说明。绘制花坛设计图可按以下步骤进行：

（1）环境总平面图。

应标出花坛所在环境的道路、建筑边界线、广场及绿地等，并绘出花坛平面轮廓。根据面积大小有别，通常可选用 1：100 或 1：1 000 的比例。

（2）花坛平面图。

应标明花坛的图案纹样及所用植物材料。如果用水彩或水粉表现，则按所设计的花色上色，或用写意手法渲染。绘出花坛的图案后，用阿拉伯数字或符号在图上依纹样使用的花卉，从花坛内部向外依次编号，并与图案的植物配置表相对应。表内项目包括花卉的中名、拉丁学名、株高、花色、花期、用花量等。若花坛用花随季节变换需要轮换，也应在平面图及材料表中予以绘制或说明。

（3）立面效果图。

用来展示及说明花坛的效果及景观。花坛中某些局部，如造型物等细部必要时需绘出立面放大图，其比例及尺寸应准确，为制作及施工提供可靠数据。立体阶式花坛还可绘出阶梯架的侧剖面图。

（4）设计说明书。

简述花坛的主题、构思，并说明设计图中难以表现的内容，文字应简练，也可附在花坛设计图纸内。对植物材料的要求，包括育苗计划、用苗量的计算、育苗方法、起苗、运苗及定植要求，以及花坛建成后的一些养护管理要求。

四、实验要求

每位实验学生必须编写实训报告，其格式和内容如下：

（1）封面：实验名称、时间、班级、编写人和指导教师姓名。

（2）目录。

（3）图纸内容：绘出设计图纸（平面图、立面图、局部效果图及设计说明等），将图纸装订成册。

五、考核内容和考核方法

指导教师根据学生在实验过程中的综合表现、实训作业，按优秀（90分以上）、良好（80~90分）、中等（70~80分）、及格（60~70分）、不及格（60分以下）五级评分制评定实验成绩。

实训项目三　花境的应用与设计

一、实验目的

通过训练让学生学习和掌握花境的特点及设计的方法和步骤，能独立进行花境设计图绘制。

二、实验材料

校内外某处指定场所；绘图工具（手工、电脑均可）：A4图纸、铅笔、针管笔、橡皮擦、圆规、直尺、三角板、彩笔等。

三、实习内容与方法步骤

（1）实地调查、测量、记录、画草图。

分析教师给出的指定场所的室外环境特点。根据花境的特征、分类及作用决定选用何种类型的花境。

（2）选择花境植物材料。

（3）花境设计图绘制。

根据常见花境的图案、色彩、植物等设计原则，绘制花境设计图，并写出设计说明。

① 花境位置图。用平面图表示，标出花境周围环境，如建筑物、道路、草坪及花境所在位置，依环境大小可选用 1∶100～1∶500 比例绘制。

② 花境平面图。绘出花境边缘线、背景和内部种植区域，以流畅曲线表示，避免出现死角，以求近似种植植物后的自然状态。在种植区内编号或直接注明植物，编号后需附植物材料表，包括植物名称、株高、花期、花色等。可选用 1∶50～1∶100 的比例绘制。

③ 花境立面效果图。可以一季景观为例绘制，也可分别绘出各季景观。选用 1∶100～1∶200 比例皆可。

④ 设计说明书。简述作者创作意图及管理要求等，并对图中难于表达的内容作说明。

四、实验要求

每位实验学生必须编写实训报告，其格式和内容如下：

（1）封面：实验名称、时间、班级、编写人和指导教师姓名。

（2）目录。

（3）图纸内容：绘出设计图纸（平面图、立面图、局部效果图及设计说明等），将图纸装订成册。

五、考核内容和考核方法

指导教师根据学生在实验过程中的综合表现、实验作业，按优秀（90分以上）、良好（80～90分）、中等（70～80分）、及格（60～70分）、不及格（60分以下）五级评分制评定成绩。

任务一　道路植物景观设计

一、道路绿化概述

1. 道路绿化的概念

指经过科学、合理、艺术的设计，在各种不同性质、等级和类别道路的绿地上栽植植物，达到改善环境、辅助交通组织、美化环境景观、创造宜人活动空间的目的，发挥道路的综合功能的活动。按《城市绿地分类标准》的分类，道路绿地属附属绿地中的道路绿地，是指道路和广场用地内的绿地，包括道路绿带、交通岛绿地、广场绿地和停车场绿地等。

2. 我国城市道路绿化史略

据史料记载，我国于公元前 5 世纪的周朝就在首都至洛阳的街道旁种植列树供来往行人在树荫下休息；公元前 200 年汉代长安城的道路两旁均植茂密行道树组成完整构图；建康城（今南京）有"垂柳荫御沟"的风景等。中国古代的道路在满足征战、防卫、交往和通商的需要之外还有权势象征之意，如秦朝的"驰道"宽 82.95 m，中间天子道路宽 7.29 m，体现"天子以四海为家，非壮丽，无以重威德"的思想。

3. 道路绿化的功能

（1）生态保护功能。遮荫、净化空气、降低噪声、调节改善道路环境小气候、保护路面、稳固路基。

（2）交通辅助功能。防眩作用、美化环境，减轻视觉疲劳、标志作用、交通组织。

（3）景观组织功能。道路绿化植物和道路构成景观、衬托城市建筑、对周围环境进行空间分割和景观组织、遮蔽及临时装饰美化。

（4）文化隐喻功能。表现城市地域文化特征，以乡土植物塑造个性城市植物配置形象。

二、道路植物景观设计的原则及方法

（一）道路植物景观设计的原则

道路绿化设计应统筹考虑道路的功能性质、人行与车辆交通的安全要求、景观的艺术性、道路环境条件与植物生长的要求、绿化与道路工程设施的相互影响、绿化建设的经济性等因素，并遵循以下设计原则。

1. 生态优先，满足功能

坚持生物多样性原则，采用丰富的植物品种，以乔木为主，乔灌草及花卉相结合，实现优化配置。同时，保护道路绿地内的古树名木，最大限度地发挥道路绿地的生态功能和对环境的保护作用。

2. 保障安全，以人为本

道路上的人流、车流等，都是在动态过程中观赏街景的，且由于各自的交通目的和交通手段的不同，产生了不同的行为规律和视觉特性，因此，道路绿化设计应在注重景观与视线引导及指示性功能兼顾的合理化设计的同时，考虑防眩设计，体现以人为本的特点。

3. 尊重科学，适地适树

道路绿地选择适应道路环境条件、生长稳定、观赏价值高和环境效益好的植物各类。

4. 艺术构图，营造特色

道路绿化植物景观设计主要以乔灌草搭配为主，在设计的过程中应遵循形式美的基本法则，营造出优美、具有特色的道路景观。

5. 远近结合，密度适宜

植物密度的大小直接影响到植物的生长发育，景观效果和绿地功能的发挥。无论树木花草都有适宜的间距和密度。太密景观个体生长和发育，太稀疏景观效果。

（二）道路植物景观设计的方法

1. 环境调查与资料收集

（1）自然环境。包括地形地貌、水体、气象、土壤、植被情况等。

（2）社会环境：

① 城市绿地总体规划与滨水区的关系。

② 道路周边的环境（工厂、单位、周围景观）。

③ 该绿地现状（目前使用率、现有建筑物、交通情况、地上地下管线情况、给排水情况）。

④ 与该绿地有关的历史、人文资料。

（3）设计条件：

① 甲方对设计任务的具体要求、设计标准、投资额度。

② 道路的现状图、地形图、设计区域面积、地上、地下管线图、树木分布现状图。

（4）现场勘查。以游人身份，置身设计地段，感受该地段的环境情况，体察设计的实用功能。环境调查和资料收集工作作为后期的方案设计的重要依据和设计着眼点。

2. 编制设计任务书

设计者将所收集的资料，经过分析、研究，定出设计原则和目标，编制出设计的要求和说明。

设计大纲主要包括以下内容：

（1）明确该设计的原则和目标。

（2）明确该道路绿化在全市园林绿地系统中的地位和作用。

（3）明确该道路绿化所处地段的特征及周边环境。

（4）明确该道路绿化的面积和游人容量。

（5）明确该道路绿化总体设计的艺术特色和风格要求。

（6）明确该道路绿化总体地形设计和功能分区。

（7）明确该道路绿化近期、远期的投资以及单位面积造价的定额。

（8）明确该道路绿化分期建设实施的程序。

三、各类型道路绿地设计

（一）道路的绿化形式（表3.1）

表3.1

道路绿化形式	特 点	优 点	缺点/*备注
一板二带式 （图2.48）	常用，即在车行道两侧人行道分隔线上种植行道树。（即1条车行道2条绿带）	1. 操作简单； 2. 用地经济； 3. 管理方便	1. 车道过宽时行道树遮荫效果差； 2. 不利于机动车与非机动车混合行驶时的交通管理，不安全

续表3.1

道路绿化形式	特 点	优 点	缺点/*备注
二板三带式 （图2.49）	在分隔单向行驶的两条车行道中间绿化，并在道路两侧布置行道树	1. 适于宽阔道路； 2. 绿带数量较大； 3. 生态效益较显著	不能完全解决不同车辆混行时相互干扰（*多用于高速公路和入城道路绿化）
三板四带式 （图2.50）	利用两条分隔带把车行道分成三块，中间为机动车道，两侧为非机动车道	1. 绿化量大，夏季蔽荫好； 2. 组织交通方便，安全可靠，解决了车辆混行时相互干扰	占地面积较大（*是城市比较理想的形式，尤其非机动车多时）
四板五带式 （图2.51）	利用三条分隔带将车道分为四条而规划为五条绿化带	各种车辆上行、下行互不干扰，利于交通安全和限速	占地面积较大（*若不宜布置五带，则可用栏杆分隔，以节约用地）

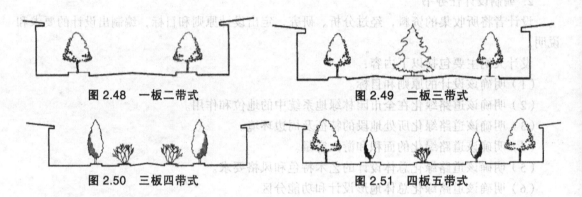

图2.48　一板二带式　　　　　　图2.49　二板三带式

图2.50　三板四带式　　　　　　图2.51　四板五带式

（二）行道树绿带的设计

行道树是街道绿化最基本的组成部分，沿道路种植一行或几行乔木是街道绿化最普遍的形式，行道树的设计内容及方法是：

（1）选择合适的行道树种。

道路绿地所处的环境与城市公园及其它公共绿地不同，有许多不利于植物生长的因素：土壤、烟尘、有害气体、日照、风、人为损伤和破坏、地上地下管线等。行道树选择原则：

① 冠大荫浓，分枝点高，主干较直。

② 具有深根性。如香樟、国槐、白蜡、栾树、银杏、杨树等。

③ 抗逆性强。即抗病虫害、污染、旱、涝、耐瘠薄、耐寒，如广玉兰、鹅掌楸、乐山含笑、银杏等。

④ 树种本身无污染。有污染的树种，如杨柳飞絮、悬铃木球果等；有大量浆果的树种如大叶女贞应谨慎使用。

⑤ 落叶期集中。如杨树、悬铃木、银杏等。

⑥ 近期与远期相结合，速生树与慢生树搭配，适地适树。如速生树种法桐、杨树、泡桐等与慢生树种银杏、桂花等相结合。

⑦ 保护原地的大树、古树名木。

（2）确定行道树种植点距道牙的距离。

决定于二个条件：一是行道树与管线的关系；二是人行道铺装材料的尺寸。

（3）确定合理的株距：成年冠幅，4～8 m。

（4）确定种植方式。

① 树带式（图 2.52）。在交通、人流不大路段用这种方式。在人行道和车行道之间留出一条不加铺装的种植带，一般宽不小于 1.5 m，植一行大乔木和树篱；如宽度适宜则可分别植两行或多行乔木与树篱。

图 2.52　　　　　　　　　　　　　　　　图 2.53

② 树池式（图 2.53）。在交通量较大，行人多而人行道又窄的路段常采用这种方式。正方形树池以 1.5 m × 1.5 m 较合适；长方形以 1.2 m × 2 m 为宜；圆形树池以直径不小于 1.5 m 为好。

（5）确定株距与定干高度。苗木胸径在 12～15 cm 为宜，其分枝角度越大的，干高就不得小于 3.5 m；分枝角度较小者，也不能小于 2 m，否则会影响交通。

（三）分车绿带的设计

在分车带上进行绿化，称为分车绿带，也隔离绿带。在三块板的道路断面中分车绿带有两条，在两块板的道路上分车绿带只有一条，又称为中央或中间分车绿带。其宽度因道路而异，无固定尺寸。一般情况下 2.5 m 宽，可种植乔木；6 m 宽，可种植两行乔木配合花灌木。

（四）路侧绿带的设计

路侧绿带包括：基础绿带、防护绿带、花园林荫路、街头休息绿地等。当街道具有一定的宽度，人行道绿带也就相应地宽了，这时人行道绿带上除布置行道树外，还有一定宽度的地方可供绿化，这就是防护绿带。若绿化带与建筑相连，则称为基础绿带。一般防护绿带宽度小于 5 m 时，均称为基础绿带。宽度大于 8 m 以上的，可以布置成花园林荫路。

1. 防护绿带和基础绿带设计

基础绿带的主要作用是为了保护建筑内部的环境及人的活动不受外界干扰。基础绿带内可种灌木、绿篱及攀缘植物以美化建筑物。种植时一定要保证种植与建筑物的最小距离、保证室内的通风和采光。

2. 花园林荫路的设计

花园林荫路是指那些与道路平行而且具有一定宽度和游憩设施的带状绿地。花园林荫路的设计要保证林荫路内有一个宁静、卫生和安全的环境，以供游人散步、休息，在它与车行道相邻的一侧要用浓密的植篱和乔木组共同组成屏障，与车形道隔开。

（1）林荫路布置的几种类型。

① 设在街道中间的林荫道。即两边为上下行的车行道，中间有一定宽度的绿化带。

② 设在街道一侧的林荫道由于林荫道设立在道路的一侧，减少了行人与车行路的交叉，在交通比较频繁的街道上多采用此种类型，往往也因地形情况而定。

③ 设在街道两侧的林荫道与人行道相连，可以使附近居民不用穿过道路就可达林荫道内，既安静，又使用方便。

（2）林荫路的设计原则。

① 设置游步道一般 8 m 宽的林荫道内，设一条游步道；8 m 以上时，设两条以上为宜。

② 设置绿色屏障车行道与林荫道绿带之间要有浓密的绿篱和高大的乔木组成的绿色屏障相隔，立面上布置成外高内低的形式较好（图 2.54）。

图 2.54

③ 设置建筑小品如小型儿童游乐场、休息座椅、花坛、喷泉、阅报栏、花架等建筑小品。

④ 留有出口林荫道可在长 75～100 m 处分段设立出入口，人流量大的人行道、大型建筑处应设出入口。出入口布置应具有特色，作为艺术上的处理，以增加绿化效果。

⑤ 植物丰富多彩。林荫道总面积中，道路广场不宜超过 25%，乔木占 30%～40%，灌木占 20%～25%，草地占 10%～20%，花卉占 2%～5%。南方天气炎热需要更多的浓荫，故常绿树占地面积可大些，北方则落叶树占地面积大些。

⑥ 布置形式宽度较大的林荫道宜采用自然式布置，宽度较小的则以规则式布置为宜。

3. 街头休息绿地的设计

在城市干道旁供居民短时间休息用的小块绿地称为街头休息绿地。它主要指沿街的一些较集中的绿化地段，常常布置成"花园"的形式，有的地方又称为"小游园"。街头休息绿地以绿化为主，同时有园路、场地及少量的设施及建筑可供附近居民和行人作短时间休息。绿地面积多数在 1 hm² 以下，有些只有几十平方米。

（1）街头休息绿地的类型。

在布置上大体可分为四种即：规则对称式、规则不对称式、自然式、规则与自然相结合式（混合式）：

① 规则对称式：游园具有明显的中轴线，有规律的几何图形，形状有正方形、圆形、长方形、多边形、椭圆等。

② 规则不对称式：此种形式整齐但不对称，可以根据功能组合成不同的休闲空间。

③ 自然式：没有明显的轴线，结合地形，自然布置。内部道路弯曲延伸，植物自然式种植。

④ 混合式：是规则式与自然式相结合的一种布局形式。

它们各有特色，具体采用哪种形式是要根据绿地面积大小、轮廓形状、周围建筑物（环境）的性质、附近居民情况和管理水平等因素。

（2）街头休息绿地中的设施包括。

栏杆、花架、景墙、桌椅坐凳、宣传廊（栏）、儿童游戏设施以及小建筑物、水池、山石等。一般休息为主的道路面积占总面积 30%～40%，活动为主的道路面积占总面积 60%～70%。

（五）交通岛绿地设计

交通岛绿地，是指可绿化的交通岛用地。分为：中心岛绿地、导向岛绿地、立体交叉绿地。

1.中心岛，俗称转盘

设在道路交叉口处。主要为组织交环形交通，使驶入交叉口的车辆，一律绕岛作逆时针单向行驶。一般设计为圆形，其直径的大小必须保证车辆能按一定速度以交织方式行驶，由于受到环岛上交织能力的限制，交通岛多设在车流量较大的主干道或具有大量非机动车交通、行人众多的交叉口。目前我国大、中城市所用的圆形中心岛直径为 40～60 m，一般城镇的中心岛直径也不能小于 20 m。中心岛不能布置成供行人休息用的小游园或吸引人的地面装饰物，而常以嵌花草皮花坛为主或以低矮的常绿灌木组成简单的图案花坛，切忌用常绿小乔木或灌木，以免影响视线。中心岛虽然也能构成绿岛，但比较简单，与大型的交通广场或街心游园不同，且必须封闭。

2.交叉路口绿地

为了保证行车安全，在道路交叉口必须为司机留出一定的安全视距，使司机在这段距离内能看到对面开来的车辆，并有充分刹车和停车的时间而不致发生事故。这种从发觉对方汽车立即刹车而能够停车的距离称之为"安全"或"停车视距"。也称视距三角形，根据相交道路所选用的停车视距，可在交叉口平面上绘出一个三角形，称为"视距三角形"。如图 2.55 所示。

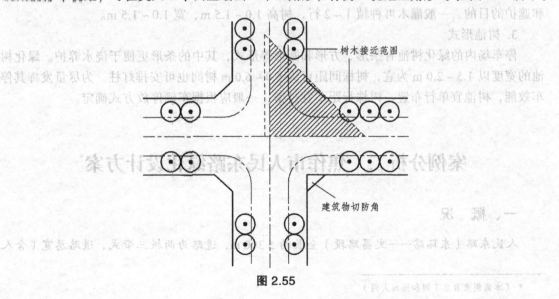

图 2.55

3. 立体交叉绿岛

互通式立体交叉一般由主、次干道和匝道组成，匝道是供车辆左、右转弯，把车流导向主、次干道的。为了保证车辆安全和保持规定的转弯半径，匝道和主次干道之间就形成了几块面积较大的空地，作为绿化用地，则称为绿岛。从立体交叉的外围到建筑红线的整个地段，除根据城市规划安排市政设施外，都应该充分地绿化起来，这些绿地可称为外围绿地。绿岛是立体交叉中面积比较大的绿化地段，一般应种植开阔的草坪，草坪上点缀有较高观赏价值的常绿植物和花灌木，也可以种植观叶植物组成的纹样色带和宿根花卉。

有的立体交叉，还利用立交桥下的空间，搞些小型的服务设施。如果绿岛面积较大，在不影响交通安全的前提下，可按街心花园的形式进行布置，设置园路、花坛、座椅等。

（六）停车场绿化

停车场内的绿化设施，主要功能是防止烈日曝晒、保护车辆，并净化空气、防尘、防噪声等，有益于减少公害。场内绿化的设置必须保证车辆出入方便、视线良好。场内的绿化需要占据一定的用地，其绿化带与树池形式、尺寸及树种、株距等的设计，应与停车容量、停车方式等统筹考虑。

1. 树种选择

停车场绿化宜采用适应道路环境条件、生长稳定、观赏价值高、环境效益好的植物种类。乔木应选择深根性、分枝点高、冠大荫浓、生长健壮且落果无危害的树种，寒冷积雪地区则以落叶树种为宜；其树木枝下高度应符合停车位净高度的规定：小型汽车为 2.5 m，大、中型客车（包括旅行车）为 3.5 m，载货汽车为 4.5 m。绿篱植物和观叶灌木应选用萌芽力强、枝茂叶密、耐修剪的树种；花灌木应选择花繁叶茂、花期长、生长健壮和便于管理的树种。地被植物应选择茎叶茂密、生长势强、病虫害少和易管理的木本或草本观叶、观花植物，其中草坪地被植物尚应选择萌蘖力强、覆盖率高、耐修剪和绿色期长的种类。

2. 绿化带的设置

停车场周围应设置绿化带，与相邻道路之间更应设置乔、灌木结合的绿带，以起到隔离和遮护的目的。一般灌木可种植 1~2 行，树高 1.0~1.5 m、宽 1.0~1.5 m。

3. 树池形式

停车场内的绿化树池有条形、方形和圆形等形式，其中的条形更便于浇水养护。绿化树池的宽度以 1.5~2.0 m 为宜，树株间距可为 5.0~6.0 m 树间也可安排灯柱。为尽量发挥其停车效能，树池宜单行布置，树株行距不宜过密，一般应根据车辆停放方式确定。

案例分析二　焦作市人民东路绿化设计方案*

一、概　况

人民东路（东环路——文昌路段）全长约 5 300 m，道路为两板三带式，道路总宽（含人

---

* （本案例来自豆丁网和园林人人网）

行道）76 m。其中中央分车带花坛宽 12 m，两侧车道各 17 m，慢车道外各 7 m 宽绿化带，此绿化带外各 8 米宽人行道。全线由西往东分别与东环路、文渊路、东二环路、山阳路、文丰路、中原路、云阳路、长林路、西径大道、宁远路、中兴路、文昌路交叉，其中在东二环路与山阳路段之间与瓮涧河交叉，现瓮涧河主要用于城市泄洪。道路周边规划用地为居住用地、行政办公用地与商业金融业用地。区内地下水位偏高，种植土基本为回填土，局部需做土壤改良，地形平整。

二、景观构想

1. 总体方案构想

运用丰富的植物元素与人工造景手法，充分考虑植物的层次、色彩等各项特性，结合植物生长变化创造出线性四维空间；中央分车带一改以往单一规则式种植，运用规则与自然相结合、灌木与乔木相搭配的种植方式，以 300 m 为一个单位形成线性景观序列；在人行道一侧的绿化带，则着重体现物种多样性及植物的层次变化，体现景观多样性，运用各具特色的花灌木与地被组合成为一条绚丽斑斓的花带，其上方栽植行道树，营造出人行树荫下、花草随行间的城市新景观。因考虑人民西路现已建成，风格为简约式，故而沿袭了人民西路的设计思想，构成设计方案二。

2. 景观节点构想

人民西路规划中少有较开阔的区域，景观节点考虑就以道路交叉口以及公交港湾等具有一定变化的景观空间，本次设计选取 3 类节点进行设计：

道路交叉口处外围绿化带节点：丰富的植物色带点缀，草花、低矮花灌木与景石自然搭配，小巧别致，增加街口的人性化氛围。

中央分车带遇到道路交叉口位置：考虑到行车安全性与视线诱导种植，此处外侧栽植小叶女贞篱，内侧满栽美人蕉，花开繁茂，为过往司机起到提示作用，同时使道路绿化景观丰富多彩。

行车道外两侧绿化带遇到公交港湾位置：此处绿化带宽度仅为 2 m 左右，采用满栽金叶女贞种植方式，简单质朴，与周边景观风格迥异，给人以耳目一新的感觉，可适当消除候车时的焦急心情。

3. 林荫道构想

以安全性、功能性为前提，强调节奏感、韵律感，形成线形景观肌理。同时在安全性上应当满足道路设计规范要求，如防眩光、禁行要求等。生态功能上又具有遮荫、防尘、降噪等特点。

三、种植设计

植被景观是人民西路道路景观建设的核心，而植被绿化风格的规划控制将对城市生态格局和经济可行性建设产生重大的影响，本方案采用线形排列方式，以形成现代、粗犷、自然、朴实的线形景观肌理。种植规划的原则：

1. 适地适树

道路绿地应选择适应道路环境条件、生长稳定、观赏价值高和环境效益好的植物种类。绿地植物应重点选择滞尘、防风、抗污染的树种。植物选择应从生物多样性的角度出发，在适地适树的原则下尽量丰富植物材料。改变行道树树种单一的现象，确定骨干树种，确保道路绿化能体现出和谐统一又各具特色的整体风貌。适当增加常绿树比例，促进道路绿地的环保及景观效果。增加中、低层树种和地被花卉，进一步丰富道路植物景观。

2. 抗污染树种选择

根据分析：焦作地处暖温带落叶阔叶林植被气候区，具有优越的城市小气候环境，土壤较肥沃，适宜多种植物生长。设计选择以下抗污染树种：

滞尘树种：枇杷、广玉兰、黄山栾、千头椿、悬铃木等；抗二氧化硫树种：夹竹桃、百日红、大叶黄杨、紫荆等。

四、发现问题

（1）规划中人民东路人行道宽为 8 m，结合焦作市近期及中期的发展趋势来看，人行道规划为 6 m 即可满足需要。

（2）人行道外侧紧邻周边规划用地围墙，会为行人带来一定程度的郁闭感，同时对周边规划用地也会带来一定程度的不安全感。

五、提出建议

（1）建议人行道宽度由规划中的 8 m 改为 6 m，沿道路红线向内侧偏移 2 m 为绿化隔离带。

（2）绿化隔离带内植被横向分为 3 个层次，分别为行道树、常绿灌木篱与草坪。行道树品种与人行道另一侧品种保持一致，常绿灌木采用修剪成柱状的法国冬青与黄杨球紧邻围墙间隔种植，局部靠近大门的位置进行立体绿化，选用的品种为蔷薇、莴萝等攀缘能力较强的多花植物。

实训项目四　道路植物景观设计

一、实训目的

（1）掌握道路绿化植物景观设计的原则；
（2）理解不同植物之间的搭配方法。

二、实训材料

测量仪器、绘图、工具等。

三、实习内容与方法步骤

1. 方法步骤

（1）调查当地的土壤、地质条件，了解适宜树种选择范围。

（2）对比当地其他道路绿地设计方案，不得雷同与仿造。

（3）测量路面各组成要素的实际宽度及长度、绘制平面状况图。

（4）构思设计总体方案及种植形式，完成初步设计（草图）。

（5）正式设计。绘制设计图纸，包括植物配植图、立面图、平面图、剖面图及图例等。

2. 实训内容

任选一条街道进行三板四带式道路绿地设计。

四、实训要求

（1）合理搭配乔、灌木和地被草坪植物；

（2）绿篱、地被、草坪、色块、灌丛等的表示方法要正确，不能用单株植物来表示；

（3）注意色彩的搭配，画面尽量美观漂亮；

（4）注意基调树和骨干树种的配置和应用；

（5）注意与周围环境相协调；

（6）设计说明尽量详细（① 基本概况，如地理位置、生态条件、设计面积、周围环境特点；② 设计主导思想和基本原则；③ 方案构思）；

（7）包括平面图、立面图，列出植物配置表。

五、考核内容和考核方法

评分标准（100分）

序号	项目与技术要求	配分	检测标准	实测记录	得分
1	功能要求	20	能结合环境特点，满足设计要求，功能布局合理，符合设计规范		
2	景观设计	25	能因地制宜合理地进行景观规划设计，景观序列合理展开，景观丰富，功能齐全，立意构思新颖巧妙		
3	植物配置	20	植物选择正确，种类丰富，配植合理，植物景观主题突出，季相分明		
4	方案可实施性	20	在保证功能的前提下，方案新颖，可实施性强		
5	设计表现	15	图面设计美观大方，能够准确地表达设计构思，符合制图规范		

任务二　广场植物景观设计

一、广场的特征

1. 公共性

公共性是城市广场空间的基本特征。作为城市空间的重要类型，城市广场强调空间的向外性。这种开放性是针对私有空间封闭空间而言的，强调公众可进入，而且是方便快捷地到达。城市广场是展现市民公共交往生活的舞台，人们在城市广场中开展多样化的休闲，娱乐活动，并进行各种信息的交流，这些都是以公共性为前提的。城市广场应具有良好的可达性和通达性，便于组织各种公共活动及个人行为的发生，体现其服务大众的职能。同时，城市广场空间是为社会大众服务的，而不会针对少数人群。

2. 参与性

一个有活力的城市广场空间，应具有人与空间互动，相互作用产生聚集效应的能力，创造人与人，人与景观的互动性，使人充分参与到广场空间的事件中，人的活动不仅仅在简单地使用空间，同时也在创造空间，创造空间意境，获得场所共鸣，人与空间的互动构成了城市广场意境的全部内容。

3. 多样性

城市广场空间应具备空间功能与形式灵活多样的特点，为不同的活动提供相应的场所，以保证不同的人群的使用需求，为了极大地丰富城市广场的空间形态，其组成形式呈现出多样化层级与序列。

4. 生态性

城市广场是城市景观的重要组成部分，应充分体现尊重自然，尊重历史，保护生态的特点。

5. 互动性

城市广成空间是社会公共生活的"容器"，社会公共生活又是广场空间的内容，两者有一定的相互依赖性：一方面，广场空间为公共活动提供场所；另一方面，它也可以对人们的活动起到促发或限制的作用。也就是说，广场空间与人类活动之间有一种互构的关系：特定的空间形式，场所会吸引特定的活动和作用；而行为和活动也倾向于发生在适宜的环境中，甚至对环境产生能动的作用。

二、广场分类

（一）从广场的性质功能分类

1. 集会广场

集会广场是指用于政治、文化、宗教集会、庆典、游行、检阅、礼仪以及传统民间节日活动的广场，主要分为市政广场和宗教广场两种类型。

2. 市政广场

市政广场多修建在市政厅和城市政治中心的所在地，为城市的核心，有着强烈的城市标志作用，是市民参与市政和城市管理的象征。通常，这类广场还兼有游览、休闲、形象等多种象征功能。市政广场能提高市政府的威望，增强市民的凝聚力和自豪感，起到其它因素所不能取代的作用。因此，对建筑与广场环境有着宏伟壮观的要求。这类广场通常尺度较大，长宽比例以 4：3、3：2 或 2：1 为宜。周围的建筑往往是对称布局，轴线明显，附近娱乐建筑和设施较少，主体建筑是广场空间序列的对景。在规划设计时，应根据群众集会、游行检阅、节日联欢的规模和其他设置用地需要，同时合理地组织广场内和相连接道路的交通路线，保证人流和车流安全、迅速地汇集或疏散。典型的市政广场有北京天安门广场等。

3. 宗教广场

宗教广场多修建在教堂、寺庙前方，主要为举行宗教庆典仪式服务。这是最早期广场的主要类型，在广场上一般设有尖塔、台阶、敞廊等构筑设施，以便进行宗教礼仪活动。历史上的宗教广场有时与商业广场结合在一起，而现代的宗教广场已逐渐起市政或娱乐休闲广场的作用，多出现在有宗教背景的城市，如布达拉宫广场、卡比多广场等。

4. 纪念广场

纪念性广场是为了缅怀历史事件和历史人物而修建的一种主要用于纪念性活动的广场。纪念广场应突出某一主题，创造与主题相一致的环境气氛。它的构成要素主要是碑刻、雕塑、纪念建筑等，主体标志物通常位于构图中心，前庭或四周多有园林，供群众瞻仰、纪念或进行传统教育，如齐齐哈尔和平广场、美国二战纪念广场等。这类广场主体建筑物突出，比例协调，庄严肃穆，感染力强是其特点。

5. 商业广场

现代商业环境既需要有舒适、便捷的购物条件，也需要有充满生机的街道活动，特别是广场空间，能为这种活动提供更为合理的场所。商业广场通常设置于商场、餐饮、旅馆及文化娱乐设施集中的城市商业繁华地区，集购物、休息、娱乐、观赏、饮食、社会交往于一体，是最能体现城市生活特色的广场之一。在现代大型城市商业区中，通过商业广场组织空间，吸引人流，已成为一种发展趋势。

6. 交通广场

交通广场是指几条道路交汇围合成的广场或建筑物前主要用于交通目的的广场，是交通的连接枢纽，起到交通、集散、联系、过渡及停车使用，可分为道路交通广场和交通集散广场两类。

7. 娱乐休闲广场

娱乐休闲广场是城市中供人们休憩、游玩、演出及举行各种娱乐活动的重要行为场所，也是最使人轻松愉悦的一种广场形式。它们不仅满足健身、游戏、交往、娱乐的功能要求，兼有代表一个城市的文化传统和风貌特色的作用。娱乐休闲广场的规模可大可小，形式最为多样，布局最为灵活，在城市内分部也最为广泛，既可以位于城市的中心区，也可以位于居住小区之内，或位于一般的街道旁。

8. 建筑广场

建筑广场又称为附属广场，指为衬托重要建筑或作为建筑物组成部分布置的广场。这类广场作为建筑的有机组成部分，各具不同特色，对改善该处的空间品质和环境质量都有积极的意义。这类广场的代表有北京展览馆广场、西安大雁广场等。

（二）从广场的平面空间形态分类

1. 正方形广场

正方形广场的平面空间形态十分规整，在本身的平面布局上无明显的方向，主体建筑物多设于正方形中心。广场的朝向通过城市道路的走向、主要建筑物的位置和朝向来表现。典型的正方形广场有著名的巴黎旺多姆广场等。

2. 梯形广场

梯形广场有较强的方向感和轴线感，多用于对称布局，容易突出主体建筑。如果主体建筑布置在梯形短底边的主轴线上，则容易获得宏伟的效果；如果主体建筑布置在梯形长底边的主轴线上，则容易获得与人较近的效果。罗马的市政广场就是一个规整的梯形广场，它三面的围合建筑分别在等腰梯形的两腰和长底边上，短底边的主轴线延伸出长廊与外界相接。

3. 长方形广场

能强调出广场的主次方向，有利于分别布置主次建筑，是长方形广场的特点。尽管广场的长宽比无统一规定，但通常不会过于悬殊。广场采用纵向还是横向布置，一般根据广场的主要朝向及广场上主要建筑的体形决定。长方形广场通常给人以庄重、宏伟的感觉，如比利时布鲁塞尔大广场等。

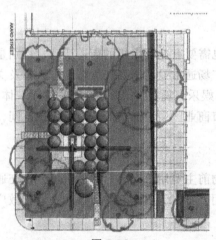

图 2.56

图 2.57

4. 圆形和椭圆形广场

平面空间形态呈圆形或椭圆形的广场在空间感上与正方形广场近似，广场四周建筑面向广场的立面多按圆弧形设计。这类广场半径通常不会太大，否则广场弧形感效果将大打折扣。典型的实例如图 2.58、2.59 所示：

图 2.58

图 2.59

5. 自由形广场

自由形广场多由于受用地条件、城市历史发展或建筑体形要求的限制而设计的。这类广场通常是围合而封闭的空间，平面空间形态为不规则图形，如锡耶纳坎波广场等。

三、广场植物景观设计的原则

（1）广场绿地布局应与城市广场总体布局统一，成为广场的有机组成部分，更好地发挥其主要功能，符合其主要性质要求。

（2）广场绿地的功能与广场内各功能区相一致，更好地配合加强该区功能的实现。

（3）广场绿地规划应具有清晰的空间层次，独立形成或配合广场周边建筑、地形等形成良好、多元、优美的广场空间体系。

（4）应考虑到与该城市绿化总体风格协调一致，结合地理区位特征，树种选择应符合植物区系规律，突出地方特色。

（5）结合城市广场环境和广场的竖向特点，以提高环境质量和改善小气候为目的，协调好风向、交通、人流等诸多元素。

（6）对城市广场场址上的原有大树应加强保护，保留原有大树有利于广场景观的形成，有利于体现对自然、历史的尊重，有利于对广场场所感的认同。

四、广场植物种植形式

1. 排列式种植

这种形式属于整形式，主要用于广场周围或者长条形地带，用于隔离或遮挡，或作背景。单排的绿化栽植，立可在乔木间加植灌木，灌木丛间再加种花卉，但株间要有适当的距离，以保证有充足的阳光和营养面积。在株间排列上可以先密一些，几年以后再间移，这样既能使近期绿化效果好，又能培育一部分大规格苗木。乔木下面的灌木和花卉要选择耐阴品种，并排种植的各种乔灌木在色彩和体型上注意协调。

2. 集团式种植

也是整形式的一种，是为避免成排种植的单调感，把几种树组成一个树丛，有规律地排列在一定地段上。这种形式有丰富、浑厚的效果，排列整齐时远看很壮观，近看又很细腻。可用花卉和灌木组成树丛，也可用不同的灌木和乔木组成树丛。

3. 自然式种植

这种形式与整形式不同，是在一个地段内，花木种植不受统一的株行距限制，而是疏落有序地布置，从不同的角度望去有不同的景致，生动而活泼。这种布置不受地块大小和形状限制，可以巧妙地解决与地下管线的矛盾。自然式树丛的布置要密切结合环境，才能使每一种植物茁壮生长，同时，在管理工作上的要求较高。

五、广场植物的配置方式

（一）规则式配置

该配置方式严谨规整，有中轴对称，株行距固定，可以反复连续，在一定场所中能够充分体现植物的气势，但过于强调几何形态，缺少一定的自然形态，在有些场所中容易显得呆板、单调、缺乏美感。

1. 辐射对称配置

（1）中心式。

在规则式园林绿地中心或轴线交点上单株或单丛栽植。此类配置方式多用于以一点为中心，向四周发散的景观设计，如入口广场、街头小广场多数选择应用此类配置方式，以此来衬托中心点或中心主题。常以单株植物的高大或优美来突出视觉焦点的景观效应，在四川地区主要有银杏、大叶榕、小叶榕、桂花、加拿利海藻等独树成景的植物适合此类配置方式（图2.60）。也可将几棵同类植物集中栽植于中心点，以量的优势来突出视觉焦点的景观效应（图2.61）。在四川地区主要有银杏、水杉、蒲葵等直立类植物适合此类配置方式。

图2.60　　　　　　　　　　　　　　　图2.61

（2）环形。

是指围绕着某一中心把树木配植成圆或椭圆、方形、长方形、五边形及其他多边形等封闭图形，一般把半圆也视作环状种植。该配置方式能营造一种封闭或半封闭空间，一般以植物的颜色或叶形来区分环形的边界来形成半球形，再选择景观效应较好的植物以单株或群植的方式栽植于中心，富有很强的观赏性。

2. 左右对称配置

（1）对植。

是将两株树按一定的轴线关系作相互对称或均衡的种植方式，在园林植物中作为配景，起陪衬和烘托主景的作用。在入口处进行对植有利于增强入口的引导性，特别是小径两边的应用将大大提高空间的纵深感。如图 2.62 所示广场内的幽静小道入口处将植物对植，同时结合小灌木、景墙，突出环境的幽深与静谧。又如图 2.63 所示，办公广场两边植物以单株或阵列的方式对植，突出建筑的气派雄伟，同时也增强入口的引导性。四川地区此类栽植方式常用植物有银杏、桂花、加纳利海藻、楠木等高大优美乔木。

图 2.62

图 2.63

（2）列植。

是将乔木，灌木按一定的株行距成排成行地栽种，形成整齐、单一的景观。常在沿街、入口种植高大乔木，整齐划一，对行人及车辆起到了较强的引导作用并且具备较强的气势。四川地区主要有法国梧桐、银杏、桂花、栾树、朴树、香樟、小叶榕、三叶树、水杉、楠木、含笑类、玉兰类等高大乔木。

（3）长方形配植。

为正方形栽植的变形，行距大于株距，兼有三角形栽植和正方形栽植的优点并避免了他们的缺点，是一种较好的栽植方式。如图 2.64 所示，将银杏树种进行长方形配植，不仅有利于其自身的生长需求，同时也会增添广场的趣味性，为人们提供休息场所。

图 2.64

（二）自然式配置

广场绿地中若有大面积的草坪，草坪上植物常用自然式配置，如孤植、丛植、聚植、群植、林植、散点植等，还可营造成疏林草地等自然景观。自然式配置表现的是自然植物的高低错落，有疏有密，多样变化。充分尊重植物的自然生长形态，具备更强的观赏性。

（三）混合式配置

在较大的广场绿地中常采用规则式与自然式相结合的配植方式。将规则式和自然式的优点集于一身并且避免了两者的部分缺点，更具有观赏性，在规则与自然的对比中求统一，艺术价值较高。

案例分析三　内江大洲广场植物景观设计

一、现状介绍

四川省内江市大洲广场是四川省内江市的一个城市亮点。大洲广场位于内江城区沱江河之滨，与国画大师张大千纪念馆和西林公园太白楼隔江相望。广场用地呈星月形，东西长 1 100 余 m，南北宽 96～165 m，占地面积 210 亩（14 万 m^2），工程总投资 3 500 余万元，绿化率达 75% 以上。是一个集体休闲、娱乐、观光集会为一体的大型综合性城市广场和绿化中心，也是西南地区最大的休闲广场了。整个广场由中心广场区、精致花卉区、风铃广场区、花架树林区、水之剧场、儿童活动区、老年活动区及服务中心等 15 个不同功能的小区组成。大洲广场建设分为三期实施：一期建设于 2000 年 3 月开始拆迁修建，主体工程于同年底竣工，附属配套设施于 2001 年 6 月底完成；二期建设于 2002 年 8 月动工，2003 年 1 月底全面完成；三期建设于 2003 年 10 月动工，同年 11 月建成。

二、广场主要植物景观组成

绿化树种拟选用生长健壮、病虫害少、易于养护品种，绿化栽种时拟成团、成丛并分层种植，同时根据配置的疏密搭配有意识地形成开放与郁闭的空间对比，选用各种不同的植物进行绿化，乔灌木的接合，分层的种植，整个广场有着不同的层次感。落叶、常绿香樟、银杏、桂花、垂柳、红枫在不同的季节，有着不同的色相和季相，让人们可以感觉到不同季节的气息。栀子花、杜鹃、茶花、迎春等，为广场在不同的季节，有不同的韵味。同时满足园林绿化的："四化"原则。

1. 中心广场区

以硬地铺砖为主，由入口广场、1 100 m^2 的音乐喷泉水池、两侧双曲回廊、花台、花池、纪事碑、石灯、石柱等组成，中心广场四角配植 6 株气势磅礴百年以上小叶榕古树，两边种植了高 1.2 m 以上的铁树、2.5 m 以上的海藻、桂花、假槟榔及红花继木、杜鹃、花叶良姜等花灌木，形成了独特的中心广场景观。

2. 绿化花卉区

位于中心广场两侧，总面积约为 7 万余 m^2。大面积的草坪、高大乔木、花灌木 25 个品种 30 余万株相间其中，绿地中央 300 余米长廊与中心广场相连。主要应用的植物有银杏、香樟以长方形栽植方式植于大草坪之中，加纳利海藻、大叶榕、小叶榕作为孤赏树种独植于各个重要节点，红花继木、杜鹃、月季、女贞等花灌木配合草坪种植成板块，形成丰富的植物景观层次。

3. 露天表演场

位于广场西侧，为一个半围合的圆形剧场，面积为 1 500 m^2，能同时容纳 3 000 余人。

4. 儿童游乐区

位于露天表演场一侧，总面积 5 000 m^2，其中绿化面积 3 500 m^2，栽植 13 个品种的乔木、灌木、花卉 3 万余株，主要有桂花、大叶榕等乔木以及红花继木为主的鲜艳的色块构成儿童娱乐区独特的植物景观。

5. 园林小品景区

紧靠西林大桥头，景区内建有喷泉、瀑布、涌泉、小溪流水、石桥，水面面积约 500 m^2。植物配植和曲径小道具有中国园林风格。种植了 55 个品种的乔木、灌木、花卉 2 万余株，主要应用了银杏以树阵方式栽植，楠木对称地栽植于入口两侧，栾树整齐划一地植于主干道一侧及其他乔木、小灌木共同构成园林小品区优美的园林植物景观。

实训项目五　广场植物景观设计

一、实验目的

（1）掌握城市广场植物的布置原则；

（2）掌握城市广场植物的配置方法及技巧。

二、实验材料

校内外某处指定广场；绘图工具：A4 图纸、铅笔、针管笔、橡皮擦、圆规、直尺、三角板、彩笔等。

三、实习内容与方法步骤

1. 实地调查、测量，拟定广场草图

到预设计地点了解周围环境，确定广场的位置、大小，形状及内部构图，用笔简单勾勒出草图。

2. 设计图绘制

根据广场设计原则，绘制广场植物造景设计图，并写出设计说明。绘制设计图可按以下步骤进行：

（1）环境总平面图。应标出广场所在环境的道路、建筑边界线及绿地等，并绘出广场平面轮廓。根据面积大小有别，通常可选用 1∶100 或 1∶1 000 的比例。

（2）广场绿化设计图。包括单位整体或局部的效果图或意向图。

（3）设计说明书，包括分区功能及植物设计景观特征描述，以及植物景观的后期维护管理等。

（4）植物名录及其他材料统计表。

四、实验要求

每位实验学生必须编写实训报告，其格式和内容如下：

封面：实验名称、时间、班级、编写人和指导教师姓名；目录；将所有图纸及文字资料装订成册。

五、评分标准（100分）

序号	项目与技术要求	配分	检测标准	实测记录	得分
1	功能要求	20	能结合环境特点，满足设计要求，功能布局合理，符合设计规范		

续表

2	景观设计	25	能因地制宜合理地进行景观规划设计，景观序列合理展开，景观丰富，功能齐全，立意构思新颖巧妙	
3	植物配置	20	植物选择正确，种类丰富，配植合理，植物景观主题突出，季相分明	
4	方案可实施性	20	在保证功能的前提下，方案新颖，可实施性强	
5	设计表现	15	图面设计美观大方，能够准确地表达设计构思，符合制图规范	

任务三 滨水植物景观设计

一、滨水的概念

滨水区是指陆地边缘和水域边缘的交叉过渡区域，这恰恰为人与自然亲近、交流提供了一个得天独厚的环境，因此，近年来滨水区规划、建设得到了各大城市空前的重视。然而，在依水而建的滨水区景观设计过程中，植物则是景观构成的关键基础，又是建立滨水生态环境的决定性因素。

"滨水"是一个很广泛的界定。与河流、湖泊、海洋毗邻的土地，或城镇临近水体的部分都可算作滨水的范畴。这里我们讨论的滨水范围主要是园林景观中的水体，而非广泛意义上的城市滨水区域。"滨水植物"一词出现得较晚，到目前为止它的概念尚无人明确提出，作者认为滨水植物就是指能在滨水环境中正常生长、发育，具有一定观赏特性或是生态保护作用的一类植物，以水生植物为主。而对滨水植物景观的定义，郭春华等人是这样提出的："滨水植物景观是指在水岸线一定范围内所有植被按一定结构构成的自然综合体。"

二、常用滨水植物分类

1. 挺水型水生植物

挺水型水生植物植株相对高大，绝大多数有茎、叶之分，基部沉于水中，根在水里的泥土中生长发育，植株上部挺出水面。这类植物非常多，常见的有荷花、水葱、灯芯草、再力花、菖蒲、荸荠、芒、茅、香蒲、泽泻、伞草等。

2. 浮叶型水生植物

浮叶型水生植物的根状茎常发达，无明显的地上茎或茎细弱不能直立，叶片或部分植株能漂浮于水面上。常见种类有王莲、睡莲、萍蓬草、芡实等。

3. 漂浮型水生植物

漂浮型水生植物，整个植株漂浮于水面之上，多数以观叶为主。这类植物通常繁殖速度很快。常见种类有凤眼莲、大薸、浮萍等。

4. 沉水型水生植物

沉水型水生植物根茎生于泥中，整个植株沉入水体，通气组织发达。叶多为狭长或呈丝状，主要以观叶、观形为主。常见种类有轮叶黑藻、金鱼藻、马来眼子菜、苦草、菹草等。

5. 水缘植物

这类植物常生长在水缘边，可成片布置于湖岸、河旁的浅水区或驳岸边，花艳丽醒目，极具观赏性。如千屈菜、鸢尾、梭鱼草、美人蕉等。

6. 喜湿性植物

这类植物喜欢潮湿、温凉的环境，常生长在水池、溪边或假山石缝湿润的土壤里，但它不是真正的水生植物，不能生长在水里。常见的有竹芋、万年青、樱草、玉簪、落新妇和蕨类等植物，还有柳树等乔木。

三、水生植物的景观及生态意义

1. 修饰水面

景观中的各种水体，都可以依靠植物配置出丰富的水体景观。水生植物，以其多彩的姿态和优美的线条、绚丽的色彩装饰水面，并在水中形成倒影，使水面和水体变得生动活泼，加强了水体的立体美感。

2. 装点驳岸

可以利用植物的不同形态、质感来柔化驳岸生硬、单调的线条，让水体与陆地能够自然衔接。

3. 丰富水体空间

在水中和水体边缘疏密、错落有致地布置各类水生植物，可以有效地划分水面，丰富其景观层次。

4. 净化水体，保护生物多样性，维持生态平衡

净化水体是水生植物最具代表性的生态功能，常见有挺水植物中的茭白、芦苇；浮叶植物中的睡莲；沉水植物中的金鱼藻、水鳖；漂浮植物中的浮萍、凤眼莲等。这些水生植物都有一定净化水中氮、氯化物、重金属等污染物的能力。另外，水生植物群落还为各种鱼类、鸟类甚至微生物提供了良好的生活栖息地，动植物之间经过长时间的相互作用，使滨水区逐步形成了一个多样、稳定的生态系统。

四、滨水植物景观设计的原则

（一）自然生态原则

在设计滨水植物景观时，和其它植物设计一样，遵循"适地适树、因地制宜"的原则。借鉴当地自然水岸植物群落的结构、组成方式，形成既有生态多样性又能满足人们观赏、游憩需求的植物景观。

（二）本土地域性原则

在对滨水树种进行选择时，除了要了解设计场地的生态环境条件以外，还需要对当地风土人情、象征树种、四季景色等掌握清楚，以便种植的植物种类和群落结构适合当地的风格，更好地展现水体的地域性特征。最常用的方法就是大量使用乡土树种。

（三）主次分明原则

在设计中，注意主要景观节点的营造，重点区域重点绿化，其余地段为基础绿化。主要景点绿化与普通基础绿化的结合使得景观主次分明、重点突出。总之，整个植物景观不能千篇一律，要具有一定的起伏感和节奏感。

（四）艺术原则

1. 色彩艺术

滨水植物景观的塑造，可以利用植物的不同色彩使其更加生动，富有生气。用偏冷色如翠绿色、绿色、深绿色、蓝色的植物可以营造宁静、致远的氛围；如用暖色系植物点缀，则可以烘托出热闹、活跃的气氛。另外，还可以根据不同植物的物候特征，通过合理的配置，让滨水景观四季都有美景。

2. 形式艺术

实际操作中应利用植物的各种姿态和线条，与园林小品、道路、水面等景观要素进行巧妙的构图，以此来丰富水体空间层次，达到步步景异的效果。

3. 文化意境

运用传统文化赋予植物的丰富内涵，与当地风土人情、滨水活动相结合，营造出唯美独特、耐人寻味的文化意境。坚持以人为本，让社会每个人都能分享滨水景观所带来的乐趣。

五、滨水植物景观设计的方式

1. 江河、湖区的植物景观设计

水面景观低于人的视线，与水边景观呼应，加上水中倒影，最宜观赏。水中植物配置常用荷花，以体现"接天莲叶无穷碧，映日荷花别样红"的意境。但若岸边有亭、台、楼、阁、榭、塔等园林建筑时，或设计种有优美树姿、色彩艳丽的观花、观叶树种时，则水中植物配置切忌拥塞，留出足够空旷的水面来展示倒影。水边宜选用耐水喜湿、株形柔美的常绿或落叶乔木，特别是枝干能够向水面倾斜的树种。这样很容易形成优美的倒影，与水面相映成趣，仿佛画面一般。例如柳树，通常配置于河堤、湖堤两岸，杭州西湖的白堤，昆明翠湖公园沿岸就是典型的例子。再配以姿态优美、色泽鲜明的花灌木及水生植物，并利用这些植物的色彩、姿态和线条与自然岩石相结合，增强了景观层次，形成具有典型的自然水边景观特色。另外，应当特别注意彩色叶树种的运用，突出植物景观的季相变化。

2. 溪涧的植物景观设计

自然界中，溪水潺潺，山石深入浅出，溪涧景观所要表达的就是一种山间野趣。因此，植物配置就应该依溪水顺势而行，不拘泥于某种形式。具体可以用高大的常绿、落叶乔木错落有致地栽植，塑造出自然、幽深的感觉，溪边成丛配植花灌木、水生植物，也可以在水面上栽植一些漂浮型水生植物，如浮萍、凤眼莲等，这样可以创造些许乡村野趣。在城市园林

建设当中，溪流却常以水渠的形式出现，水渠的驳岸线条较为生硬，植物配置应避免死板、单调的景观效果。

3. 人工水池、喷泉及叠水的植物景观设计

人工水池的边缘线条简单、轮廓分明，外形多是各种规则几何形状。水池通常需要保持一平如镜，旁边很少种植植物，以免掩盖了水中倒影或是树叶落入池中造成污染，从而破坏整个景观气氛。而四周最好种植低矮的草花或配置花坛、盆景，以形成开敞空间，突出其形式美。喷泉和叠水的在园林景观表现中经常见到，虽然其形式多样，但我们在植物景观设计的时候，常种植树形简单、色彩素雅的乔木或是绿篱形成框景，或是利用浓密的花草灌木，如凤尾竹、小琴丝竹、龟背竹、蜘蛛抱蛋、鸢尾等作为背景，起到一个衬托的作用，让喷泉和叠水成为整个园林景观的视觉中心。

4. 湿地的植物景观设计

在湿地的植物配置中，应当注意保持原有植物种类和生态面貌，在创造优美植物景观的同时发挥最大的生态、社会效益。最有效的方法就是模仿自然湿地植物群落的组成与结构。一般种植湿地松、落羽杉、水杉、池杉等树干通直、株型优美的高大乔木，组成起伏变化的优美轮廓线，树林下可以高矮疏密、错落有致地大量配置各类滨水植物。但务必要注意植物运用不宜过于拥挤，应与水面大小、比例、周围环境相协调，尤其不能阻碍水面倒影、景观透视线的形成。

5. 驳岸的植物配置

驳岸分土岸、石岸、混凝土岸等，其植物配置原则是既能使山和水融成一体，又对水面的空间景观起着主导作用。土岸边的植物配置，应结合地形、道路、岸线布局，有近有远，有疏有密，有断有续，曲曲弯弯，自然有趣。石岸线条生硬、枯燥，植物配置原则是露美、遮丑，使之柔软多变，一般配置岸边垂柳和迎春，让细长柔和的枝条下垂至水面，遮挡石岸，同时配以花灌木和藤本植物，如变色鸢尾、黄菖蒲、燕子花、地锦等来局部遮挡，增加活泼气氛。

6. 堤、岛的植物配置

水体中设置堤、岛，是划分水面空间的主要手段，堤常与桥相连。而堤、岛的植物配置，不仅增添了水面空间的层次，而且丰富了水面空间的色彩，倒影成为主要景观。岛的类型很多，大小各异。环岛以柳为主，间植侧柏、合欢、紫藤、紫薇等乔灌木，疏密有致，高低有序，增加层次，具有良好的引导功能。另外用一池清水来扩大空间，打破郁闭的环境，创造自然活泼的景观，如在公园局部景点，居住区花园、屋顶花园、展览温室内部、大型宾馆的花园等，都可建造小型水景园，配以水际植物，造就清池涵月的画图。

案例分析四　云南富民县园博园二期滨水植物景观设计

整个公园方案定位于集休闲、旅游、文化、养生为一体的生态型城市公园。设计以尊重自然，保护环境的自然优先原则为出发点，并在尽量不破坏场地景观水渠资源的基础上建设不同类型的辅助公共设施，将物种及其栖息地保护和生态旅游、生态环境、教育功能有机结

合起来，使本案公园具有主题性、自然性、生态性等特点。由此看出，公园水渠的滨水植物景观将是设计的重点。

本案的三种水渠驳岸处理，多利用枯木、自然河石等堆砌而成，塑造出轻松、自然的驳岸线条，为植物造景打下良好的基础。方案中的三种驳岸形式（吴庭 设计）。

植物选择仍以乡土植物为主，用云南本土的滇朴、水杉、三角枫、杨柳等常绿、落叶乔木作为水渠植物景观的构架，以自然群落的方式配置了美人蕉、鸢尾、云南黄素馨、海芋、再力花、芦苇、荷花、睡莲等滨水植物，并充分考虑打造其丰富的植物景观层次及季相变化。特别是夏季公园滨水区以茂密的植被、盛开的荷花、在水中摇曳的翠绿的芦苇，带给人们宽阔的林荫与无尽的凉爽，让人流连忘返。见下图：

云南富民县园博园二期项目滨水景观设计方案（1）（吴庭 设计）

本案某些地段根据实际情况，驳岸也适当减少了植物配植，设计了亲水平台、湿地安全缓坡区，为人们亲近水体预留出足够的空间。并且特别注重植物与周围道路、景观桥梁、立面景观的衔接和融合，让游人在充分感受建筑景观步移景异的同时而不至于感到生硬和不适。见下图：

云南富民县园博园二期项目滨水景观设计方案（2）（吴庭 设计）

在设计时还充分考虑到水生植物对生境的要求，在不同深度的水域种植不同的水生植物，同时将水鸟和滤食性鱼类引入景观水体，形成一套较为完备的湿地生态系统。

实训项目六　滨水植物景观设计

一、实训目的：

通过实地考察，具体分析某处滨水植物景观设计实例：

（1）掌握滨水植物景观设计的原则；

（2）掌握植物景观设计的方式；

（3）掌握常用滨水植物的种类、形态特征、生态习性以及配置的方式、方法。（不少于20种）

二、实验材料

校内外某处滨水景观；绘图工具：A4图纸、铅笔、针管笔、橡皮擦、圆规、直尺、三角板、彩笔等。

三、实训要求

（1）用文字或画图的方式，描述和分析所考察实例的滨水类型、环境条件、滨水景观的细部设计等；

（2）试着画出所考察滨水景观的植物配置图，并根据自己的理解写出简单的设计说明；

（3）调查实例所运用的植物种类及配置的方式、方法；

（4）最后，写出所考察实例的特点和不足，并提出相关意见或建议。

四、评分标准

序号	项目	配分	评分标准	得分
1	实训要求1	20	能详细、完整地描述滨水类型、环境条件等要求的内容，并有适当的分析	
2	实训要求2	45	植配图完整、清晰、有特点，能够准确表达实例的设计意图	
3	实训要求3	20	能够准确认知实例所运用的植物种类	
4	实训要求4	15	能够写出特点和不足，提出独特的见解	
总分				

任务四　室内植物景观设计

一、室内绿化的概念

随着人类科技不断进步和现代化城市的飞速发展，室内植物装饰设计这门崭新的学科应运而生，它是人们力图在建筑空间中回归自然而进行的一种尝试，其目的是要创造一个使建筑、人与自然为一体、直协调发展的生存空间。

何谓"室内植物装饰"呢？一种解释为室内植物装饰是指在建筑物内（如宾馆大堂、餐厅、会议厅、商店和居室等处）种植或摆放观赏植物，构成室内装饰不可分割的部分。人们希望在享受现代物质文（如空调、音响和灯光等）的同时与植物为伴，是现代审美情趣崇尚自然、追求返璞归真意境的反映。今天室内绿化已被放到一个重要的位置上。植物可以改变室内环境呆板、单调，并起到改善小气候和清洁空气的作用。现代室内环境的特点是冬暖夏凉，其湿度适合植物生长，但光照却比较差。针对这些特点，几十年来，荷兰等花卉大国选育出大量荫生观叶植物作为室内绿化的主体植物材料。以观赏它们形状各异的绿叶为主，其中也有一些带有色彩和斑纹的叶片。除装饰外，还可以用植物来分隔室内空间，如餐厅、酒吧可借助植物挡住人们的视线，以创造一个相对独立的空间。植物可以栽植在事先设计和安排好的种植槽中或是在色调和格式统一的容器中。种植槽和容器外面都要采取防水措施，以免水分溢出。在一些公共建筑较宽阔的厅堂内利用室内植物结合水景，山石等创造小型园林或园林局部叫做室内园林。除造景外，还要与休息、社交、购物等活动在空间上有机结合。为使园林景观逼真，植物大都直接栽入土中，若为施工管理方便采用盆、箱等容器栽培时，要妥为掩饰，不露容器。

另一种解释为室内植物装饰是指按照室内环境的特点，利用以室内观叶植物为主的观赏材料，结合人们的生活需要，对使用的器物和场所进行美化装饰。这种美化装饰是根据人们的物质生活与精神生活的需要出发，配合整个室内环境进行设计、装饰和布置，使室内室外融为一体，体现动和静的结合，达到人、室内环境与大自然的和谐统一，它是传统的建筑装饰的重要突破。

总之，概括地说室内植物装饰定义为：在人为控制的室内空间环境中，科学地、艺术地将自然界的植物、山水等有关素材引入室内，创造出充满自然风情和美感，满足人们生理和心理需要的空间环境。而室内空间环境指用现代化的采光、供暖、通风、空调等人工设备来改善居住条件而创造的环境，是一个既利于植物生长，也利于人们生活和工作的环境。

二、室内植物装饰的功能

（一）改善室内小环境

人们的生活、工作、学习和休息等都离不开环境，环境的质量对人们心理、生理起着重要的作用。室内布置装饰除必要的生活用品及装饰品摆设装饰外，不可缺少具有生命的气息和情趣，使人享受到大自然的美感，感到舒适。

在当代城市环境污染日益恶化的情况下，植物经过光合作用可以吸引二氧化碳，释放氧气，而人在呼吸过程中，吸入氧气，呼出二氧化碳，从而使大气中氧和二氧化碳达到平衡，同时通过植物的叶子吸热和水分蒸发可降低气温，在冬夏季可以相对调节温度，在夏季可以起到遮阳隔热作用，在冬季，据实验证明，有种植阳台的毗连温室比无种植的温室不仅可造成富氧空间，便于人与植物的氧与二氧化碳的良性循环，而且其温室效应更好。通过绿化室内把生活、学习、工作、休息的空间变为"绿色空间"是环境改善最有效的手段之一，苏东坡就曾说过："宁可食无肉，不可居无竹。"由此可见绿色盆栽植物起到不可缺的作用。

此外，室内观叶植物枝叶有滞留尘埃、吸收生活废气、释放和补充对人体有益的氧气、减轻噪音等作用。同时，现代建筑装饰多采用各种对人们有害的涂料，而室内观叶植物具有较强的吸收和吸附这种有害物质的能力，可减轻人为造成的环境污染。可以这样说，现代家庭的建筑装修及物品器具布置只是解决了"硬件"装修和装饰，而室内植物装饰是现代家庭的："软装修"，这种"软装修"是普通装修布置的必要补充。

1. 能吸收有毒化学物质的植物

芦荟、吊兰、虎尾兰、一叶兰、龟背竹是天然的清道夫，可以清除空气中的有害物质。有研究表明，虎尾兰和吊兰可吸收室内 80% 以上的有害气体，吸收甲醛的能力超强。芦荟也是吸收甲醛的好手，可以吸收 1 m³ 空气中所含的 90% 的甲醛。常青藤、铁树、菊花、金橘、石榴、半支莲、月季花、山茶、石榴、米兰、雏菊、蜡梅、万寿菊等能有效地清除二氧化硫、氯、乙醚、乙烯、一氧化碳、过氧化氮等有害物。兰花、桂花、蜡梅、花叶芋、红背桂等是天然的除尘器，其纤毛能截留并吸滞空气中的飘浮微粒及烟尘。

2. 能驱蚊虫的植物

随着天气转暖，能驱蚊的植物成了人们关注的焦点。蚊净香草就是这样一种植物。它是被改变了遗传结构的芳香类天竺葵科植物，近年才从澳大利亚引进。该植物耐旱，半年内就可生长成熟，养护得当可成活 10~15 年，且其枝叶的造型可随意改变，有很高的观赏价值。蚊净香草散发出一种清新淡雅的柠檬香味，在室内有很好的驱蚊效果，对人体却没有毒副作用。温度越高，其散发的香越多，驱蚊效果越好。据测试，一盆冠幅 30 cm 以上的蚊净香草，可将面积为 10 m² 以上房间内的蚊虫赶走。另外，一种名为除虫菊的植物含有除虫菊酯，也能有效驱除蚊虫。

3. 能杀病菌的植物

玫瑰、桂花、紫罗兰、茉莉、柠檬、蔷薇、石竹、铃兰、紫薇等芳香花卉产生的挥发性油类具有显著的杀菌作用。紫薇、茉莉、柠檬等植物，5 min 内就可以杀死白喉菌和痢疾菌等原生菌。蔷薇、石竹、铃兰、紫罗兰、玫瑰、桂花等植物散发的香味对结核杆菌、肺炎球菌、葡萄球菌的生长繁殖具有明显的抑制作用。仙人掌等原产于热带干旱地区的多肉植物，其肉质茎上的气孔白天关闭，夜间打开，在吸收二氧化碳的同时，制造氧气，使室内空气中的负离子浓度增加。虎皮兰、虎尾兰、龙舌兰以及褐毛掌、伽蓝菜、景天、落地生根、栽培凤梨等植物也能在夜间净化空气。在家居周围栽种爬山虎、葡萄、牵牛花、紫藤、蔷薇等攀缘植物，让它们顺墙或顺架攀附，形成一个绿色的凉棚，能够有效地减少阳光辐射，大大降低室内温度。丁香、茉莉、玫瑰、紫罗兰、薄荷等植物可使人放松、精神愉快，有利于睡眠，还能提高工作效率。

（二）营造温馨的室内气氛

在现代社会里，人们的物质生活水平不断提高，而在心灵与精神上，却日渐缺少宁静与和谐。尤其是在喧嚣都市，大多数人都挤住在密集式的公寓楼里，远离自然，多见人流车流，少见山林原野，难以感受到绿树、红花、青草与泥土的芬芳气息。在这种情况下，许多人就开始寄情于盆栽花木，自己动手制造居室里的绿化小天地。植物的绿色是生命与和平的象征，具有生命的活力，会带给人们一种柔和的感觉和一种安定感。用植物装饰房间，不但可以使人们获得绿色的享受，而且由于价格便宜，品种也多，因而简便易行。因此，利用植物装饰房间是当今室内装饰设计不可缺少的素材，它已成为室内装饰中一项重要的内容。

（三）组织室内空间

室内空间环境是指现代化的采光、供暖、通风、空调等人工设备来改善居住条件而创造的环境，是一个既利于植物生长，也有益于人们生活和工作的环境。包括自用空间环境和共享空间环境两部分。自用空间环境的特点一般具有一定的私密性，面积小，以休息、学习、交谈为主，植物景观宜素雅、宁静（如卧室、书房、卫生间等）；共享空间环境的特点是以开放、流动、观赏为主，空间较大，植物景观宜活泼、丰富多彩。在室内环境美化中，植物绿化装饰对空间的构造也可发挥一定作用。如根据人们生活活动需要运用成排的植物可将室内空间分为不同区域；攀缘上格架的藤本植物可以成为分隔空间的绿色屏风，同时又将不同的空间有机地联系起来。此外，室内房间如有难以利用的角隅（即"死角"），可以选择适宜的室内观叶植物来填充，以弥补房间的空虚感，还能起到装饰作用。运用植物本身的大小、高矮可以调整空间的比例感，充分提高室内有限空间的利用率。见图2.65。

图 2.65

利用室内装饰植物组织室内空间、强化空间，表现在许多方面：

1. 分隔空间的作用

以绿化分隔空间的范围是十分广泛的，如在两厅室之间、厅室与走道之间以及在某些大的厅室内需要分隔成小空间的，如办公室、餐厅、旅店大堂、展厅，此外在某些空间或场地的交界线，如室内外之间、室内地坪高差交界处等，都可用绿化进行分隔。某些有空间分隔作用的围栏，如柱廊之间的围栏、临水建筑的防护栏、多层围廊的围栏等，也均可以结合绿化加以分隔。如广州花园酒店快餐室，就是用绿化分隔空间的一例。对于重要的部位，如正对出入口，起到屏风作用的绿化，还须作重点处理，分隔的方式大都采用地面分隔方式，如有条件，也可采用悬垂植物由上而下进行空间分隔。

2. 联系引导空间的作用

联系室内外的方法是很多的，如通过铺地由室外延伸到室内，或利用墙面、天棚或踏步的延伸，也都可以起到联系的作用。但是相比之下，都没有利用绿化更鲜明、更亲切、更自然、更惹人注目和喜爱。许多宾馆常利用绿化的延伸联系室内外空间，起到过渡和渗透作用，通过连续的绿化布置，强化室内外空间的联系和统一。绿化在室内的连续布置，从一个空间延伸到另一个空间，特别在空间的转折、过渡、改变方向之处，更能发挥空产煌整体效果。绿化布置的连续和延伸，如果有意识地强化其突出、醒目的效果，那么，通过视线的吸引，就起到了暗示和引导作用。方法一致，作用各异，在设计时应予以细心区别。如广州白天鹅宾馆在空间转折处布置绿化，起到空间引导的作用。

3. 突出空间的重点作用

在大门入口处、楼梯进出口处、交通中心或转折处、走道尽端等，既是交通的要害和关节点，也是空间中的起始点、转折点、中心点、终结点等的重要视觉中心位置，是必须引起人们注意的位置，因此，常放置特别醒目的、更富有装饰效果的、甚至名贵的植物或花卉，使起到强化空间、重点突出的作用。上海绿苑宾馆总台设在二楼，在其入口处布置绿化加强入口；北京新大都饭店二层楼梯口和温州湖滨饭店大堂酒吧，均设置绿化，突出其重点作用，和醒目的标志作用。

布置在交通中心或尽端靠墙位置的，也常成为厅室的趣味中心而加以特别装点。这里应说明的是，位于交通路线的一切陈设，包括绿化在内，必须以不妨碍交通和紧急疏散时不致成为绊脚石，并按空间大小形状选择相应的植物。如放在狭窄的过道边的植物，不宜选择低矮、枝叶向外扩展的植物，否则，既妨碍交通又会损伤植物，因此应选择与空间更为协调的修长的植物。

树木花卉以其千姿百态的自然姿态、五彩缤纷的色彩、柔软飘逸的神态、生机勃勃生命，恰巧和冷漠、刻板的金属。玻璃制品及僵硬的建筑几何形体和线条形成强烈的对照。例如：乔木或灌木可以以其柔软的枝叶覆盖室内的大部分空间；蔓藤植物，以其修长的枝条，从这一墙面伸展至另一墙面，或由上而下吊垂在墙面、柜、橱、书架上，如一串翡翠般的绿色枝叶装饰着，并改变了室内空间予以一定的柔化和生气。这是其他任何室内装饰、陈设所不能代替的。此外，植物修剪后的人工几何形态，以其特殊色质与建筑在形式上取得协调，在质地上又起到刚柔对比的特殊效果。

（四）调和室内环境的色彩

根据室内环境状况进行植物装饰布置，不仅仅针对单独的物品和空间的某一部分，而是对整个环境要素进行安排，将个别的、局部的装饰组织起来，以取得总体的美化效果。经过艺术处理，室内植物装饰在形象、色彩等方面使被装饰的对象更为妩媚。如室内建筑结构出现的线条刻板、呆滞的形体，经过枝叶花朵的点缀而显得灵动。装饰中的色彩常常左右着人们对环境的印象，倘若室内没有枝叶花卉的自然色彩，即使地面、墙壁和家具的颜色再漂亮，仍然缺乏生机。绿叶花枝也可作门窗的景框，使窗外色更好地映入室内，而室内或窗外环境中的不悦目部分则可利用布置的植物将其屏蔽。所以，室内观叶植物对室内的绿化装饰作用不可低估。

（五）陶冶情操

绿色植物，不论其形、色、质、味，或其枝干、花叶、果实，所显示出蓬勃向上、充满生机的力量，引人奋发向上，热爱自然，热爱生活。植物生长的过程，是争取生存及与大自然搏斗的过程，其形态是自然形成的，没有任何掩饰和伪装。不少生长缺水少土的山岩、墙垣之间的植物，盘根错节，横延纵伸，广布深钻，充分显示其为生命斗争和无限生命力，在形式上是一幅抽象的天然图画，在内容上是一首生命赞美之歌。它的美是一种自然美，洁净、纯正、朴实无华，即使被人工剪裁，任人截枝斩干，仍然显示其自强不息、生命不止的顽强生命力。因此，树桩盆景之美与其说是一种造型美，倒不如说是一种生命之美。人们从中可以得到万般启迪，使人更加热爱生命，热爱自然，陶冶情操，净化心灵，和自然共呼吸。一定量的植物配置，使室内形成绿化空间，让人们置身于自然环境中，享受自然风光，不论工作、学习、休息，都能心旷神怡，悠然自得。同时，不同的植物种类有不同的枝叶花果和姿色，例如一丛丛鲜红的桃花，一簇簇硕果累累的金橘，给室内带来喜气洋洋，增添欢乐的节日气氛。苍松翠柏，给人以坚强、庄重、典雅之感。如遍置绿色植物和洁白纯净的兰花，使室内清香四溢，风雅宜人。此外，东西方对不同植物花卉均赋予一定象征和含义，如我国喻荷花为"出污泥而不染，濯清涟而不妖"，象征高尚情操；喻竹为"未曾出土先有节，纵凌云霄也虚心"，象征高风亮节；称松、竹、梅为"岁寒三友"，梅、兰、竹、菊为"四君子"；喻牡丹为高贵，石榴也多子，萱草为忘忧等。在西方，紫罗兰为忠实永恒；百合花为纯洁；郁金香为名誉；勿忘草为勿忘我等。

植物在四季时空变化中形成典型的四时即景：春花，夏荫，秋色，冬姿。一片柔和翠绿的林木，可以一夜间变成猩红金黄色彩；一片布满蒲公英的草地，一夜间可变成一片白色的海洋。时迁景换，此情此景，无法形容。因此，不少宾馆设立四季厅，利用植物季节变化，可使室内改变不同情调和气氛，使旅客也获得时令感和常新的感觉。也可利用赏花时节，举行各种集会，为会议增添新的气氛，适应不同空间使用的。

（六）抒发情怀

室内植物装饰是生命的体现，让人们情不自禁抒发自己情感。人有亲近感，人类来自大自然，亲近大自然是人的本性。对于久居闹市、渴望田园生活的人，绿色植物使人产生回到自然的、返朴归真的亲近感。现代人需要更多的绿色，更多的自然空气。植物，是活的生物体，对于生命来说，人类和植物有许多共性。如美国植物学家乔治·史密斯研究认为同人和动物一样，植物它们不但富有乐感，玉米和大豆"听"了《蓝色狂想曲》后发芽特别好，甜瓜则偏爱舒伯特《小夜曲》，而甜菜却不敏感。俄罗斯科学院植物研究所用重金属演奏的粗犷的摇滚乐，可使牵牛花叶子很快下垂，而中国的舞草则能闻音乐而舞动。

三、室内植物景观设计的原则及方式

（一）室内植物景观设计的原则

1. 科学性

选择适合室内装饰的植物。首先要满足生态学的要求，应选耐阴的植物，如绿萝、龟背竹、仙客来、蕨类植物、橡皮树、常春藤、一叶兰、君子兰，或比较耐阴的植物，如南洋杉、变叶木、文竹、吊兰、天门冬、凤梨、富贵竹、袖珍椰子。还应选择根系浅小、易于管理、有利健康植物。其次满足美学的要求，应选择有观赏价值、观赏期长、株型适合、具有象征意义植物。

（1）根据室内空间大小进行设计。

室内空间有大小不同，植物形体也有大小之分。如果用体型小的植物放在大空间的室内就会使人感到空旷、疏落、单调；如用大体型的植物布置小空间的室内就会使人感到拥挤，所以要合理组织室内空间。如在小空间里可用小型盆栽或悬吊小型吊篮进行绿化装饰，使小居室具有"室雅何需大，花香不在多"的意境；在较大的室内空间里可以自然布置些体大、叶大、花艳、色浓的植物景观；在大型室内空间可用绿色植物的盆栽或花架分成几个较小的具有不同用处的空间，如用盆栽植物在大空间室内组织一个长形空间即产生一种向前指引的意境，如创造一个圆形、方形空间即有集中、团结的意境；如创造"L"型空间即产生转向指引意境。

从一般室内空间的绿化比例来说，不应超过室内空间 1/10，这样就会使室内产生空间扩大感，反之就会给人带来压抑感。所以一般室内绿色植物应集中布置为宜。另外，还可以在室内适当位置或墙面设置一面镜子或开设一定的水面，配置适当的绿色植物，这样不仅可以扩大室内空间，丰富植物景观，而且还能增强光亮度。

由于房间的大小、形状各不相同，因此必须巧用心思，尽量利用居室环境的特点及室内装饰的原则来进行绿化，方能井井有条，达到植物装饰设计的目的。

① 客厅。

客厅是家庭活动的中心，面积较大，宜在角落里或沙发旁边放置大型的植物，一般以大盆观叶植物为宜，如散尾葵、绿萝、夏威夷椰子、棕竹、发财树、非洲茉莉等。而窗边可摆设喜阳的四季花卉，或在壁面悬吊小型植物作装饰。但切忌整个厅内绿化布置过多，要有重点，否则会显得杂乱无章，俗不可耐。又如正门入口以不阻塞行动为佳，直立性的花卉不干扰视线，最适合摆放在门口；客厅布置要注意两点：一是放置植物的地方，勿阻塞走动的通道；二是花卉的布置应尽量靠边，客厅中间不宜放高大的植物。许多家庭客厅连着餐厅，这可用植物作间隔，如悬垂绿萝、洋常春藤、吊兰等。在地上摆放龙血树和印度橡皮树，这样就形成一个绿色垂帘，显得自然、美观、优雅。

② 卧室。

卧室是人们休息的地方，且面积较小，故布置植物不宜过多，宜安排小型的盆花，如芦荟、吊兰、文竹等小型植物，尽量不布置悬吊植物。又因卧室是一个夜间相对比较封闭的地方，宜摆放夜晚放出氧气且能净化空气的植物，如：

非洲茉莉：它产生的挥发性油类具有显著的杀菌作用。可使人放松，有利于睡眠，还能提高工作效率。

白掌：抑制人体呼出的废气，如氨气和丙酮。同时它也可以过滤空气中的苯、三氯乙烯和甲醛。它的高蒸发速度可以防止鼻黏膜干燥，使患病的可能性大大降低。

吊兰：能吸收空气中 95% 的一氧化碳和 85% 的甲醛，吊兰能在微弱的光线下进行光合作用，吊兰能吸收空气中的有毒有害气体，一盆吊兰在 $8\sim10\ m^2$ 的房间就相当于一个空气净化器。一般在房间内养 $1\sim2$ 盆吊兰，能在 24 h 释放出氧气，同时吸收空气中的甲醛，苯乙烯，一氧化碳，二氧化碳等致癌物质。

龟背竹：龟背竹对清除空气中的甲醛的效果比较明显。另外，龟背竹有晚间吸收二氧化碳的功效，对改善室内空气质量，提高含氧量有很大帮助。

富贵竹：适合卧室的健康植物，富贵竹可以帮助不经常开窗通风的房间改善空气质量，具有消毒功能，尤其是卧室，富贵竹可以有效地吸收废气，使卧室的私密环境得到改善。

仙人掌：减少电磁辐射的最佳植物，仙人掌具有很强的消炎灭菌作用，在对付污染方面，仙人掌是减少电磁辐射的最佳植物。此外仙人掌夜间吸收二氧化碳释放氧气，晚上居室内放有仙人掌，就可以补充氧气，利于睡眠。

君子兰：释放氧气，吸收烟雾的清新剂，一株成年的君子兰一昼夜能吸收 1 立升空气，释放 80% 的氧气，在极其微弱的光线下也能发生光合作用。它在夜里不会散发二氧化碳，在十几平方米的室内有两三盆君子兰就可以把室内的烟雾吸收掉，特别是寒冷的冬天，由于门窗紧闭，室内空气不流通，君子兰会起到很好的调节空气的作用，保持室内空气清新。

③ 厨房。

装饰厨房一般面积较小，且设有炊具、橱柜等，因此摆设布置宜简不宜繁，宜小不宜大。厨房温湿度变化较大，应选择一些适应性强的小型盆花，如三色堇等。具体来说，可选用小杜鹃、小松树或小型龙血树、蕨类植物，放置在食物柜的上面或窗边，也可以选择小型吊盆紫露草、吊兰，悬挂在靠灶较远的墙壁上。此外，还可用小红辣椒、葱、蒜等食用植物挂在墙上作装饰。值得注意的是，厨房不宜选用花粉太多的花，以免开花时花粉散入食物中。

④ 卫生间。

装饰卫生间面积较小，一般湿度较大，且较阴暗，不利于一般植物生长，因此应选择抵抗力强且耐阴暗的蕨类植物。卫生间采用吊盆式较为理想，悬吊高度以淋浴时不被水冲到为佳。

⑤ 书房。

书房装饰书房是读书和办公的场所，因此布置时应注意制造一个优雅宁静的气氛。选择植物不宜过多，且以观叶植物或颜色较浅的盆花为宜，如在书桌上摆一两盆文竹、万年青等，在书架上方靠墙处摆盆悬吊植物，使整个书房显得文雅清心。此外，书房还可摆些插花。插花的色彩不宜太浓，以简洁的东方式插花为宜，也可布置两盆盆景。

⑥ 走廊、楼梯装饰。

一般家庭走廊较窄，且人来人往，所以在选择植物时宜选用小型盆花，如袖珍椰子、蕨类植物、鸭跖草类、凤梨等，还可根据壁面的颜色选择不同的植物。假如壁面为白、黄等浅色，则应选择带颜色的植物；如果壁面为深色，则选择颜色淡的植物。若楼梯较宽，每隔一段阶梯上放置一些小型观叶植物或四季小品花卉。在扶手位置可放些绿萝或蕨类植物；平台较宽阔，可放置印度橡皮树、龙血树等。

另外，在目前的居室构造中，必然会有凹凸之处出现，最好利用植物绿化装饰来补救或寻找平衡。如在突出的柱面栽植常春藤、抽叶藤等植物作缠绕式垂下，或沿着显眼的屋梁而下，便会制造出诗情画意般的情趣。

（2）植物装饰应考虑视线的位置。

植物装饰毕竟是以给人欣赏为目的的，为了更有效地体现绿化的价值，在布置中就应该更多地考虑无论在任何角度来看都顺眼的最佳位置。例如，在饭厅用餐时，椅子和坐的位置中视觉最容易集中的某一个点，便是最佳配置点。一般最佳的视觉效果，是在距地面约 2 m 的视线位置，这个位置从任何角度看都有美好的视觉效果。另一方面，若想集中配合几种植物来欣赏，就要从距离排列的位置来考虑，在前面的植物，以选择细叶而株小、颜色鲜明的为宜，而深入角落的植物，就应是大型且颜色深绿的。放置时应有一定的倾斜度，视觉效果才有美感。而盆吊植物的高度，尤其是以视线仰望的，其位置和悬挂方向一定要讲究，以直接靠墙壁的吊架、盆架置放小型植物效果最佳。因为悬吊的植物是随风飘动的，如视线角度能恰到好处，就能别有一番情趣。

（3）室内植物装饰应体现出房间的空间感和深度感。

如果把盆栽植物胡乱摆放，那么本已狭窄的居室就更显得杂乱和狭小。如果把植物按层次集中放置在居室的角落里，就会显得井井有条并具有深度感。处理方法是把最大的植物放在最深度的位置，矮的植物放在前面，或利用架台放置植物，使之后来变得更高，更有立体感。也可用照明法来表现室内的深度感。这种室内植物照明法，是对于室内植物处于光线不充足的地方时适用的，利用部分的照明可增加光和影子的变化效果。白天一般是不采用照明的，但晚间用灯光照明时，就会显出奇特的构图及剪影效果，颇为有趣。这种利用灯光反射出的逆光照明，可使居室变得较为宽阔。还有一种办法，就是利用镜子与植物的巧妙搭配，制造出变幻、奇妙的空间感觉。

另外，还可以在有限的空间内巧妙安排，制造出庭园效果来。但面积不宜过大，四周外围用红砖砌成，高度以能隐藏小花盆为宜。花盆与花盆之间摆放不留空隙，就可变成花叶密集繁茂的花圃了，可随季节变化和自己的喜好来更换花卉。

2. 艺术性

（1）对称与均衡。对称指以一条线为中轴，左右两侧均等。均衡的特点是两侧的形体不必等同，而是表现出量上的大体相当的感觉。

（2）对比与调和。对比是把两种不相同的东西并列在一起，使人感到鲜明、醒目、活跃、振奋。调和是把两个接近的东西相并列，主要体现在色彩的调和上。

（3）比例与尺度。室内景观中的比例是指室内的各个景物之间、景物个体与室内环境整体之间适当的体积关系。尺度也叫"度"。指事物的量和质统一的界限，一般以量来体现质的标准。

（4）多样与统一。多样统一又称统一和变化，是形式美法则的最高形式，也叫和谐。

3. 文化性

室内植物布置要讲究格调和品位，格调即风格。色彩的设计统一在室内装饰中起着改变或者创造某种格调的作用，会给人们带来某种视觉上的差异和艺术上的享受，让人"眼前一亮"。据调查，人进入某个空间最初几秒钟内得到的印象，百分之七十五是对色彩的感觉，然后才会去理解形体。需求差异规律即不同职业、不同爱好、不同年龄的居住者对房间装饰色彩的要求是不一样的。如老年人适合具有稳定感的色系，沉稳的色彩也有利于老年人身心健康；青年人适合对比度较大的色系，让人感觉到时代的气息与生活节奏的快捷；儿童适合纯度较高的浅蓝、浅粉色系；运动员适合浅蓝、浅绿等颜色以解除兴奋与疲劳；军人可用鲜艳色彩调剂军营的单调色彩；体弱者可用橘黄、暖绿色，使其心情轻松愉快。

（二）室内植物景观设计的方式

室内植物装饰在形式上大体可分为两种：第一种是单株植物盆栽布置。这是一种以桌、几、架等家具为依托的装饰绿化，一般尺度较小，作为室内的陈设艺术。第二种是综合运用各种园林基本素材的布置。如用自然山水、树木花草、假山叠石及至建筑小品（亭台楼阁）等构成的可观可游的多功能室内庭园。这一形式的植物装饰，就其设计而言，它基本上不是室内工程完成后添加进去的装饰物，而是作为室内设计的一部分予以考虑。就技术上讲，必须同步考虑维护室内植物装饰、水、石等景观的相关设施。

室内绿化装饰方式除要根据植物材料的形态、大小、色彩及生态习性外，还要依据室内空间的大小、光线的强弱和季节变化，以及气氛而定。现代家庭的室内环境一般比较紧凑，室内陈设植物可向空间发展，采用"占天不占地"的办法，可选用吊兰、常春藤等类植物，它们的长势向下垂伸又参差不齐，给人以一种动感，一般可置于立式柜体家具之上，还可放在麻织编袋或藤编篮中，悬挂在角隅处。橡皮树、龟背竹等植物长度体量较大，枝叶茂盛，色彩浓郁。这类植物一般适宜放在客厅等室内空间和家具形体都相对较大的居室。沙发质地柔软，尺度较大又趋低矮，和高大茂盛的枝叶形成强烈对比，统一和谐，成为一个富有变化的空间，整个室内呈现出淡雅自然的格调。波丝草、文竹等植物枝叶纤细而又浓密，一副楚楚动人的样子，这类植物一直受到女士们的青睐。一些色彩艳丽的插花，因持续时间有限，应放在显眼的位置。

在室内装饰陈设中，植物品种的选择，还可根据自己的年龄、职业、个性特点、兴趣爱好和居住条件，作一些相应的调整变化。其装饰方法和形式多样，主要有陈列式（陈设式）、攀附式、悬垂式、壁挂式、吊挂式等植物绿化装饰。

1.陈设

陈设式也叫陈列式，是室内绿化装饰最常用和最普通的装饰方式，包括点式、线式、和面式三种。其中以点式最为常见，即将盆栽植物置于桌面、茶几、柜角、窗台、及墙角，或在室内高空悬挂，构成绿色视点。线式和面式是将一组盆栽植物摆放成一条线或组织成自由式、规则式的面状图形，起到组织室内空间，区分室内不同用途场所的作用，或与家具结合，起到划分范围的作用。几盆或几十盆组成的面状摆放，可形成一个花坛，产生群体效应，同时可突出中心植物主题。

采用陈设式绿化装饰，主要应考虑陈设的方式、方法和使用的器具是否符合装饰要求。传统的素烧盆及陶质釉盆仍然是目前主要的种植器具。至于近年来出现的表面镀仿金、仿铜的金属容器及各种颜色的玻璃缸套盆则可豪华的西式装饰相协调。总之，器具的表面装饰要视室内环境的色彩和质感及装饰情调而定。下面简单介绍其三种摆放方式：

（1）点。点状植物绿化即指独立设置的盆栽、乔木和灌木。它们往往是室内的景观点，具有观赏价值和较强的装饰效果。安排点状植物绿化要求突出重点，要精心选择，不要在它周围堆砌与它高低、形态、色彩类似的物品，以便使点的绿化更加醒目。用点状绿色的盆栽可以放置在地面上，或放在茶几、架、柜和桌上。

（2）线。线状植物绿化即指吊兰之类的花草，悬吊在空中或放置在组合柜顶端角处可以与地面植物产生呼应关系。这种植物其枝叶下垂，或长或短，或曲或直，形成了线的节奏韵律，与搁板柜橱以及组合柜的直线相对比而产生一种自然美和动感。

（3）面。面的分布即指以植物形成块面来调整室内的节奏。在家具陈设比较精巧细致时，可利用大的观叶植物形成块面进行对比来弥补家具由于精巧而产生的单薄感。同时增强室内陈设的厚重感。

2. 悬垂（图2.66）

图 2.66　　　　　　　　　　　　　　　图 2.67

在室内较大的空间内，结合天花板、灯具，在窗前、墙角、家具旁吊放有一定体量的阴生悬垂植物，可改善室内人工建筑的生硬线条造成的枯燥单调感，营造生动活泼的空间立体美感，且"占天不占地"，可充分利用空间。这种装饰要使用一种金属或塑料吊盆，使之与所配材料有机结合，以取得意外的装饰效果。

3. 吊挂（图2.67）

用金属、塑料或竹木、藤制成的吊盆或吊篮栽上植物后，垂吊于窗口、墙角或墙边无人走动之处，以弥补平面墙面的不足，形成一个立体的居室花木氛围。宜栽植黑骨芒等蕨类植物和花叶常青藤、叶兰、蟹爪兰等。飘曳的枝条、柔垂的叶片能使居室充满动韵。

4. 壁饰

室内墙壁的美化绿化，也深受人们的欢迎。壁挂式有挂壁悬垂法、挂壁摆设法、嵌壁法和开窗法。预先在赶墙上设置局部凹凸不平的墙面和壁洞，供放置盆栽植物；或在靠墙地面放置花盆，或砌种植槽，然后种上攀附植物，使其沿墙面生长，形成室内局部绿色的空间；或在墙壁上设立支架，在不占用地的情况一放置花盆，以丰富空间。

采用这种装饰方法时，应主要考虑植物姿态和色彩。以悬垂攀附植物材料最为常用，其它类型植物材料也常使用。选择植物的色彩应与壁面颜色协调。如白色的墙面，最好配以深红色植物。其装饰方式也有两种：一种是把盆花放在墙角，然后在墙壁上用绳子作攀缘架子，利用蔓生植物放置的蔓性；二是用半球形容器（一侧面呈平面的花盆）等，把花盆吊挂在墙壁上。

5. 攀附

在种植器皿内栽上扶芳藤、凌霄等，使其顺墙壁、楼梯、柱子等盘绕攀附，形成绿色帷幔，也可用绳牵引于窗前等处，让藤蔓顺绳上爬，上攀下垂，层层叠叠，满目翠绿，十分幽雅。厅和餐厅等室内某些区域需要分割时，采用带攀附植物隔离，或带某种条形或图案花纹的栅栏再附以攀附植物与攀附材料在形状、色彩等方面要协调。以使室内空间分割合理、协调、而且实用。

另外，植物大小比例的选择要根据室内空间大小来决定。面积较小的起居室、客厅等应配置一些轻盈秀丽、娇小玲珑的植物，如金橘、月季、海棠等。书房和小型客厅可选择小型松柏、龟背竹、文竹等，使气氛更加幽静典雅。用植物来做家居装饰还要考虑到植物的特性，比如生长周期、应该补给的日照时间、对水分的需求等，因此，在选择过程中还应注意选择那些季节性不明显和容易在室内存活的植物。

总之，室内植物的装饰方法是以点、线、面的形式出现于室内的。运用何种方式，要根据具体房间的陈设、空间的需要和植物的天然属性进行选择。

案例分析五　某住宅室内绿化设计方案

一、概　况

该住宅位于室外优美自然环境的沱江边，偌大的生态景观湖将绵延曲折的湖岸、婉转自由的流水、生机盎然的草木和饶有生活情趣的居住者融于一体，真正体现回归自然的现代生活理念。该住宅面积为 $90 m^2$，居住对象是一家三口，因此要打造"健康住宅"，通过绿化室内把生活、学习、休息的空间变成"绿色的空间"，改善室内环境，当人们踏进室内，看到的是浓浓的绿意和鲜艳的花朵，听到的是卵石上的清激流水声，闻到的是阵阵的花香。

二、设计理念

主旨在于能够对居室环境的现状与使用者的要求进行综合考虑，进而进行全面组织和设计，从而达到人性化、高品质、简约性、环保性的目标

三、方案设计

结合家居装修对居室环境的影响，我们可以在室内有针对性地摆放一些绿色植物，用绿色植物装饰室内既可净化室内空气，又能美化环境，使室内小环境变得整洁、清新、景色宜人、生机盎然。居室植物布景应把握的要点：协调统一，相互呼应；主次分明，合理搭配；点、线、面有机结合。

1. 客厅

客厅是家人团聚和会客的场所，选用了色彩艳丽、花形较大的插花和大型观叶植物，表

现出客厅高贵、大气的特点。同时，根据室内光照条件的强弱情况进行选择。在光线较好的客厅角隅，选择兰花、君子兰等品种。在光照条件较弱的客厅角隅，种养龟背竹、春芋、绿萝、万年青等耐阴植物。

2. 餐厅

餐厅是家人用餐的地方，选用观果植物或亮绿色的观叶植物摆放在餐桌上，如：春兰、乳茄、金橘等植物，能增加人的食欲。居室是客厅与餐厅相连通的，用悬垂的藤本植物作间隔，如绿萝、常春藤、吊兰等。

3. 厨房

面积不大，因此摆设植物小巧，最简便的办法种一两盆葱、蒜等食用植物作装饰；也可在靠近窗台的台面上放一瓶插花，减少厨房的油烟；因厨房温、湿度变化较大，也可选择一些适应性较强的小型观叶植物。

4. 卧室

卧室面积较小，布置植物不宜过多，选择小型的盆花，如芦荟较适宜。卧室里需要营造一种恬静适的气氛，故也可在窗旁种植一盆小型的肉质多浆类植物，或花形小而自然、不会散发浓郁香味的满天星、银芽柳、麦秆菊等植物制作的花插。

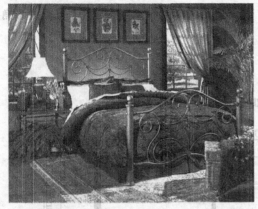 

5. 卫生间

卫生间朝向阴面且潮湿，选择耐阴的蕨类植物，如铁线蕨、波士顿蕨；一盆垂吊的小叶藤本植物，在卫生间的窗台上放一盆小叶常春藤等。

以上设计总体体现温馨、和谐的居家环境，同时又美化了居住环境，工作之余回家感觉更放松，心情也愉快。

实训项目七　室内植物造景设计

一、实训目的

（1）掌握公共场所及家庭植物的布置原则；

（2）知道不同植物的应用和代表的花语；

（3）掌握如何安全地使用植物。

二、实验材料

指定的一套居室图；绘图工具：A4 图纸、铅笔、针管笔、橡皮擦、圆规、直尺、三角板、彩笔等。

三、实训要求

1. 设计一份一套居室室内植物装饰图（如下图）。

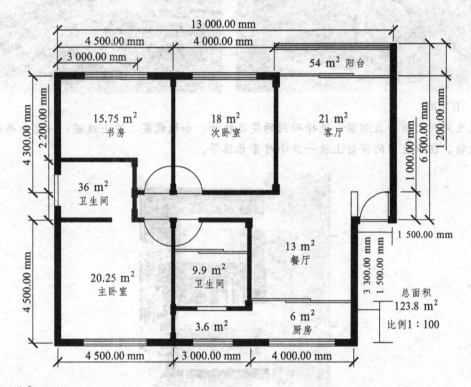

2. 要求

（1）绘制室内植物布置的平面图，用 A4 图纸。

（2）有植物名录表。

（3）植物布置合理得当。

（4）图幅整洁，图线清晰。

3. 设计成果

（1）总平面图：比例 1：200～1：300，A3 号图（标注尺寸）。

（2）室内植物布置图。

（3）单位整体或局部的效果图或意向图。

（4）设计说明书，包括各植物的特点、花语及功能描述。

（5）植物名录及其他材料统计表。

四、评分标准（100分）

序号	项目与技术要求	配分	检测标准	实测记录	得分
1	功能要求	20	能结合环境特点，满足设计要求，功能布局合理，符合设计规范		
2	景观设计	25	能因地制宜合理地进行景观规划设计，景观序列合理展开，景观丰富，功能齐全，立意构思新颖巧妙		
3	植物配置	20	植物选择正确，种类丰富，配植合理，植物景观主题突出，季相分明		
4	方案可实施性	20	在保证功能的前提下，方案新颖，可实施性强		
5	设计表现	15	图面设计美观大方，能够准确地表达设计构思，符合制图规范		

任务五　庭院植物景观设计

简单地说庭院就是建筑物前后、左右或被建筑物包围的那部分场地，屋顶花园也归类为庭院的范畴。当今，随着生活水平和物质文化品位的提高，经过适当区划、科学设计，并可以设置人工山水，种植各种花草树木，能够为追求高品质生活的人们提供娱乐、观赏和休憩的私人住宅庭院越来越受欢迎。

首先，庭院既能美化环境，也能作为家庭生活环境的外延和补充；其次，可以作为完美的私人社交活动场所；最后，可以根据自己的兴趣、爱好 DIY，为自己营造独特的活动环境。但是，近几年修建的很多庭院景观水平参差不齐，特别是设计或建设者对庭院硬质铺装、假山水景、亭子、雕塑等方面花费了很多心血，盲目地使用各种构筑物，一味地地强调其设计、使用功能，却忽视了本该在庭院景观中占很大比重的植物设计。这样往往增加了不少建造成本，却没有达到最终目的，当然美化和舒适性更是无从谈起。

"宅中有园，园中有屋，屋中有院，院中有树，树上见天，天中有月。不亦快哉！"林语堂笔下这般舒适典雅的院落，在高楼林立的现代都市里似乎难寻踪影，但却正是我们所向往的世外桃源。

一、植物在庭院景观中所起的作用

1. 保护、改善庭院小环境的作用

通过庭院植物吸碳释氧的能力、蒸腾作用等，可以起到局部净化空气、除尘和调节空气湿度的作用。另外，某些植物，特别是某些芳香植物还具有杀菌功能，能够杀灭空气中部分有害细菌。

2. 庭院美化作用

庭院通过精心设计，使得各类植物配置主次分明、高低错落、色彩丰富多变、质感对比自然，并与传统文化相结合，使其具有一定的艺术性，达到"虽由人作，宛自天开"的意境，以满足人们亲近大自然的心理。

3. 庭院空间构筑作用

现在的庭院设计范围相对较小，而且基本上都是开放式的，对整体的景观效果要求较高，而植物可用于空间的任何一个平面，因此我们可以依靠植物充当地面、围墙、顶平面，或者是其他暗示性的界面，起到遮挡、围合、分隔、拓展空间的作用。

二、庭院植物景观设计的原则和方法

（一）功能性原则

（1）可以通过不同植物，不同配置方式相互配合，营造出符合庭院空间的设计需要的空间。如我们可以用草坪或者低矮地被物创造出开放的活动空间；可以利用观赏性较强的乔木孤植，成为主景，成为视觉焦点；可以通过丛植、群植等形成障景，达到曲径通幽的效果等。

（2）利用植物修饰建筑。让主体建筑融入庭院中，对于成功的庭院植物景观设计是极其重要的。可以将小乔木、灌木、草本花卉以及藤蔓植物通过对植、种植池、花境等方式配置在建筑周围，可以强化与软化建筑线条，与建筑融合在一起。另外，花架、假山、水体、道路、台阶等景观元素也需要与植物组合运用才能显得更加生动。

（3）利用植物塑造私密性空间。庭院与其它园林景观最大的区别就在于它有更强的私密性，因此植物的设计要避免外界与庭院之间的视线穿透，形成一定围合或是半围合空间。更重要的是，我们还可以根据植物的高度、形态和质地的差异来控制私密性的程度。如利用常绿灌木行植或者是带植组成绿篱形成庭院的围合界面，既保证了私密性，又避免了实体围墙的死硬感，减少建筑成本。

（二）协调性原则

植物设计应与建筑外观形式、室内装饰风格统一协调。当前主流建筑主要以英式、法式及中式风格为主。相对应的，植物景观也将应用自然式、规则式与中式等配置方式。设计优雅轻逸的现代日本极简禅风庭院，时下也非常流行。

（三）形式与色彩美原则

1. 层次分明

庭院植物设计应做到层次分明。各种植物可自由搭配起来，既有主景和配景，也有前景、中景和背景。庭院植物造景多以有较强观赏性的乔木作为主景，并用各种灌木花卉作为配景搭配其中，体量大小，外形花色与主景相互呼应却又不喧宾夺主。

2. 比例协调

庭院植物设计还应注重比例协调，包括庭院空间与景物的比例、植物与环境之间以及各种植物之间的比例关系。如空间较大，则要展示植物的群落之美，做到高低起伏、错落有致，模仿自然。切莫为了占领空间、迅速成景而用大量植物简单堆砌而成。如空间较小，则可充分发挥花木的个体姿态美，利用障景、框景、漏景等做到以小见大即可，切莫夸大其辞或是单调乏味。

3. 季节色彩

庭院中有了色彩，才能更富有生气。色彩是庭院植物设计的重要表达要素，不但要考虑单个植物的色彩，还要考虑到整个空间随着季节更迭的色彩变化，如配植枫香、乌桕、槭树、银杏等。

（四）适地适树、因地制宜原则

由于不同植物在生长发育过程中对光照、温度、水分、空气、土壤等环境因子的要求不同，只有满足这些生态要求，做到因地制宜，才能使植物存活、成景。如碧桃喜阳光，耐旱，耐高温，宜种在建筑的南侧，耐阴的八角金盘常配植在树下或墙边。

三、屋顶花园植物景观设计

不断发展的城市化建设，使可以绿化的土地面积日趋减少。屋顶花园，这种既能提高绿化率，改善人居环境，又能为人们提供新的休憩场所的绿化形式，越来越受到园林工作者的重视。然而，屋顶花园源于露地庭院，却又高于露地庭院，涉及屋顶荷载、防水排水、改良种植土等多项有别于露地造园的技术难题。基于上述问题，屋顶花园一般很少设置大量的山石、水景等，只要还是以植物景观为主，因此植物配置在屋顶花园的建造中起着至关重要的作用。

对于屋顶花园植物景观设计的原则、方式和方法都与庭院是一脉相承的，这里不再一一赘述。值得说明的是，由于屋顶气候条件恶劣，风大，光照强、湿度小、昼夜温差大、土壤又瘠薄，建设屋顶花园的植物应选择阳性、耐寒、耐旱、耐瘠薄的浅根性植物。乔木应少植，并以抗风、常绿小乔木为主，小灌木和草坪、花卉较多，设计时要特别注意采用不同叶色、花色，不同高度的多种植物搭配，构成具有丰富空间立体层次感的植物景观。

（一）屋顶花园植物的选择原则

1. 选择抗风、不易倒伏、耐积水的植物种类

在屋顶上空风力一般较地面大，雨季或有台风来临时，风雨交加对植物的生存危害最大，加上屋顶种植土层薄，土壤的蓄水性能差，故应尽可能选择一些抗风不易倒伏，同时又能耐短时积水的植物。

2. 选择耐旱、抗寒性强的矮灌木和草本植物

由于屋顶花园夏季气温高、风大、土层保温性能差，冬季则保温性差，因而应选择耐干旱、抗寒性强的植物为主。同时，考虑到屋顶的特殊地理环境和承重要求，应注意多选择矮小的灌木和草本，以利于植物的运输一、栽种和管理。

3. 选择阳性、耐瘠薄的浅根性植物

屋顶花园大部分地方为全日照直射，光照强度大，植物应尽量选用阳性植物。但在某些半荫的环境中，如花架下或靠墙边的地方，可适当选用一些耐半荫的植物，以丰富屋顶花园的植物品种。屋顶的种植层较薄，为了防止根系对建筑结构的侵蚀，就应尽量选择浅根系的植物。

4. 选择易成活、耐修剪、生长速度较慢的植物

屋顶的位置较高，植物生长的条件相对恶劣，要选择成活率较高的植物，减少后期补苗成本。修剪能增加植物的观赏价值，提高屋顶花园的品位，但生长过快的植物会增加修剪等的管理成本，且增加倒伏的风险。

（二）屋顶花园植物的种植方式

屋顶花园植物装饰，可以利用檐口、两篷坡屋顶、平屋顶、梯形屋顶进行。根据种植形式的不同，常有用观花、观叶及观果的盆栽形式，如盆栽月季、夹竹桃、火棘、桂花、彩叶芋等等。可利用空心砖做成 25 厘米高的各种花槽，用厚塑料薄膜内衬，高至槽沿，底下留好排水孔，花槽内填入培养介质，栽植各类草木花卉，如一串红、凤仙花、翠菊、百日草、矮牵牛等。可以栽种各种木本花卉，还可用木桶或大盆栽种木本花卉点缀其中，在不影响建设物的负荷量的情况下，也可以搭设荫棚栽种葡萄、紫藤、凌霄、木香等藤本植物。在平台的墙壁上、篱笆壁上可以栽种爬山虎、常春藤等。

屋顶花园还可应用蔬菜瓜果进行美化，蔬菜瓜果在美化屋顶花园的同时可供食用，是不错的选择。如作花架的植物材料可选用葡萄、观赏南瓜、丝瓜等，夏日绿叶遮荫纳凉，果实累累，冬日叶落尽，晒太阳。

根据屋顶花园承载力及种植形式的配合和变化，可以使屋顶花园产生不同的特色。承载力有限的平屋顶，可以种植地被或其它矮型花灌木，如垂盆草、半支莲及爬蔓植物，如爬山虎、紫藤、五叶地锦、凌霄、薜荔等直接覆盖在屋顶，形成绿色的地毯。对于条件较好的屋顶，可以设计成开放式的花园，参照园林式的布局方法，可以做成自然式、规则式、混合式。但总的原则是要以植物装饰为主，适当堆叠假山、石舫、棚架、花墙等等，形成现代屋顶花园。我们要特别注意在城市的屋顶花园中，应少建或不建亭、台、楼、阁等建筑设施，而注重植物的生态效应。

另外，屋顶花园一般面积较小，我们可以充分利用立体种植方式，进行垂直绿化。具体方法可以在花台内或搭建棚架栽植紫藤、凌霄、牵牛、三角梅等攀缘型观赏植物，也可栽植葡萄、丝瓜、番茄等藤本蔬果类植物，既增加了绿化面积，又增强了趣味性。对于有些由于技术限制，不适宜建设的局部地方，也可以灵活地采用各种形式的盆栽植物来进行装饰。屋顶花园常选用浅根性、树姿轻盈、秀美，花、叶美丽的植物，尤其在屋顶铺以草皮，其上再植以花卉和花灌木，效果更佳。在北方营造屋顶花园困难较多，冬天严寒，屋顶薄薄的土层很易冻透，而早春的旱风在冻土层解冻前易将植物吹干，故宜选用抗旱、耐寒的草种、宿根、球根花卉以及乡土花灌木，也可采用盆栽、桶栽，冬天便于移至室内过冬。

案例分析六　雅居乐花园植物景观设计

一、整体布局

本案是一个高档住宅庭院植物景观设计，庭院分为前庭与后院两个部分，用一条幽静的园路相连，并与建筑构成统一的整体。植物种植方式以种植池种植为主，既可以使不同植物显得井然有序，充分利用了方正的庭院空间，也可以留有较大的活动空地，满足业主功能上的需求。

二、植物配置

在种植池内，多用金边黄杨、四季桂等常绿灌木行植或带植，再适当搭配杜鹃、茉莉花、含笑等开花、具有香气的灌木，形成主要的绿化基调。在庭院转角处、建筑周围适当配置了一些，如二乔玉兰、罗汉松等常绿或落叶小乔木，用以柔化建筑僵硬的线条。

在建筑西侧连接前庭与后院的园路是一大特点。本案在园路两边以佛甲草、麦冬作为地被物，丛植报春花、瓜叶菊、南天竹等色彩艳丽的花灌木作为点缀，再穿插配置紫薇、石榴等观花、观果小乔木，形成了立体式配置结构，营造出自然生长的植物群落状态，能给漫步其上的人带来祥和、安逸的感觉。

后院有较大面积的凉架，在上面配植了紫藤、叶子花等常见藤蔓植物，从而扩大了绿植面积，增强了观赏价值。

整个植物景观设计注意了常绿树与落叶树，观叶和观型植物，观花与观果植物的整体比例搭配。营造出春花烂漫、夏荫浓郁、秋色斑斓、冬景苍翠的季相变化景观，创造一个富有生机的庭院环境。见下图：

雅居乐花园彩平图　成都卓美园林景观有限公司　李辉　设计

三、植物选择

本案主要以乡土植物为主，少而精，并讲究与庭院风格相适宜，特别是后院一组欧式水景，周围配置一些耐阴、喜湿的观叶植物，如八角金盘、滴水观音、海芋等，其绿叶茂盛、弯垂与跌水、涌泉交相呼应，散发出优雅气息。四根造型别致的立柱上再配合业主的喜好，用花钵种植少量淡雅的多年生草花，让画面和谐又不失趣味。

案例分析七　某居民私家庭院植物景观设计

一、整体布局

走进庭院，首先映入眼帘的是琉璃瓦凉亭、天然石材铺面、鹅卵石小道、宁静的山石水景、师法自然的植物配置，俨然一副典型的中式庭院风格。

二、植物配置

整个植物景观设计采用自然的种植方式，分区较为简单，庭院休闲空地的一侧为主要的种植区。由于离建筑较近，种植区中央只有一株桂花树提供基本的庭荫环境。周围配置杪椤、紫薇、八角金盘等，地被物则用沿阶草、观音草、马蹄金等。见下图：

居民周文奇先生私家庭院全景　周文奇　设计

庭院正前方为山石水景，用小石板桥连接，石桥两边簇拥着各色杜鹃花。假山上见缝插针地配植了一些耐水湿的草本、木本植物，水景边缘非常合理地种植了伞草、肾蕨、荷花、睡莲等水生植物，山石、水景两者交相辉映，极具自然野趣。见下图（庭院水景）：

庭院水景

在立面植物景观设计方面，庭院后墙用爬山虎装饰墙面，二楼露台边缘则配植迎春花。春季亮黄色的迎春花星星点点与秋季火红的爬山虎，装点整个庭院，颇显生意盎然。见下图（庭院垂直绿化）：

庭院垂直绿化

三、设计特点

园林小品的应用起到画龙点睛的作用，庭院一侧独具匠心地设置了一组石灯和盆景，四周配以桂花、兰草、棕竹等中国宫廷传统植栽，将中式风格表现得淋漓尽致。见下图（庭院小品）：

庭院小品

本案另一特点则是庭院主人大量运用了盆栽。盆栽便于摆放和更换，这是任何一种栽植方式无法企及的。利用盆植的灵活性，可非常方便地依照自己的爱好种植各类奇花异草，既丰富了植物种类，也陶冶了情操。见下图：

庭院盆栽一景

总的来说此庭院植物景观设计虽看起来略显简单，但也温馨、大气、极富个性，实为一难得的佳作。

实训项目八　庭院植物景观设计

一、实训目的

通过实地考察，具体分析某一处庭院植物景观设计实例：

（1）感知植物在庭院景观中所起的作用；

（2）掌握庭院植物景观设计的原则；

（3）掌握常用庭院植物的形态特征、生态习性以及配置的方式、方法（不少于100种）。

二、实训材料

校内外某处指定庭院景观；绘图工具：A4图纸、铅笔、针管笔、橡皮擦、圆规、直尺、三角板、彩笔等。

三、实训内容及步骤

（1）用文字或用现状图的方式，描述和分析所考察庭院的自然环境条件（光照、地形、土壤、风等）、服务对象以及所达到的各种经济技术指标；

（2）画出所考察庭院的植物功能分区图和植物种植分区规划图；

（3）调查庭院所运用的植物种类和配置的方式、方法；

（4）最后，写出所考察庭院植物景观设计的特点和不足，并提出意见或建议。

四、实训要求

每位实验学生必须编写实训报告，其格式和内容如下：

封面：实验名称、时间、班级、编写人和指导教师姓名；日录；将所有图纸及文字资料装订成册。

五、评分标准

序号	项目	配分	评分标准	得分
1	实训要求1	20	能详细、完整地描述环境条件等所要求的内容，并有适当的分析	
2	实训要求2	45	制图完整、清晰，能够准确表达实例的设计意图	
3	实训要求3	20	能够准确认知所考察庭院运用的植物种类	
4	实训要求4	15	能够写出特点和不足，提出独特的见解	
总分				

任务六　单位附属绿地植物景观设计

一、校园绿地植物景观设计

（一）大专院校园林绿地设计

1. 大专院校的特点

（1）对城市发展的推动作用。一方面大专院校是促进城市技术经济、科学文化繁荣与发展的园地，是带动城市高科技发展的动力，也是科教兴国的主阵地；另一方面大专院校还促进了城市文化生活的繁荣。

（2）面积与规模。校园有明显的功能分区，各功能区以道路分隔和联系，不同道路选择不同树种，形成了鲜明的功能区标志和道路绿化网络，也成为校园绿地的主体和骨架。

（3）教学工作特点。大专院校是以课时为基本单位组织教学工作的，师生们一天要穿梭教室、实验室之间，是一个从事繁重脑力劳动的群体。

（4）学生特点。学生正处于青年时代，年龄一般都在二十上下，是人生观和世界观树立和形成时期，各方面逐步走向成熟。他们精力充沛，是社会中最活跃的一个群体，对外界充满了热情与活力。就全体社会而言，大学生又是一个文化素质较高的群体。正因如此，大学生也承载了更多的社会责任与家庭责任，社会和家庭都对大学生寄予了很高的期望。

2. 大专院校园林绿地的组成

大专院校园林绿地由七个部分组成，即教学科研区绿地，学生生活区绿地，体育活动区绿地，后勤服务区绿地，教工生活区绿地，校园道路绿地，休息游览区绿地。

3. 大专院校园林绿地设计的原则

（1）以人为本，创造良好的校园人文环境。马克思说"人创造了环境，环境也创造人"。正所谓校园环境中"一草一木都参与教育"。其规划设计应树立人文空间的规划思想，处处体现以人为主体的规划形态，使校园环境和景观体现对人的关怀。

（2）以自然为本，创造良好的校园生态环境。在建设中树立不再破坏生态环境的意识，坚决反对"先破坏，后治理"的错误观点。校园园林绿化应以植物绿化美化为主，园林建筑小品辅之。在植物选择配置上要充分体现生物多样性原则，以乔木为主，乔、灌花草结合，使常绿与落叶树种，速生与慢生树种，观叶、观花与观果树木，地被与草坪草地保持适当的比例。要注意选择乡土树种，突出特色。

（3）把美写入校园，创造符合大专院校高文化内涵的校园艺术环境。首先，校园应具有整体美。其次，校园应具有特色美。再次，校园应具有相互自然美。

（4）大专院校局部绿地设计。

① 校前区绿化。

校前区主要是指学校大门、出入口与办公楼、教学主楼之间的空间，有时也称作校园的前庭，是大量行人、车辆的出入口，具有交通集散功能，同时起着展示学校标志、校容校貌及形象的作用，一般有一定面积的广场和较大面积的绿化区，是校园重点绿化美化地段之一。

校前空间的绿化要与大门建筑形式相协调，以装饰观赏为主，衬托大门及立体建筑，突出庄重典雅、朴素大方、简洁明快、安静优美的高等学府校园环境。校前区的绿化主要分为两部分：门前空间（主要指城市道路到学校大门之间的部分）；门内空间（主要指大门到主体建筑之间的空间）。

门前空间一般使用常绿花灌木形成活泼而开朗的门景，两侧花墙用藤本植物进行配置。在四周围墙处，选用常绿乔灌木自然式带状布置，或以速生树种形成校园外围林带。另外，门前的绿化既要与街景有一致性，又要体现学校特色。

门内空间的绿化设计一般以规划式绿地为主，以校门、办公楼或教学楼为轴线，在轴线上布置广场、花坛、水池、喷泉、雕塑和主干道。轴线两侧对称布置装饰或休息性绿地。在开阔的草地上种植树丛，点缀花灌木，自然活泼。或植草坪及整形修剪的绿篱、花灌木，低矮开朗，富有图案装饰效果。在主干道两侧植高大挺拔的行道树，外侧适当种植绿篱、花灌木，形成开阔的绿荫大道。

② 教学科研区绿化。

教学科研区是大中专学校的主体，主要包括教学楼、实验楼、图书馆以及行政办公楼等建筑，该区也常常与学校大门主出入口综合布置，体现学校的面貌和特色。教学科研区周围要保持安静的学习与研究环境，其绿地一般沿建筑周围、道路两侧呈条带状或团块状分布。

为满足学生休息、集会、交流等活动的需要，教学楼之间的广场空间应注意体现其开放性、综合性的特点，并具有良好的尺度和景观，以乔木为主，花灌木点缀。绿地布局平面上要注意其图案构成和线形设计，以丰富的植物及色彩，形成适合师生在楼上俯视的鸟瞰画面，立面要与建筑主体相协调，并衬托美化建筑，使绿地成为该区空间的休闲主体和景观的重要组成部分。教学楼周围的基础绿带，在不影响楼内通风采光的条件下，多种植落叶乔灌木。

大礼堂是集会的场所，正面入口前一般设置集散广场，绿化同校前区，由于其周围绿地空间较小，内容相应简单。礼堂周围基础栽植，以绿篱和装饰树种为主。礼堂外围可根据道路和场地大小，布置草坪、树林或花坛，以便人流集散。

实验楼的绿化基本与教学楼相同，另外，还要注意根据不同实验室的特殊要求，在选择树种时，综合考虑防火、防爆及空气洁净程度等因素。

图书馆是图书资料的储藏之处，为师生教学、科学活动服务，也是学校标志性建筑，其周围的布局与绿化基本与大礼堂相同。

③ 生活区绿化。

包括学生生活区绿化、教工生活区绿化、后勤服务区绿化。可根据楼间距大小，结合楼前道路进行设计。大专院校为方便师生学习、工作和生活，校园内设置有生活区和各种服务设施，该区是丰富多彩、生动活泼的区域。生活区绿化应以校园绿化基调为前提，根据场地大小，兼顾交通、休息、活动、观赏诸功能，因地制宜进行设计。食堂、浴室、商店、银行、邮局前要留有一定的交通集散及活动场地，周围可留基础绿带，种植花草树木，活动场地中心或周边可设置花坛或种植庭荫树。

学生宿舍区绿化可根据楼间距大小，结合楼前道路，进行设计。楼间距较小时，在楼梯口之间只进行基础栽植或硬化铺装。场地较大时，可结合行道树，形成封闭式的观赏性绿地，或布置成庭院式休闲性绿地，铺装地面，花坛、花架、基础绿带和庭荫树池结合，形成良好的学习、休闲场地。

④ 体育活动区绿化。

大专院校体育活动场所是校园的重要组成部分，是培养学生德、智、体、美、劳全面发展的重要设施。其内容主要包括大型体育场、馆和操场，游泳池、馆，各类球场及器械运动场，等等。该区要求与学生生活区有较方便的联系。除足球场草坪外，绿地沿道路两侧和场馆周边呈条带状分布。

运动场地四周可设围栏。在适当之处设置坐凳，其坐凳处可植乔木遮阳。室外运动场的绿化不能影响体育活动和比赛，以及观众的通视。体育馆建筑周围应因地制宜地进行基础绿带绿化。

⑤ 校园道路绿化。

校园道路绿地分布于校园内的道路系统中，对各功能区起着联系与分隔的双重作用，且具有交通运输功能。道路绿地位于道路两侧，除行道树外，道路外侧绿地与相邻的功能区绿地融合。校园道路两侧行道树应以落叶乔木为主，构成道路绿地的主体和骨架，浓荫覆盖，有利于师生们的工作、学习和生活，在行道树外侧植草坪或点缀花灌木，形成色彩、层次丰富的道路侧旁景观。

⑥ 休息游览绿地。

休息游览区是在校园的重要地段设置的集中绿化区或景区，供学生休息散步、自学、交往，另外，还起着陶冶情操、美化环境、树立学校形象的作用。大专院校一般面积较大，在校园的重要地段设置花园式或游园式绿地，供师生休闲、观赏、游览和读书。另外，大专院校中的花圃、苗圃、气象观测站等科学实验园地，以及植物园、树木园也可以园林形式布置成休息游览绿地。该区绿地呈团块状分布，是校园绿化的重点部位。

（二）中小学绿地设计

中小学用地分为建筑用地、体育场地、自然科学实验地等，其绿化主要是建筑用地周围的绿化、体育场地的绿化和实验用地的绿化。

建筑物周围绿化要与建筑相协调，并起装饰和美化的作用，建筑物出入口可作为学校绿化的重点；道路与广场四周的绿化种植以遮荫为主；体育场地周围以种植高大落叶乔木为主；实验用地的绿化可结合功能因地制宜，树木应挂牌标明树种名称，便于学生学习科学知识。

（三）幼儿园绿地设计

幼儿园包括室内活动和室外活动两部分，根据活动要求，室外活动场地又分为公共活动场地、自然科学等基地和生活杂物用地，其中重点绿化是公共活动场地；根据活动范围的大小，结合各种游戏器械的布置，适当设计亭、廊、花架、戏水池、沙坑等；植物选择形态优美、色彩鲜艳、无毒、无刺、无飞毛、无过敏的植物；活动器械附近，需配置遮阴的落叶乔木，并适当点缀花灌木，活动场地铺设耐践踏草坪，活动场地周围成行种植乔灌木；建筑物周围注意通风和采光。

（1）公共活动场地的绿化：是儿童游戏活动场地，可适当设置小亭、花架、涉水池、沙坑。在活动器械附近以遮阳的落叶乔木为主，角隅处适当点缀花灌木，场地应开阔通畅，不能影响儿童活动。

（2）菜园、果园及小动物饲养地：应选择形态优美、色彩鲜艳、适应性强、便于管理的植物，禁用有飞絮、毒、刺及引起过敏的植物，如花椒、黄刺梅、漆树、凤尾兰等。同时，建筑周围注意通风采光，5 m 内不能植高大乔木。

二、医院绿地植物景观设计

（一）医疗机构绿地功能

（1）改善医院、疗养院的小气候条件。
（2）为病人创造良好的户外环境。
（3）对病人心理产生良好的作用。
（4）在医疗卫生保健方面具有积极的意义。
（5）卫生防护隔离作用。

（二）医疗机构绿地植物造景特点

医院绿地植物起到卫生防护隔离，阻滞烟尘、减弱噪声的作用，创造优雅安静的医院环境医疗机构绿地设计包括大门绿地、门诊部绿地、住院部绿地、其他部分绿地。

1. 大门区绿化

应与街景协调一致；大门内须设广场，场地及周边作适当的绿化布置，以美化装饰为主，如布置花坛、雕塑、喷泉等，周围适合种植一定数量的高大乔木以遮荫。

2. 门诊部绿化设计

① 入口广场的绿化：可设装饰性花坛、花台、和草坪，有条件的可设水池、喷泉和主题雕塑等。

② 广场周围的绿化：可栽植整形绿篱、草坪、花开四季的花灌木，节日期间也可用一、二年生花卉做重点美化装饰，可结合停车场栽植高大遮荫乔木。

③ 门诊楼周围绿化：绿化风格应与建筑风格办调一致，美化衬托建筑形象。

3. 住院部绿化设计

住院部周围小型场地在绿化布局时，一般采用规划式构图，绿地中设置整形广场，广场内以花坛、水池、喷泉、雕塑等作中心景观，周边放置座椅、桌凳、亭廊花架等休息设施。一般病房与传染病房要留有 30 m 的空间地段，并以植物进行隔离。总之，住院部植物配置要有丰富的色彩和明显的季相变化，使长期住院的病人能感受到自然界季节的交替，调节情绪，提高疗效。常绿树与花灌木应各占30%左右。

4. 其它区域绿化设计

包括手术室、化验室、放射科等周围应密植常绿乔灌木作隔离，不采用有绒毛和飞絮的植物，防止东、西晒，保持室内的通风和采光。

（三）不同性质医院的一些特殊要求

（1）儿童医院绿化：其绿地具有综合性医院的功能外，还要考虑儿童的一些特点。如绿篱高度不超过 80 cm，植物色彩效果好，不有选择伤害儿童的植物等。

（2）传染病院绿化：要突出绿地的防护隔离作用。

（3）精神病医院绿化：绿地设计应突出"宁静"的气氛，以白、绿色调为主，多种植乔木和常绿树，少种花灌木，并选种如白丁香、白牡丹等白色花灌木。在病房区周围面积较大的绿地中可布置休息庭园，让病人在此感受阳光、空气和自然气息。

（四）医疗机构绿地树种的选择

1. 选择杀菌力强的树种

侧柏、圆柏、铅笔柏、雪松、油松、华山松、白皮松、红松、湿地松、火炬松、马尾松、黄山松、黑松、柳杉、黄栌、盐肤木、冬青、大叶黄杨、核桃、月桂、七叶树、合欢、刺槐、国槐、紫薇、广玉兰、木槿、大叶桉、蓝桉、柠檬桉、茉莉、女贞、石榴、枣树、枇杷、石楠、麻叶绣球、枸橘、银白杨、钻天杨、垂柳、栾树、臭椿及一些蔷薇科的植物。

2. 选择经济类树种

杜仲、山茱萸、白芍药、金银花、连翘、垂盆草、麦冬、枸杞、丹参、鸡冠花等等。

三、机关单位绿地植物景观设计

机关单位绿地是指党政机关、行政事业单位、各种团体及部队管界内的环境绿地，也是城市园林绿地系统的重要组成部分。机关单位绿地与其它绿地相比，规模小，较分散。其园林绿化需要从"小"字上做文章，在"美"字上下功夫，突出特色及个性化。

机关单位绿地主要包括：入口处绿地、办公楼前绿地、附属建筑旁绿地、庭园休息绿地、道路绿地等，如图 2.68 所示。

图 2.68

1. 大门入口处绿地

大门入口处绿地是单位的缩影，也是单位绿化的重点，绿地的形式、色彩和风格要与入口处空间、大门建筑统一谐调，设计时应充分考虑，以形成机关单位的特色及风格。

2. 办公楼绿地

它可分为楼前装饰性绿、办公楼入口处绿地及楼周围基础绿地。

3. 庭园式休息绿地（小游园）

如果机关单位内有较大面积的绿地，可设计成休息性和小游园。以植物绿化、美化为主，结合道路、休闲广场布置水池、雕塑及花架、亭、桌、椅、凳等园林建筑小品和休息设施，满足人们休息、观赏、散步活动之用。

4. 附属建筑绿地

附属建筑绿地指食堂、锅炉房、供变电室、车库、仓库、杂物堆放等建筑及围墙内的绿地。首先要满足使用功能；其次要对杂乱的不卫生、不美观之处进行遮蔽处理，用植物形成隔离带，阻拦视线，起卫生防护隔离和美化作用。

5. 道路绿地

道路绿化可根据道路及绿地宽度，可采用行道树及绿化带种植方式，行道树应选择观赏性较强、分枝点较低、树冠较小的中小乔木，株距 3 ~ 5 m。同时，也要处理好与各种管线之间的关系，行道树种不宜繁杂。

四、工厂绿地植物景观设计

（一）城市工业体系的规划布局

1. 工业企业的分类及特点

可分为两类：一是加工工业，包括冶金工业、机械工业、石油化工业、建材工业、电力工业、轻纺工业等；二是采掘工业。工厂绿地环境条件的特点：一是环境恶劣，二是用地紧张，三是保证生产安全，四是服务对象主要是工厂职工。

2. 工业企业在城市中的布局

① 远离城市或居住用地的工业区：如冶金、石油、原子能电站、军工企业等。

② 布置在城市边缘的工业企业：如大型机械、纺织厂建筑构件等。

③ 可设在居住区中的小型工业企业：如仪表、某些食品厂等。

3. 工业区与居住区的关系

一是平行布置：职工上下班方便。二是垂直布置：居住区相对集中，易于安排公共福利设施，但要增加工人上下班的距离。三是混合布置：虽方便职工上下班，但用地不紧凑，工业区与居住区易相互干扰，市政工程不经济，难以组织公共服务设施。四是工业区相对独立于城市居住区布置。

4. 城市工业布局的发展趋势

一是：工业企业规模及设备大型化和多样化。

二是：工业企业总图布局紧凑、合理，考虑开展综合开发利用。

三是：重视环境保护，严明法规。

四是：工业小区、工业区有进一步扩大的趋势。

五是：小型、无污染的工厂可分散布局，以减少交通量，便于就业。

六是：工业企业与其它建设相结合。

（二）工矿企业绿化的意义

工矿企业的园林绿化是城市绿化的重要组成部分。工厂园林绿化不仅能美化厂容，吸收有害气体，阻滞尘埃，降低噪声，改善环境，而且使职工有一个清新优美的劳动环境，振奋精神，提高劳动效率。任一工厂都不是孤立的，而是社会的一员，城市的重要组成部分，其绿化也是美化市容的一环，改善全市环境质量的重要措施。各厂要从全局出发，重视绿化建设，抓好园林绿化的总体规划，特别是做好各种防护林带的建设，科学地选好树种，提高园林绿化水平，使工厂花园化。

1. 美化环境，陶冶心情

工厂绿化衬托主体建筑，绿化与建筑相呼应，形成一个整体，具有大小高低起伏美化效果。种植乔木、灌木、草木、花卉，一年四季有季相变化，千姿百态，增加美观，使人感到富有生命力，陶冶心情。文明的标志，信誉的投资：工厂绿化反映出工厂管理水平，工人的精神面貌，使工人精神振奋的进入生产第一线，不断提高劳动生产率。工厂绿化，不仅环境变得优美，空气变得新鲜，也能减少灰尘，而且它的价值潜移默化地深入到产品之中，深入到用户的思想深处。

2. 改善生态环境条件

一方面是绿化地区空气中的灰尘减少，从而减少了细菌。另一方面是因为植物能分泌出具有强大杀菌能力的挥发性物质——杀菌素，能杀死致病的微生物，从而有效地保护环境卫生条件。一般城市中，工业用地约占 20% ~ 30%，工业城市还会更多些。工厂中燃烧的煤炭、重油等会排出大量废气，浇铸、粉碎会散出各种粉尘，鼓风机、空气压缩机，各类交通等会带来各种噪声，污染人们的生产和生活环境。而绿色植物对有害气体、粉尘和噪声具有吸附、阻滞、过滤的作用，可以净化环境。

3. 创造一定经济收益

绿化根据工厂的地形、土质和气候条件，因地制宜，结合生产种植一些经济作物，既绿化了环境，又为工厂福利创造一定收益。如：山丘、坡地可种桃、李、梅、杏、胡桃等果木、油料；水池可种荷藕；局部花坛、花池可种牡丹、芍药，既可观赏又可药用。结合垂直绿化可种葡萄、猕猴桃等，另外，有条件的工厂可以大片种植紫穗槐、棕榈、剑麻等，它们都是编织的好材料。

（三）工矿企业绿地规划的要求及原则

1. 要求

① 满足生产和环境保护的要求；

② 重视绿化树种的选择；

③ 处理好绿化布置与管线的关系；

④ 厂区应有合适的绿地面积，提高绿地率；

⑤ 应有自己的风格和特点;

⑥ 注意工厂绿化要结合生产;

⑦ 充分利用空地和不可用地进行绿化;

⑧ 布局合理使之成为有机的绿化系统。

2. 设计原则

① 保证安全生产。

② 增加绿地面积,提高绿地率:工厂绿地面积的大小,直接影响到绿化的功能和厂区景观。各类工厂为保证文明生产和环境质量,必须达到一定的绿地率:重工业 20%,化学工业 20%~25%,轻纺工业 40%~45%,精密仪器工业 50%,其他工业 25%。要想方设法通过多种途径、多种形式增加绿地面积,提高绿地率、绿视率和绿量。

③ 工厂绿地应体现各自的特色和风格。

④ 合理布局,形成绿地系统:工厂绿化要纳入厂区总体规划中,在工厂建筑、道路、管线等总体布局时,要把绿化结合进去,做到全面规划,合理布局,形成点、线、面相结合的厂区园林绿地系统。点的绿化是厂前区和游憩性游园,线的绿化是厂内道路、铁路、河渠及防护林带,面就是车间、仓库、料场等生产性建筑、场地的周边绿化。同时,也要使厂区绿化与市区街道绿化联系衔接,过渡自然。

(四)工厂局部园林绿地设计(某工厂绿化图,图 2.69、图 2.70、图 2.71)

图 2.69   图 2.70

图 2.71

1. 厂前区绿地设计

厂前区的绿化要美观、整齐、大方、开朗明快，给人以深刻印象，还要方便车辆通行和人流集散，入口处的布置要富于装饰性和观赏性，强调入口空间。绿地设置应与广场、道路、周围建筑及有关设施（光荣榜、画廊、阅报栏、黑板报、宣传牌等）相协调，一般多采用规则式或混合式。植物配置要和建筑立面、形体、色彩相协调，与城市道路相联系，种植类型多用对植和行列式。因地制宜地设置林荫道、行道树、绿篱、花坛、草坪、喷泉、水池、假山、雕塑等。入口处的布置要富于装饰性和观赏性，强调入口空间。建筑周围的绿化还要处理好空间艺术效果、通风采光、各种管线的关系。广场周边、道路两侧的行道树，选用冠大荫浓、耐修剪、生长快的乔木或树姿优美、高大雄伟的常绿乔木，形成外围景观或林荫道。花坛二草坪及建筑周围的基础绿带或用修剪整齐的常绿绿篱围边，点缀色彩鲜艳的花灌木、宿根花卉，或植草坪，用色叶灌木形成模纹图案。若用地宽余，厂前区绿化还可与小游园的布置相结合，设置山泉水池、建筑小品、园路小径，放置园灯、凳椅，栽植观赏花木和草坪，形成恬静、清洁、舒适、优美的环境。为职工工余班后休息、散步、交往、娱乐提供场所，也体现了厂区面貌，成为城市景观的有机组成部分。

2. 生产区绿地设计

生产车间周围的绿化要根据车间生产特点及其对环境的要求进行设计，为车间创造生产所需要的环境条件，防止和减轻车间污染物对周围环境的影响和危害，满足车间生产安全、检修、运输等方面对环境的要求，为工人提供良好的短暂休息用地。

一般情况下，车间周围的绿地设计，首先要考虑有利于生产和室内通风采光，距车间 6~8 m 内不宜栽植高大乔木。其次，要把车间出、入口两侧绿地作为重点绿化美化地段。各类车间生产性质不同，对环境要求也不同，必须根据车间具体情况因地制宜地进行绿化设计。各类生产车间周围绿化特点及设计要点见表 2.2。

表 2.2　各类生产车间周围绿化特点及设计要点

车间类型	绿化特点	设计要点
精密仪器、食品车间、医药供水车间	对空气质量要求较高	以栽植藤本、常绿树木为主，铺设大块草坪，选用无飞絮、种毛、落果及不易掉叶的乔灌木和杀菌能力强的树种
化工、粉尘车间	有利于有害气体、粉尘的扩散、稀释可吸附，起隔离、分区、遮阴作用	栽植抗污、吸污、滞尘能力强的树种，以草坪、乔灌木形成一定空间和立体层次的屏障
恒温、高温车间	有利于改善和调节小气候环境	以草坪、地被物、乔灌木混交，形成自然式绿地。以常绿树种为主，花灌木色淡味香，可配置园林小品
噪音车间	有利于减弱噪声	选择枝叶茂密、分枝低、叶面积大的乔灌木，以常绿落叶树木组成复层混交林带
易燃、易爆车间	有利于防火、防爆	栽植防火树种，以草坪和乔木为主，不栽或少栽花灌木，以利可燃气体稀释、扩散，并留出消防通道和场地

续表2.2

车间类型	绿化特点	设计要点
露天作业区	起隔音、分区、遮阳作用	栽植大树冠的乔木混交林
工艺美术车间	创造美好的环境	栽植姿态优美、色彩丰富的树木花草，配置水池、喷泉、假山、雕塑等园林小品，铺设园林小径
暗室作业车间	形成幽静、遮荫的环境	搭荫棚或栽植叶茂密的乔木，以常绿乔木灌木为主

车间周围的绿化要选择抗性强的树，并注意不要妨碍上下管道。在车间的出入口或车间与车间的小空间，特别是宣传廊前布置一些花坛、花台，种植花色鲜艳，姿态优美的花木。在亭廊旁可种松、柏等常绿树，设立绿廊。绿亭。坐凳等，供工人工间休息使用。一般车间四旁绿化要从光照、遮阳、防风等方面来考虑。

在不影响生产的情况下，可用盆景陈设、立体绿化的方式，将车间内外绿化联成一个整体，创造一个生动的自然环境。污染较大的化工车间，不宜在其四周密植成片的树林，而应多种植低矮的花卉或草坪，以利于通风，引风进入，稀释有害气体，减少污染危害。

卫生净化要求较高的电子、仪表、印刷、纺织等车间四周的绿化，应选择树冠紧密、叶面粗糙、有黏膜或气孔下陷，不易产生毛絮及花粉飞扬的树木，如榆、臭椿、樟树、枫杨、女贞、冬青、樟、黄杨、夹竹桃等等。

3. 仓库、堆物场地绿地设计

仓库区的绿化设计，要考虑消防、交通运输和装卸方便等要求，选用防火树种，禁用易燃树种，疏植高大乔木，间距7~10 m，绿化布置宜简洁。在仓库周围要留出5~7 m 宽的消防通道。装有易燃物的贮罐，周围应以草坪为主，防护堤内不种植物。露天堆场绿化，在不影响物品堆放、车辆进出、装卸条件下，周边栽植高大、防火、隔尘效果好的落叶阔叶树，外围加以隔离。

4. 厂区内道路、铁路绿化

（1）主干道绿化。

主干道宽度为10 m 左右时，两边行道树多采用行列式布置，创造林荫道的效果。有的大厂主干道较宽，其中间也可设立分车绿带，以保证行车安全。在人流集中、车流频繁的主道两边，可设置1~2 m 宽的绿带，把快慢车与人行道分开。以利安全和防尘。绿带宽度在2 m 以上时，可种常绿花木和铺设草坪。路面较窄的可在一旁栽植行道树，东西向的道路可在南侧种植落叶乔木，以利夏季遮荫。

主要道路两旁的乔木株距固树种不同而不同，通常为6~10 m，棉纺厂、烟厂、冷藏库的主道旁，由于车辆承载的货位较高，行道树定干高度应比较高，第一个分枝不得低于3 m，以便顺利通行大货车。主道的交叉口与转弯处，所种树木不应高于0.7 m，以免影响驾驶员的视野。

（2）次道、人行小道绿化。

厂内次道、人行小道的两旁，宜种植四季有花、叶色富于变化的花灌木。道路与建筑物之间的绿化要有利于室内采光和防止噪声及灰尘的污染等，利用道路与建筑物之间的空地布置小游园，创造景观良好的休息绿地。

（3）厂区铁路绿化。

其两旁的绿化主要功能是为了减弱噪声，加固路基，安全防护等，在其旁 6 m 以外种植灌木，远离 5 m 以外种植乔木，在弯道内侧应留出 26 m 的安全视距。在铁路与其他道路的交叉处，绿化时要特别注意乔木不应遮挡行车视线和交通标志。路灯照明等参见城市街道绿化设计。

（五）工厂小游园设计

（1）游园的功能及要求。既美化了厂容厂貌，又给厂内职工提供了开展业余文化体育娱乐活动的良好场所，有利于职工工余休息、谈心、观赏、消除疲劳，深受广大职工欢迎。

（2）游园的内容。包括以植物绿化美化为主；出入口、园路和集散广场；建筑小品三个方面。

（3）游园的布局形式可分为自然式、规则式、混合式。

（4）游园在厂区设置的位置。厂内的自然山地或河边、湖边、海边等，有利因地制宜地开辟小游园，以便职工开展作操、散步、坐歇、谈话、听音乐等各项活动或向附近居民开放。可用花墙、绿篱、绿廊分隔园中空间，并因地势高低变化布置园路，点缀小池、喷泉、山石、花廊、坐凳等丰富园景。有条件的工厂可将小游园的水景与贮水池、冷却池等相结合，水边可种植水生花卉或养鱼。

① 结合厂前区布置，既方便职工游憩，也美化了厂肖区的面貌和街道侧旁景观。

② 结合厂内水体布置，既可丰富游园的景观，又增加了休息活动的内容，也改善了厂内水体的环境质量，可谓一举多得。

③ 在车间附近布置，根据本车间工人爱好，布置成各具特色的小游园，结合厂区道路和车间出入口，创造优美的园林景观，使职工在花园化的工厂中工作和休息。

④ 结合公共福利设施、人防工程布置。

（六）工厂防护林带设计

主要作用是滤滞粉尘、净化空气、吸收有毒气体、减轻污染、保护改善厂区以至城市环境。工厂防护林带首先要根据污染因素、污染程度和绿化条件，综合考虑，确立林带的条数、宽度和位置。

（1）防护林带的结构：

① 通透结构。

② 半通透结构。

③ 紧密结构。

④ 复合式结构。

（2）防护林带的位置：

① 工厂区与生活区之间的防护林带；

② 工厂区与农田交界处的防护林带；

③ 工厂内分区、分厂、车间、设备场地之间的隔离防护林带；

④ 结合厂内、厂际道路绿化形式的防护林带。

（七）工厂绿化树种的选择

1. 工厂绿化树种的选择的原则

① 识地识树，适地适树。

识地识树指对拟绿化的工厂绿地的环境条件有清晰的认识和了解；而适地适树指根据绿化地段的环境条件选择园林植物，使环境适合植物生长，也使植物能适应栽植的环境。

② 选择防污能力强的植物。

③ 生产工艺的要求。

④ 易于繁殖，便于管理。

2. 工厂绿化常用的树种

① 抗二氧化硫气体树种（钢铁厂、大量燃煤的电厂等）。

大叶黄杨、雀舌黄杨、瓜子黄杨、海桐、蚊母、山茶、女贞、小叶女贞、枳橙、棕榈、凤尾兰、蟹橙、夹竹桃、枸骨、枇杷、金橘、构树、无花果、枸杞、青冈栎、白蜡、木麻黄、相思树、榕树、十大功劳、九里香、侧柏、银杏、广玉兰、鹅掌楸、柽柳、梧桐、重阳木、合欢、皂荚、刺槐、国槐、紫穗槐、黄杨等。

② 抗氯气的树种。

龙柏、侧柏、大叶黄杨、海桐、蚊母、山茶、女贞、夹竹桃、凤尾兰、棕榈、构树、木槿、紫藤、无花果、樱花、枸骨、臭椿、榕树、九里香、小叶女贞、丝兰、广玉兰、柽柳、合欢、皂荚、国槐、黄杨、白榆、红棉木、沙枣、椿树、苦楝、白蜡、杜仲、厚皮香、桑树、柳树、枸杞等。

③ 抗氟化氢气体的树种（铝电解厂、磷肥厂、炼钢厂、砖瓦厂等）。

大叶黄杨、海桐、蚊母、山茶、凤尾兰、瓜子黄杨、龙柏、构树、朴树、石榴、桑树、香椿、丝棉木、青冈栎、侧柏、皂荚、国槐、柽柳、黄杨、木麻黄、白榆、沙枣、夹竹桃、棕榈、红茴香、细叶香桂、杜仲、红花油茶、厚皮香等。

④ 抗乙烯的树种。

夹竹桃、棕榈、悬铃木、凤尾兰等。

⑤ 抗氨气的树种。

女贞、樟树、丝棉木、蜡梅、柳杉、银杏、紫荆、杉木、石楠、石榴、朴树、无花果、皂荚、木槿、紫薇、玉兰、广玉兰等。

⑥ 抗二氧化氮的树种。

龙柏、黑松、夹竹桃、大叶黄杨、棕榈、女贞、樟树、构树、广玉兰、臭椿、无花果、桑树、栎树、合欢、枫杨、刺槐、丝棉木、乌桕、石榴、酸枣、柳树、糙叶树、蚊母、泡桐等。

⑦ 抗臭氧的树种。

枇杷、悬铃木、枫杨、刺槐、银杏、柳杉、扁柏、黑松、樟树、青冈栎、女贞、夹竹桃、海州常山、冬青、连翘、八仙花、鹅掌楸等。

⑧ 抗烟尘的树种。

香榧、粗榧、樟树、黄杨、女贞、青冈栎、楠木、冬青、珊瑚树、广玉兰、石楠、枸骨、桂花、大叶黄杨、夹竹桃、栀子花、国槐、厚皮香、银杏、刺楸；榆树、朴树、木槿、重阳木、刺槐、苦楝、臭椿、构树、三角枫、桑树、紫薇、悬铃木、泡桐、五角枫、乌桕、皂荚、榉树、青桐、麻栎、樱花、蜡梅、黄金树、大绣球等。

⑨ 滞尘能力强的树种。

臭椿、国槐、栎树、皂荚、刺槐、白榆、杨树、柳树、悬铃木、樟树、榕树、凤凰木、海桐、黄杨、女贞、冬青、广玉兰、珊瑚树、石楠、夹竹桃、厚皮香、枸骨、榉树、朴树、银杏等。

⑩ 防火树种。

苏铁、山茶、油茶、海桐、冬青、蚊母、八角金盘、女贞、杨梅、厚皮香、交让木、白榄、珊瑚树、枸骨、罗汉松、银杏、槲栎、栓皮栎、榉树等。

案例分析八　贵阳中化开磷化肥有限公司老厂景观改造设计

一、背景概况

该项目为贵阳中化开磷化肥有限公司老厂景观改造，厂区位置处于贵阳市息烽县小寨坝镇。

公司将经过两年左右的建设，完成 120 万 t 的发展目标，成为中国高浓度磷肥业的骨干力量，成为具有国际竞争能力的现代化企业。按照规划，小寨坝磷化工基地和小寨坝磷化工城分为工业区、商贸居住区，整个基地将在未来被将打造成一个现代化的综合工业基地。为配合工业基地整体形象构成，同时为了提升企业现代化形象和保护环境质量，中化开磷化肥有限公司计划对老厂进行景观改造。

二、厂区现状

厂区临近川黔铁路、贵遵高等级公路，210 国道从厂区与小寨坝镇之间穿过，交通、通讯便利。由于厂区正处于加速发展阶段，景观风貌中存在发展中厂区共有的特征，即建筑年代、建筑质量差异较大，建筑风格不统一，给人一种凌乱、冲突的感觉；厂区内部道路交通不顺畅，在不影响生产情况下，道路交通关系存在进一步整治的可能性；另外在景观设施的建设上，厂区基本处于空白的程度；由于 210 国道从生活区与生产区之间穿越而过，使厂区入口景观受到很大影响。

总之，要将厂区打造城一个现代化的综合工业基地，同时提升企业现代化形象，对老厂区进行景观改造势在必行。

（本案例由四川易之境环境艺术有限公司提供）

厂区鸟瞰图

三、设计原则

老厂区景观改造的设计都应建立在以下几点的基础之上：

① 满足工厂使用功能和工艺流程的要求；

② 为必要性的户外活动提供适宜的场所；

③ 为必要的、休闲性、娱乐性的活动提供合适的场所；

④ 为厂区创造良好的景观效果。

在此要求基础上，确定设计原则为：

1. 尊重现状的原则

尊重现状的设计原则是指在景观改造过程中，尊重原有建筑的布局和空间逻辑关系。这一点非常重要，因为现有建筑布局和空间逻辑关系是工业生产的基础，尊重建筑的逻辑关系就是尊重这种被实现的潜在的可能性，也就是尊重改造后整体景观效果的未来。

2. 可行性原则

理想的景观效果是设计追求的最终结果，但为避免在改造过程中出现难以实现的景观效果和不必要的失误，应遵循可行性原则。可行性原则是指新在设计过程中，要做到结构上合理，投入上经济，维护上方便，技术上可行。

3. 功能匹配的原则

功能匹配的设计原则是指景观改造在新的景观布局下，同时具备工厂原有的工艺流程要求和规划赋予的新的功能，从而使两种功能要求之间相互匹配。

4. 绿色的设计原则

绿色的设计原则是指在厂区景观改造过程中，在景观树种的选择、空间形式的变更以及小品设施设计等方面体现可持续发展的思想，体现建筑绿色设计的理念。

5. 弘扬企业文化的原则

景观改造过程中，景观设施的建设必将成为弘扬企业文化的载体，同时体现企业蓬勃发展，蒸蒸日上；标志开磷集团"负重攀越，勇往直前"的企业精神，寓示开磷集团冲出山沟，走向世界的雄心壮志。

四、设计理念

老厂区景观改造所创造的空间形式与景观效果应具备以下要求：

（1）空间多功能性：能满足不同的需要，为各种不同活动（工作、观赏、休憩）提供场所；

（2）方便交流：公共空间的可视性、可到达性、可用性是能否促进公共交往的一项重要指标。通常情况下，视线通透、层次丰富、出入方便休闲设施完善的外部公共空间会吸引更多的公众前往。

（3）生态环境：外部空间生态环境质量的好坏是能否吸引公众的另一项重要因素。成荫的绿化、高大的乔木、清新的空气、透澈的水体将极大改善空间的生态环境质量。

（4）场所特征：即场地的形状、高低、坡度、绿化等自然因素；场地的设施是否有特色；限定场地的界面是否有特色；周围有无历史人文景观；场地周围建筑的用途等。

（5）环境舒适：即外部空间环境的物理状况给人的感受，如阳光、新鲜空气、气温、风速、噪声等指标。这些因素和场地的朝向位置、空间组织有很大的关系，也是衡量外部空间环境是否有吸引力的指标之一。

五、设计手法

1. 整合厂区道路，理顺景观廊道

在尊重现有建筑布局和空间逻辑关系基础上，挖掘道路整合潜在的可能性，同时，打造道路景观，营建以道路景观为依托的景观廊道。

2. 明确功能分区，确定景观类型

通过对厂区的景观特质的分析，把需要改造的景观分为几种不同类型，针对每种类型推出不同的整治措施。

3. 分析景观视线，确定景观节点

分析行人在厂区行进过程中的视线，利用对景、借景等手法，同时结合厂区的建筑布置，确定开敞的景观节点。

4. 点线面相结合，构建景观网络

以景观设施为点，以景观道路为线，以开敞空间为面，构建完整的景观网络系统。

5. 结合设施建设，宣扬企业文化

以景观设施为载体，宣传企业文化，增强企业凝聚力，同时增强职工的归属感。

六、景观功能分区

将厂区景观功能分区分为生产区、配套区、展示区三个部分。

1. 生产区

生产区为生产活动集中的区域，多为大型设备集中的地块，开敞空间较少，对于景观设施的需求也相对较少。景观改造过程中以保持现状为主，在可能的地段以小体量景观设施加以点缀。

2. 配套区

配套区内生产活动相对较少，配套有一定的服务设施与生产管理用房，有一定开敞空间，在景观改造过程中强调设置与之功能相匹配的景观类型。

3. 展示区

展示区为非生产活动区，一般在厂区入口处或高速路下方，一般为人流、车流的必经之处，不承担生产活动功能，但景观观赏性要求较高。

七、植物配置

工厂绿化是以厂房建筑为主体的环境净化和美化工程,通过植物的全面规划、合理布局,形成点线面相结合,自成系统的绿化布局,体现厂区绿化的特点与风格,充分发挥绿化的整体效果和绿地的卫生防护和美化环境的作用,营造出现代化工厂舒适和谐的生产、生活空间。

1. 厂区不利现状及绿化解决途径

(1)因为工厂绿化的特殊性,除防护绿化带以外多为零星小块场地。且多为建筑角落、采光排水不良、土质不佳等不利场地,对植物生长较为不利。同时由于磷肥厂磷肥生产所产生的附属污染物二氧化硫、硫化氢、氟化物以及固体粉尘等,在绿化苗木的选用上有一定的局限性。因此在厂区绿化中,既要考虑植物有较好的景观效果,也要有较强的适应性和抗性。力求通过绿化树种的合理选用,在美化厂区的同时也能有效地吸收工厂生产所产生的部分废气和粉尘。

(2)由于可选用绿化树种不多,致使绿化栽植易于单调。为避免产生单调的感觉,加强植物配置的合理性和观赏性,通过丰富的季相变化和多样的植物搭配模式,形成具有特色的工厂绿化景观。

(3)特殊场地绿化:工厂存在较多的管网、检修井、特殊建筑(容器),其周边绿化较为困难。在条件不完全允许的情况下,不应勉强绿化,可采用特殊绿化措施加以绿化美化。如用矿物材料加植地被苔藓等植物来加以绿化美化,同时点缀以盆栽植物等。

2. 节点设计

根据所在工厂所处的位置的不同,各节点绿地设计各有特点:

(1)厂前入口广场绿化:厂区入口设置有广场,作为厂区内外道路衔接的枢纽,也是职工集散的场所。同时对城市的面貌和工厂的外观也起着重要的作用。这个区域的绿化以装饰性为主,同时满足分隔人流、改善环境等作用。

(2)工厂道路的绿化:道路是厂区的交通枢纽,因此道路绿化在满足工厂生产要求的同时还要保证厂内交通运输的通畅。道路两侧的绿化应当考虑能够阻挡行车时扬起灰尘,废气和噪声等的作用,同时兼具一定遮荫功能。由于高密林带对污浊气流有滞留作用,因此在道路两旁不宜种植成片过密过高的林带,而应在道路两旁各种一行乔木,再配以灌木和地被。同时为了避免过于单调的植物配置给工人带来疲劳感,可适当变换配置方式,以营造更为自然亲切的厂区道路绿化景观。

(3)防护带绿地:本厂的防护绿地的主要作用有两个。一是隔离城市高速交通干道所产生的粉尘、噪声对厂区的影响;二是隔离厂区内产生的有害物质、粉尘、噪声等对城市交通干道以及道路另一侧居民区的影响。防护带绿地以乔木和灌木相结合,综合考虑地形、气候等因素对有害气体顺利扩散的影响,合理布置。

(4)休憩小游园:休憩空间绿地主要是创造一定的人为环境,以供职工消除体力疲劳和调剂工人心理和精神上的疲惫。因此在绿化设计中,应通过植物的合理配置,营造一个柔和淡雅,光线充足的休息空间。

3. 树种规划

(1)骨干树种(满足二氧化硫、硫化氢、氟化氢等有毒气体有较强抗性或对其有一定吸收作用):龙柏、侧柏、杨树、榆树、椿树、栾树女贞、重阳木等。

（2）景观树种（对有毒气体有一定的抗性，具有较好的观赏效果或季相变化）：汉松、樱花、垂柳、椰榆、合欢、国槐、白蜡、木芙蓉等。

（3）灌木：夹竹桃、珊瑚、蚊母、月季、小叶女贞等。

案例分析九　某大学校园植物绿化设计

一、概　况

某大学新校区建设用地830亩，规划建筑面积26万 m^2，总投资5.45亿元。校园按照"现代化、数字化、生态化、人文化、可持续"的理念，高起点高标准进行设计，力求建成后的校园空间合乎功能和谐统一。

二、设计方案及原则

学院绿化建设本着："以人为本，突出校园特色，体现可持续发展，功能多样化，景观生态规划化，高效率化"等，多项原则为宗旨的方案进行设计。

1. 主体规划思想与设计理念

（1）校园按照"现代化、数字化、生态化、人文化、可持续"的理念；

（2）该设计以为广大师生服务为宗旨；

（3）设计主要以规整式布局为主，在游园以及主楼后部林区采用自然式布局；

（4）主体建筑周围的绿化突出安静、清洁的特点；

（5）在建筑的四周，考虑到室内的通风、采光的需要，靠近建筑物栽植了低矮灌木或宿根花卉；

（6）园内树种丰富，并挂牌标树种的名称、特性、原产地等；

（7）在设计中设计理念主要突出以"人"为本，体现了校园文化特色和时代特色。

2. 设计原则

（1）立足实际，以学生为本；

（2）注重立意。创造人文与自然相结合的环境是校园休闲绿地设计的目标；

（3）简洁明快。易简不易繁，易朴素大方、色彩明快、构思巧妙；

（4）以绿为主。创造宜人的室外学习环境。

3. 规划设计整体框架

学校的主体是教师和学生，这就要求充分把握其时间性、群体性的行为规律，如大礼堂、食堂等人流较多的地方，绿地应多设捷径，园路也适当宽些空间的组织与划分应依据不同层次需要，组织不同活动空间各种设施设置、材料的选择、景观的创造要充分考虑师生的心理需求。

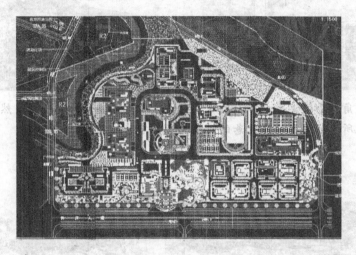

4. 节点景观设计

学生活动中心，为学校学生活动的主要地点，内设置室内足球场 篮球场，羽毛球场，和小型礼堂等设施，完善了学生丰富的课余时间横间坡地分成多个层次空间，规划协调统一彩廊小广场规则的廊架，带点严肃，色彩斑斓的颜色，给人的心情愉悦、欢快，让人在严肃情景下带点调皮。

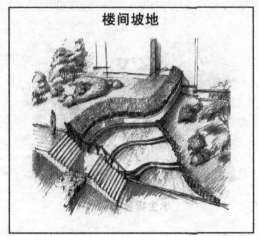

楼间坡地

彩廊小广场

新校区食堂之一。食堂建筑的新颖，干净，给人感觉到放心，能使人感受到食堂对待食物安全的严格。

新校区学生图书馆。景观设计采取以园林植物构建环境空间，建设完整的丰富的人文景观体系，图书馆地处幽静，为学生创造了良好的学习氛围。

学生宿舍一角，小桥流水人家，展现了大学生的生机勃勃的朝气，自然与建筑的完美融合气息。静寂之所，让你在学习疲惫的时候感受到宁静的氛围。

休闲场地

宿舍旁的休闲区

楼间景观

学生宿舍6旁

水体景观

停车场入口设计

　　总之，校园绿化工程的建设，就是要做科学，合理，经济，协调，以人为本，一切为学生的学习为主，教师的教学为辅。让学生在学习中感受快乐，并学会自己学习。

实训项目九　单位附属绿地植物景观设计

一、实验目的

（1）掌握各类单位附属绿地植物的布置原则；
（2）掌握各类单位附属绿地植物的配置方法及技巧。

二、实验材料

　　校内外某处指定校园或工厂；绘图工具：A4图纸、铅笔、针管笔、橡皮擦、圆规、直尺、三角板、彩笔等。

三、实习内容与方法步骤

1. 现场踏查，了解情况

　　教师模拟建设项目的业主（甲方）邀请一家或几家设计单位（学生小组，乙方）进行方案设计。乙方在与业主初步接触时，要了解整个项目的概况，包括建设规模、投资情况、可持续发展等，特别要了解项目的总体框架和基本实施内容。到设计现场实地踏查，熟悉设计环境，了解建设单位绿地的性质、功能、规模及其对规划设计的要求等情况，作为绿化设计的指导和依据。

2. 基地现场踏勘，收集设计前必须掌握的原始资料

搜集建设单位总体布局平面图、管道图等基础图纸资料。若建设单位没有图纸资料，可实地测量，室内绘制。

（1）所处地区的气候条件：气温、光照、季风风向、水文、地质土壤（酸碱性、地下水位）、冰冻线等。

（2）周围环境：主要道路，车流人流方向。

（3）基地内环境：湖泊、河流、水渠分布状况，各处地形标高、走向等。

3. 描绘、放大基础图纸

若建设单位提供的基础图纸比例太小，可按 1：200～1：300 的比例放大、分幅，或将实测的草图按此比例绘制，作为绿化设计的底图。

4. 总体规划设计，绘出设计草图，修改定稿

（1）基地现场收集资料后，必须立即进行整理、归纳，着手进行总体规划构思。

构思草图只是初步的轮廓设计，接着要结合收集到的原始资料对草图进行补充、修改，逐步明确总图中人口、广场、道路、湖面、绿地、建筑小品、管理用房等各元素的具体位置，使整个规划在功能上趋于合理，在构图形式上符合园林景观设计的基本原则，即经济、美观、舒适（视觉上）。

（2）方案的第二次修改和文本的制作。

经过初次修改的规划构思，还不是一个完全成熟的方案。设计人员此时应该集思广益，多渠道、多层次地听取各方面的建议。整个方案确定后，将设计方案的说明、投资概算汇编成文字部分；将设计平面图、绿化种植图、竖向设计图、全景透视图、局部景点透视图等汇编成图纸部分。将两部分结合起来，形成一套相对完整的设计方案文本。

5. 按制图规范，完成墨线图，晒蓝或复印，做苗木统计和预算方案。作为设计成果，评定成绩，或交建设单位施工

四、实验要求

每位实验学生必须编写实训报告，其格式和内容如下：

封面：实验名称、时间、班级、编写人和指导教师姓名；目录；将所有图纸及文字资料装订成册。

五、评分标准（100分）

序号	项目与技术要求	配分	检测标准	实测记录	得分
1	功能要求	20	能结合环境特点，满足设计要求，功能布局合理，符合设计规范		
2	景观设计	25	能因地制宜合理地进行景观规划设计，景观序列合理展开，景观丰富，功能齐全，立意构思新颖巧妙		

续表

序号	项目与技术要求	配分	检测标准	实测记录	得分
3	植物配置	20	植物选择正确，种类丰富，配植合理，植物景观主题突出，季相分明		
4	方案可实施性	20	在保证功能的前提下，方案新颖，可实施性强		
5	设计表现	15	图面设计美观大方，能够准确地表达设计构思，符合制图规范		

任务七　居住区植物景观设计

一、居住区绿地的特点和功能

居住区绿化是城市绿化的重要组成部分，与居民日常生活关系最为密切。它对提高居民生活环境质量，增进居民的身心健康至关重要。居住区的绿化水平是体现城市现代化的一个重要标志，在城市园林绿地系统中分布最广，是普遍绿化的重要方面，是城市生态系统中重要的一环。随着社会的进步，生活方式的变化，人们也渴望有一个自然的空间接纳他们的生活和情趣。因此从发挥居住区绿化最佳的生态效益、改善城市小气候和居民的心理需求出发，居住区绿化应以植物造景为主，由此所创造的环境氛围才充满生机活力和具生活气息，能做到景为人用。完美的植物景观，必须具备科学性与艺术性两方面的高度统一。既要满足植物与环境的统一，又要通过艺术构图原理体现出植物个体与群体的形式美，及人们在欣赏时的意境美。可以说，植物景观和人的需求完美结合是植物造景的最高境界。

1. 居住区绿地的特点

① 绿地分块性突出，整体性不强。

② 分块绿地面积小，设计的创造性难度比较大。

③ 在建筑的背面会产生大量的阴影区，影响植物的生长。

④ 安全防护要求高。

⑤ 绿地兼容的功能多。

⑥ 绿地中的管线多，不仅包含绿地建设自身的管线，同时还有大量的建筑外管网及公共设施，设计容易受制约。

⑦ 绿地和建筑关联性强。

2. 居住区绿地的功能

① 生态环境功能。居住绿化以植物为主体，净化空气，减少尘埃，降低噪声；同时也有利于改善小气候，提高人和自然和谐的室外空间。

② 休闲活动功能。为居民提供整洁、适用、安全、节能、设施完好的户外休闲、娱乐、游戏、交往和社区活动场所。

③ 景观文化功能。通过园林空间植物配置、小品雕塑等点缀，达到丰富色彩、分隔空间、增加层次、美化居住区面貌的作用。

④ 健身养身功能。为居住区中的老年人开展垂钓、棋牌娱乐、强身健体等活动提供了场所。

⑤ 其他功能。地震时，可疏散人口，防灾避难，隐蔽建筑；在战时，植物可起到掩蔽和过滤、吸收放射性物质的作用。

二、居住区植物景观设计的原则及方法

（一）居住区植物景观设计的原则

随着我国城市化进程的加快，城市居民生活质量、品位及生态环保意识的逐步提高，优美、舒适的居住环境已成为房地产市场竞争的热点之一，居住区园林景观质量也成为评判一个楼盘整体水平的一项重要标准。那么，怎样才能设计出园林景观优美，且深受用户喜爱的生态园林小区？我们认为，应遵守以下几个原则。

1. 科学利用资源，适地适树

在整体规划设计中，应始终将城市大环境与居住区小环境相结合，将小区的景观设计作为对城市绿化功能的延伸和过渡。同时，通过合理运用园林植物将园林小品、建筑物、园路充分融合，体现园林景观与生活、文化的有机联系，并在空间组织上达到步移景异的效果。

此外，居住区绿化要做到适地适树，尽量选用有观赏价值的乡土树种和花卉，避免盲目引进外地的园林植物品种。

2. 设计要"以人为本"

居住区绿化设计要做到"以人为本"，最重要的是设计者要充分了解所住居民的年龄结构、职业、生活、工作习惯、生理要求的基础上进行全方位的人性化设计，这样才能使每一个细节都尊重体贴人的活动行为，体现以人为本的服务理念。

最大限度地考虑居民的生活与休闲的要求，结合小品、园路、小型绿地广场、健身场地等各种方式来促进居民和自然的亲和性，而不单单为绿化而绿化，要为居民创造一个自然的接纳他们的生活和情趣。比如，园路的设计走向要充分考虑到居民的出入方便，大乔木的位置要考虑到是否影响居民日常生活的采光、通风及安全问题。绿地广场的规模大小和形式要符合该小区居民休闲的要求，休闲场合的形式要考虑全面，既要满足大部分人又要考虑老年人及儿童的需求。如充分考虑居民享用绿地的需求，建设人工生态植物群落。有益身心健康的保健植物群落，如松柏林、银杏林、香樟林、枇杷林、柑橘林、榆树林；有益消除疲劳的香花植物群落，如栀子花丛、月季灌丛、丁香树丛等；以及有益招引鸟类的植物群落，如海棠林、火棘林等。

3. 注重季相变化，达到生态平衡

由于居住区内居住楼的数量、高低、方位、空间大小等不同而造成不同的局部环境，且造园植物又各有其特有的生长环境，因此植物的种植和艺术配置要依据植物的特性和特殊的生态环境来进行。

居住区植物配置应按照自然、生态原则进行设计，创造"春花、夏荫、秋实（色）、冬枝（姿）"的四季景观，让人们感受到四季交替；同时应注重乔、灌、花草复层结构植物群落的建成，最大限度提高单位面积的绿量，发挥生态效益和功能，增加生态作用。居住区绿化在

强调平面布局的同时，还要在垂直空间上注重乔灌草及地被植物的分层结构搭配，这样既有利于植物的抗逆性，又达到了多样化的生态效应。在总体布局中应与整个大范围空间环境取得一致，形成以小见大的生态系统平衡特性。

4. 增加绿化形式，丰富空间层次

针对城市居住区的特点，在其绿化形式上应采用点、线、面相结合的复合绿化模式，最大限度地发挥绿地系统的实用功能。如增加立体绿化和垂直绿化，在提升园林景观多样化的同时，有效实现隔热、蓄水、净化空气等功能；采用乔木下面种植灌木、灌木下面种植草花、地被等复层绿化形式；借助墙壁种植攀缘植物，以弱化建筑形体生硬的几何线条。

（二）居住区植物景观设计的步骤与方法

对一处景观而言，总有一定的主题和寓意，有特定的风格特征。植物设计应当遵循这些主题和风格，烘托景观主题，体现景观的内涵。

因此，植物设计阶段和方案设计阶段是对应的。项目初始，方案设计和植物设计应当同时介入，而不是等到方案设计结束进入施工图阶段才开始植物设计。这样才能避免植物设计与景观主题和风格不一致甚至矛盾的局面，由于植物生长的多变性和长期性，当项目图纸设计和施工完成后，植物还有一定时期的养护调整阶段。

1. 概念设计阶段

根据景观方案对居住区环境提出景观主题和风格，确定植物设计的总原则，设计风格及主要的植物景观亮点，并以能表现景观亮点的意象图片加以说明。

2. 方案设计阶段

乔木、灌木、地被（或草地）的空间布局。依据在概念阶段确定的设计原则和设计风格，确定植物空间的平面布局形式和不同立面的组合形式，并以图示的形式表达空间意向。

在本阶段要注意几个要点的控制：功能空间的连接、转化；半私密空间和私密空间的围合、屏蔽；合理的空间形式塑造；协调、统一整个场地景观元素，包括建筑。

3. 扩初设计阶段

乔木、灌木、地被（或草地）形态控制。根据方案设计阶段形成的空间布局及组合方式，综合考虑主要解决植物形态、尺寸规格、色彩等外在关系，形成符合设计原则与美学原则的详细植物设计图纸，并将主要植物品种形成图纸表格。

4. 施工图设计阶段

乔木、灌木、地被（或草地）品种设计。在以上几个阶段基础上，进行具体的苗木品种选择（应符合设计要求的植物形态、规格大小、色彩）。

5. 现场施工阶段

在施工过程中，对于出现的各种临时状况，如场地变更，高差变更，以及市场苗木供需等实际情况，可以在对整体风格和原则没有重大影响的前提下，合理地调配和变更植物品种。

6. 后期调整养护阶段

植物生长恢复一定的时间，并不能保证植物栽植完就能完美体现出项目的风格。需要对植物进行一段时期的精心养护，这一工作主要由施工单位完成。

职业能力小结

本学习情境学习了植物造景的美学法则、美学原理在植物景观营造中的应用、园林植物的造景功能、园林植物的配置方式、花坛的应用与设计、花境的应用与设计、各类型园林绿地的植物造景设计等知识。

学完本学习情境后，应具备的职业能力为：

① 花坛设计；

② 花境设计；

③ 道路植物景观设计；

④ 广场植物景观设计；

⑤ 滨水植物景观设计；

⑥ 室内植物景观设计；

⑦ 庭院植物景观设计；

⑧ 单位附属绿地植物景观设计；

⑨ 居住区植物景观的设计。

讨论与思考

（1）结合你所在城市的道路植物景观设计现状，对城市道路植物物景观设计提出建议。

（2）谈谈小区入口广场植物如何选择？

（3）谈谈你所在城市滨水植物景观设计的现状？

（4）你如何去装饰你自己的居室？请设计一下自己的构想。

（5）谈谈你所在城市私家花园植物景观设计的现状？

（6）结合你所在院校的植物景观设计，提出自己的建议。

（7）谈谈如何应用"以人为本"的设计原则进行居住区植物造景设计。

案例分析十　咸阳蓝郡国际植物景观设计方案

一、设计理念

（1）风格——自然式带海派的风格，注重人的心理感受和空间感受的影响。尤其是以水为主题，体现水美，树美。

（2）特点——不同的组团环境，区分了组团景观，也体现了住户对社区的归属感和认同感。统一的绿化景观，休闲景观以及与观赏景观的有机结合，使住户的出行无时无刻不感觉到美的存在。

（3）经济性与环境共生——以植物为主的坡地绿化，采用当地的一些树种与质朴的小品搭配，形成四季有景可观的美景。

二、植物设计

该住宅小区在植物设计上，采用常绿植物表现森林主题，彩色植物及灌木地被沿景观区布置，恰如其分地营造了景观环境。

为了能够大非得天享受阳光，沿主干道设计师精心设计了落叶大乔木。作为一个垂直元素树立在道路一侧显得格外引人注意，同时营造了开放性空间。

沿溪流周围种植了垂柳，形成一个自然、生态的水系景观，并与周围空间区别出来。设计师为在中心绿化营造自然浓密的森林感觉，湿生植物及软叶树种的种植，将深化溪流主题景观。

1. 植物设计概念

（1）森林景观概念。

森林景观概念设计再现了大自然的绿色宽广，设计了大面积常绿植物，为人们乘凉提供了绝佳支处，可以真切感受置身于大自然怀抱中。

（2）坡地景观概念。

通过人工手填土堆坡，形成坡地，迂回蜿蜒的小径沿地形高低起伏，坡地上面的树木茂密，但水溪边的树木逐渐自然地分散开来，视线也逐渐开阔起来。

（3）溪流景观概念。

溪流景观是中心景观的点睛之笔，视线在此聚集。自然叠水沿地形，由高向低流动，飞花四溅，周围婆娑多姿的垂柳形成了笔直的竖线条景观。

（4）四季景观概念。

春日点点红梅、洁白玉立兰、灼灼海棠争芳斗艳；夏日广玉兰枝繁叶茂、女贞郁郁葱葱，绿荫满园；秋日银杏灿黄、枫叶似火、丹桂花醉；冬日蜡梅傲雪扑香、松楠经冬不凋。

2. 植物景观设计方法

（1）主入口统一运用银杏树列装点，极有气势。

（2）沿水系栽植树姿优美的垂柳，打造山水写意画般的水景景观区。

（3）以乡土树种为主的复合式配置组成自然式山林，种类多样、层次丰富极富野趣。林下色彩丰富的小灌木及花卉、地被等前景植物，不仅丰富的道路色彩，同时也增加了层次感。

（4）车行道两侧以树型轻盈的槐树为主景树，配以常绿中小乔木及观花、观叶树种，构成活泼、自然的行道树系统。园路小径周边以各种亲和力较强的观花、观叶树种为主，营造温馨氛围。

（5）由本地灌木组成，四季桂、法国冬青等墨绿色植物作为背景，种植蜡梅、白玉兰、红枫等季节性植物作为点景，红花继木、海栀子、金叶女贞等彩色矮灌木做前景边线，以此形成多层次的自然式灌木带，体现了四时景观。

案例分析十一 深圳蓝月湾二期——绿苑小区景观设计方案

一、项目概况

"绿苑小区"是厦门海沧房产开发的项目，场地面积约 8.15 万 m²，绿地部面积为 3.4 m²，绿地率高达 41.7%，主要建设小高层住宅楼和一个幼儿园，将建成高尚滨海健康休闲居住社区。

二、设计理念

以阳光、海洋文化为主题，创造休闲、安详、温馨的现代园林式高深深渊健康休闲大社区。

三、设计原则

（1）设计遵循现代化、生态化的原则；

（2）创造丰富多彩的人性居住、邻里空间；

（3）利用模特多样性特点，表现多彩的季相变化韵律，注重集中与分散，落叶与常绿配合，构成符合自然生态，多种乔灌草搭配的人工植物群落，提高生态效益，改善住宅区环境质量。

四、景观节点

景观节点效果图：

五、绿化种植设计

1. 植物景观规划原则

（1）适地适树，大量选用乡土树种；

（2）结合景观设计，营造场地特色；

（3）植物种植与小区中持续发展技术相结合；

（4）种植结合深渊植物防风、耐盐碱技术。

2. 规划具体内容

（1）提倡"心情植物"——配合景观设计主题，选用富有夏威夷特色的乡土树种，为您营造出多层次的良性生活环境。

（2）植物结合景观，在空间上模仿海岛自然条件，营造互相渗透的三个曲轴——"绿林氧吧"、"疏林溪涧"、"阳光海滩"。以此曲轴穿联全区。

（3）滨海住宅区植物抗风、耐盐碱设计。

各组团在景观树种规划上强调利用乡土树种资源，并引进了富有热带风情的棕榈科植物，仅棕榈科植物种类就有：加拿利海枣、中东海枣、大王椰子、布迪椰子、红棕榈等几十个品种，营造也浓郁的地中海风情，体现其独特性。在植物空间构成上，乔灌木、时令花卉的搭配，层次丰富，高低错落，疏密有致，创造出一幅幅可入画的别致景观。在物种配置上更是丰富多变，考虑季相变化，营造四季佳景，做到春花烂漫、夏荫浓郁、秋色绚丽、冬景苍翠，四时有花，处处成景的植物景观效果。

在海之光下沉式商业种植上考虑到商业用地，人流量比较多，主要种植高大的棕榈科植物，如中东海枣、老人葵、大王椰子等，树池上面种植比较耐阴的常绿植物，点缀一些鲜艳的时令花卉，渲染了浓厚的商业氛围。

在停车场的植物配置主要注重的是遮阴效果，让车不至于在暴晒在太阳底下，用榕树类的大叶榕、橡皮榕，还有天竺桂、樟树等树形整齐美观的植物。

在小区的周边绿化，特别是在靠近城市主干道边的主要从两方面来考虑，一个是隔噪声、防沙尘，另一个是考虑它与建筑轮廓线的一致，可以种植桉树、小叶榕，开花的乔木有洋紫荆、羊蹄甲、凤凰木、木棉、鸡冠刺桐等，以及一些棕榈科的大叶片乔木，如华棕、蒲葵，在低层可以种植耐阴的地被有合果芋等，以达到既防尘防噪又和建筑相协调。

绿化种植的主要品种有：加拿利海枣、中东海枣、大王椰子、布迪椰子、红棕榈、华棕、高秆华棕、蒲葵、高秆蒲葵、国王椰子、皇后葵、狐尾椰子、鱼尾葵、散尾葵、旅人蕉、董棕、美丽针葵、南洋杉、高山榕、橡皮树、朴树、小叶榕、大叶榕、垂叶榕、凤凰木、印度紫檀、大花紫薇、木棉、天竺桂、鸡冠刺桐、洋紫荆、杜英、海南蒲桃、尖叶杜英、鸡蛋花、蓝花楹、晃伞枫、美国垂榕、桂花、柳树、海南红豆、印度塔树、假萍婆、尖叶木樨榄、红刺露兜、金边龙舌兰、苏铁、含笑、青皮竹、黄金榕球、花叶扶桑、榕树球、美蕊花球、栀子花球、米兰球、广东万年青、七里香、变叶木、长春花、红桑、遍地黄金、合果芋、朱顶红、宽叶蕨、肾蕨、睡莲、荷花、水生鸢尾、旱伞草、马尼拉草等。

实训项目十　居住区植物景观设计

一、实训目的

（1）掌握居住区绿化植物景观设计的原则；

（2）理解不同植物之间的搭配方法；

（3）熟悉居住区户外环境中软质景观与硬质景观的搭配，掌握其设计方法。

二、实训材料

校外某处指定的居住小区绿地；绘图工具：A4 图纸、铅笔、针管笔、橡皮擦、圆规、直尺、三角板、彩笔等。

三、实训内容与方法步骤

以某居住小区绿地规划设计为例，要求绘制总体平面图（1：500），选取局部（60 m）地段（1：200）做详细设计，标出植物名录表及设计说明等。具体方法步骤：

（1）调查当地的土壤、地质条件，了解适宜树种选择范围。

（2）选择居住区部分地段测量各组成要素的实际宽度及长度、绘制平面状况图。

（3）构思设计总体方案及种植形式，完成初步设计（草图）。

（4）正式设计。绘制设计图纸，包括立面图、平面图、剖面图及图例等。

四、设计要求

（1）合理搭配乔、灌木和地被草坪植物；

（2）绿篱、地被、草坪、色块、灌丛等的表示方法要正确，不能用单株植物来表示；

（3）注意色彩的搭配，画面尽量美观漂亮；

（4）注意基调树和骨干树种的配置和应用；

（5）注意与周围环境相协调；

（6）设计说明尽量详细（① 基本概况，如地理位置、生态条件、设计面积、周围环境特点；② 设计主导思想和基本原则；③ 方案构思）；

（7）包括平面图、立面图，列出植物配置表。

五、评分标准（100分）

序号	项目与技术要求	配分	检测标准	实测记录	得分
1	功能要求	20	能结合环境特点，满足设计要求，功能布局合理，符合设计规范		
2	景观设计	25	能因地制宜合理地进行景观规划设计，景观序列合理展开，景观丰富，功能齐全，立意构思新颖巧妙		
3	植物配置	20	植物选择正确，种类丰富，配植合理，植物景观主题突出，季相分明		
4	方案可实施性	20	在保证功能的前提下，方案新颖，可实施性强		
5	设计表现	15	图面设计美观大方，能够准确地表达设计构思，符合制图规范		

情境三　园林植物的栽植与施工

【学习目标】

（1）掌握园林植物栽植施工的方法与技巧；

（2）掌握一般乔灌木的栽植施工技术；

（3）掌握大树移植技术；

（4）掌握一、二年生草本花卉与多年生草本园林植物栽植施工技术。

【重　　点】

一般乔灌木的栽植施工，大树移植，一、二年生草本花卉栽植施工。

【难　　点】

将园林植物的栽植季节与栽植成活的原理理论应用于各类园林植物的栽植施工，并提高栽植成活率。

【学习框架】

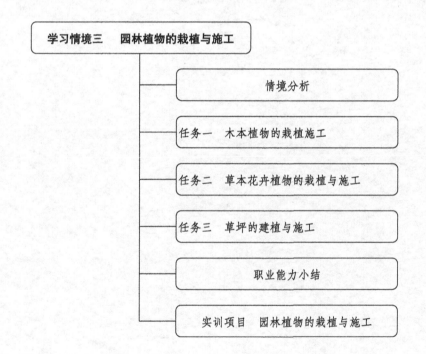

情境分析

一、问题引入

小王和小赵通过前面两部分内容的学习，掌握了园林植物的分类识别方法，能识别常见园林植物，并且能对各类型园林绿地进行植物造景设计，他们对自己充满了信心，利用假期到某园林公司进行岗位见习。公司将他们安排到某绿化工地进行园林植物栽植施工。两位同学去了工地，面对各种园林植物，茫然不知所措，他们找到老师："老师，我们学习了那么多的园林植物知识，学会认识植物了，学会利用植物进行造景了，但为什么到了绿化工地却连植树都不会？"老师说："植树工程是很重要的，接下来我们学习第三个部分的内容，我们将学习园林植物的栽植施工流程及方式方法，认真学习吧！"

二、解决方案与任务分解

老师指出：要进行园林植物的栽植施工，我们必须完成以下任务：

1. 学习相关知识

（1）园林植物栽植的类型；

（2）园林植物的栽植季节；

（3）园林植物栽植成活的原理。

2. 工作任务分解：

任务一　木本植物的栽植施工；

任务二　草本花卉植物的栽植与施工；

任务三　草坪的建植与施工。

3. 实训项目

园林植物的栽植与施工。

三、相关知识

（一）园林植物栽植的类型

1. 定植

定植是指从育苗的盆中移到它今后生长的大盆或土地中；在我们园林植物栽植工程中主要指按照园林景观设计的要求，根据景观艺术的原则，将植物栽植在预定位置，达到较好的景观效果，以后不再移走。绿地植物种植必需的最低土层厚度见表3.1。

表 3.1　绿地植物种植必需的最低土层厚度

植被类型	草木花卉	草坪地被	小灌木	大灌木	浅根乔木	深根乔木
土层厚度（cm）	30	30	45	60	90	150

2. 假植

假植是苗木栽种或出圃前的一种临时保护性措施。掘取的苗木如不立即定植，则暂时将其集中成束或排壅土栽植在无风害、冻害和积水的小块土地上，以免失水枯萎，影响成活。需要假植的苗木最重要一个步骤要除去一部分枝叶，减少水分蒸腾，延长植物寿命，提高成活率。去除枝叶多少程度要根据植株的根部损伤程度来决定，损伤得越严重，枝叶就相应去得越多，反之则保留枝叶就多。一般情况下，树木越粗，去除枝叶越多，气温越高，去除枝叶也越多。直根性植物去除枝叶也要多，须根性植物去除枝叶就可减少。

（1）临时假植。

适用于假植时间短的苗木。选背阴、排水良好的地方挖一假植沟，沟的规格是深宽各为30~50 cm，长度依苗木的多少而定。将苗木成捆地排列在沟内，用湿土覆盖根系和苗茎下部，并踩实，以防透风失水。

（2）越冬假植。

适用于在秋季起苗，需要通过假植越冬的苗木。在土壤结冻前，选排水良好背阴、背风的地方挖一条与当地主风方向垂直的沟，沟的规格因苗木大小而异。假植1年生苗一般深宽30~50 cm，大苗还应加深，迎风面的沟壁作成45°的斜壁，然后将苗木单株均匀地排在斜壁上，使苗木根系在沟内舒展开，再用湿土将苗木根和苗茎下半部盖严，踩实，使根系与土壤密接。

（3）假植注意事项：

① 假植沟的位置。应选在背风处以防抽条；背阴处防止春季栽植前发芽，影响成活；选地势高、排水良好的地方以防冬季降水时沟内积水。

② 根系的覆土厚度。一般覆土厚度在20 cm左右，太厚费工且容易受热，使根发霉腐烂；太薄则起不到保水、保温的作用。

③ 沟内的土壤湿度。以其最大持水量的60%为宜，即手握成团，松开即散。

④ 覆土中不能有夹杂物。覆盖根系的土壤中不能夹杂草、落叶等易发热的物质，以免根系受热发霉，影响苗木的生活力。

3. 寄植

在建筑或园林基础工程尚未结束，而工程结束后又必须及时进行绿化施工的情况下，为了贮存苗木、促进生根，将植株临时种植在非定植地或容器中。

（二）园林植物的栽植季节

我国地域广阔，气候迥异，栽植树木的最佳时期也不尽相同，树木品种不同，所适应移栽季节也不一样。比如西南地区有明显的干、湿季，冬、春两季为旱，夏、秋为雨季。我们在种植时，要考虑植物水分代谢机能，选择适宜的栽植季节。一般认为栽植季节春秋两季最佳。从生产实践来看，春秋有一定差异。

① 冬季寒冷地区和在当地不甚耐寒的树种宜春栽。

② 冬季较温暖和在当地耐寒的树种可秋栽。

③ 多数落叶树最宜在早春萌芽前半月栽。

④ 春季萌芽迟的落叶树如水杉、栾树等宜晚春栽。

⑤ 早春先花后叶的落叶树为不影响开花应于花后春栽，如梅、玉兰等。

1. 春季栽植

在冬季严寒及春雨连绵的地方，春季栽植最为有利。此时气温回升，地温转暖，雨水较多，空气湿度大，土壤水分条件好，有利于根系的主动吸水，从而保持水分的平衡。我国的植树节定为"3月12日"，即缘于此。

园林树木根系在早春即率先开始活动，因此春植符合小树先长根、后发枝叶的物候顺序，有利水分代谢的平衡。特别是在冬季严寒地区或对那些在当地不甚耐寒的边缘树种，更以春植为妥，并可免去越冬防寒之劳。

春季栽植应尽早进行，只要没有冻害，便于施工，应及早开始，其中最好的时期是在新芽开始萌动之前两周或数周。尤其是落叶树种，必须在新芽开始膨大或新叶开放之前栽植。若延迟至新叶开放之后，常易枯萎或死亡，即使能够成活也是由休眠芽再生新芽，当年生长多数不良。秋旱风大地区，常绿树种也宜春植，但在时间上可稍推迟。一些具肉质根的树木，如木兰属树种、鹅掌楸、广玉兰、山茱萸等春天栽植比秋天好。

早春是我国多数地方栽植的适宜时期，但持续时间较短，一般为2~4周。华北地区园林树木的春季栽植，多在3月上中旬至4月中下旬。华东地区落叶树种的春季栽植，以2月中旬至3月下旬为佳。若栽植任务不太大，比较容易把握有利的时机；若栽植任务较大而劳动力又不足，很难在适宜时期内完成。因此春栽与秋植可适当配合，缓和劳动力的紧张状况。

在干旱严重的地方，如西北、华北等地，春季风大，气温回升快，适栽时间短，栽后不久地上部分萌动，地温回升慢，根系活动难以及时恢复，成活率低。但冬季严寒的地方或不耐寒的树种，还是以春季栽植为好。

2. 夏季栽植（雨季栽植）

夏季栽植最不保险，这时候，园林树木生长最旺盛，枝叶蒸腾量很大，根系需吸收大量的水分，而土壤的蒸发作用很强，容易缺水，易使新栽树木在数周内遭受旱害。但如果冬春雨水很少，夏季又恰逢雨季的地方，如华北、西北及西南等春季干旱的地区，应掌握有利时机进行栽植（雨季栽植），可获得较高的成活率。江南地区，亦有利用"梅雨"期进行夏季栽植的经验。

近年来，由于园林事业的蓬勃发展，园林工程中的反季节即夏季栽植有逐渐发展的趋势，甚至有些大树，不论其常绿或落叶都在夏季强行栽植，栽植不当，常带来巨大的经济损失。因此夏季栽植，特别是非雨季的反季节栽植，首先要特别注意做好土球，使其有最大的田间持水量；其次是要抓住适栽时机，在下第一场透雨并有较多降雨天气时立即进行，不能强栽等雨；第三是要掌握好不同树种的适栽特性，重点放在某些常绿树种，如松、柏等和萌芽力较强的树种上，同时还要注意适当采取修枝、剪叶、遮荫、保持树体和土壤湿润的措施；第四，在有施工要求等特殊情况下，必须在高温干旱天气下栽植，除了一般水分与树体管理外，还要特别注意定时树冠喷水和树体遮荫。

3. 秋季栽植

秋季气温逐渐下降，土壤水分状况稳定，许多地区都可以进行栽植。特别是春季严重干旱、风沙大或春季较短的地区，秋季栽植比较适宜。但若在易发生冻害和冷害的地区不宜采用秋植。

华北地区秋植，适用耐寒、耐旱的树种，目前多用大规格苗木进行栽植，以增强树体越冬能力。华东地区秋植，可延至11月上旬至12月中下旬。早春开花的树种，应在11~12月种植。常绿阔叶树和竹类植物，应提早至 9～10 月进行。针叶树虽春、秋都可以栽植，但以秋季为好。东北和西北北部严寒地区，秋植宜在树木落叶后至土地封冻前进行；另外该地区尚有冬季带冻土球移植大树的做法。

秋季栽植的时期较长，从落叶盛期以后至土壤冻结之前都可进行。近年来许多地方提倡秋季带叶栽植，取得了栽后愈合发根快，第二年萌芽早的良好效果。但是带叶栽植不能太早，而且要在大量落叶时开始，否则会降低成活率，甚至完全失败。

以前，许多人认为落叶树种秋植比常绿树种好。近年来的实践证明，部分常绿树在精心护理下一年四季都可以栽植，甚至秋天和晚春的栽植成功率比同期栽植的落叶树还高。在夏季干旱的地区，常绿树根系的生长基本停止或生长量很小，随着夏末秋初降雨的到来，根系开始再次生长，有利于成活，更适于采用秋植；但在秋季多风、干燥或冬季寒冷的情况下，春植比秋植好。

4. 冬季栽植

在比较温暖，冬天土壤不结冻或结冻时间短，天气不太干燥的地区，可以进行冬季栽植。在北方或高海拔地区，土壤封冻，天气寒冷，一般不宜冬天栽植。但是，在冬季严寒的华北北部、东北大部，土壤冻结较深，也可采用带冻土球的方法栽植。在我国古代，北方的帝王宫苑常用这种方法移栽大树。在国外，如日本北部及加拿大等国家，也常用冻土球法移栽树木。

一般说来，冬季栽植主要适合于落叶树种，它们的根系冬季休眠时期很短，栽后仍能愈合生根，有利于第二年的萌芽和生长。

我国幅员辽阔，自然特征各异，不论是水、热条件，还是树种资源都有很大的差异，不仅各地区有自己相应的最适栽植季节，即使在同一季节中，不同树种的栽植先后也有缓急之分。一般而言，对气候条件反应敏感的树种应该先栽，如落叶树比常绿树敏感，落叶树应该先栽；萌芽力弱的树种应该先栽，如针叶树的萌芽力比阔叶树弱，针叶树种应该先栽。在同一季节中，各树种栽植先后的一般规律为：落叶针叶树－落叶阔叶树－常绿针叶树－常绿树。

5. 反季节栽植

反季节绿化施工，就是在不适宜搞绿化工程，施工难度大的季节进行绿化施工叫反季节绿化。园林绿化施工主要是园林植物的栽植过程，种植成活的内部条件主要是生长势平衡，即在外部条件确定的情况下，植株根部吸收的供应水、肥和地上部分叶面光合、呼吸和蒸腾消耗平衡。种植枯死的最大原因是根部不能充分吸收水分，茎叶蒸腾量大，水分收支失衡所致。故为保证反季节栽植树木成活率，我们在种植时要采用一定的处理措施。

（1）种植前修剪。

非正常季节的苗木种植前修剪应加大修剪量，减少叶面呼吸和蒸腾作用。修剪方法及修剪量如下：

① 种植前应进行苗木根系修剪，宜将劈裂根、病虫根、过长根剪除，并对树冠进行修剪，保持地上地下平衡。

② 落叶树可抽稀后进行强截，多留生长枝和萌生的强枝，修剪量可达 6/10～9/10。常绿阔叶树，采取收缩树冠的方法，截去外围的枝条适当疏稀树冠内部不必要的弱枝，多留强的萌生枝，修剪量可达 1/3～3/5。针叶树以疏枝为主，修剪量可达 1/5～2/5。

③ 对易挥发芳香油和树脂的针叶树、香樟等应在移植前一周进行修剪，凡 10 cm 以上的

大伤口应光滑平整，经消毒，并涂保护剂。

④ 珍贵树种的树冠宜作少量疏剪。

⑤ 灌木及藤蔓类修剪应做到：带土球或湿润地区带宿土裸根苗木及上年花芽分化的开花灌木不宜作修剪，当有枯枝、病虫枝时应予剪除。

⑥ 分枝明显、新枝着生花芽的小灌木，应顺其树势适当强剪，促生新枝，更新老枝。

另外，对于苗木修剪的质量也应做到剪口应平滑，不得劈裂。枝条短截时应留外芽，剪口应距留芽位置以上 1 cm；修剪直径 2 cm 以上大枝及粗根时，截口必须削平并涂防腐剂。

（2）栽后管理。

反季节施工的管理重要环节就是浇水，通常要紧跟"三水"才能确定成活。栽后应立即浇水。无雨天不要超过一昼夜就应浇头遍水；干旱或多风地区应加紧连夜浇水。水一定要浇透，使土壤吸足水分，并有助根系与土壤密接，防保成活。北方干旱地区，在少雨季节植树，应间隔数日（约 3～5 天）连浇三遍水才行。还要经常对地面和树冠喷水，增加空气湿度。在炎热的夏季，还应对树苗进行适当遮荫。在北方严冬，还应采取地面盖草或土，树侧设风障等，对不耐寒的树种，要用稻草或草绳将主干包起来，高度不低于 1.5 m，或用石灰水对主干涂白来减少树体受外界温差的影响，避免树干裂致死。

（三）园林植物栽植成活的原理

1. 栽植成活的原理

保持和恢复植物体内水分代谢的平衡，提供相应的栽培条件和管理措施，协调植株地上部分和地下部分生长发育的矛盾，使其根旺株壮、枝繁叶茂，达到园林绿化所要求的生态指标和景观效果。在未移之前，一株正常生长的树木，在一定的环境条件下，其地上部与地下部，存在着一定比例的平衡关系。尤其是根系与土壤的密切结合，使树体的养分和水分代谢的平衡得以维持。植株一经挖（掘）起，大量的吸收根常因此而损失，并且全部（裸根苗）或部分（带土球苗）脱离了原有协调的土壤环境，易受风吹日晒和搬运损伤等影响；根系与地上部以水分代谢为主的平衡关系，或多或少地遭到了破坏。植株本身虽有关闭气孔等减少蒸腾的自动调节能力，但此时作用有限。根损伤后，在适宜的条件下，都具有一定的再生能力，但发生多量的新根需经一定的时间，才能真正恢复新的平衡。可见，如何使树在移植过程中少伤根系和少受风干失水，并促使迅速发生新根与新的环境建立起良好的联系是最为重要的。在此过程中，常需减少树冠的枝叶量，并有充足的水分供应或有较高的空气温度条件，才能暂时维持较低水平的这种平衡。总之在栽植过程中，如何维持和恢复树体以水分代谢为主的平衡是栽植成活的关键，否则就有死亡的危险。而这种平衡关系的维持与恢复，除与"起掘"、"搬运"、"种植"、"栽后管理"这四个主要环节的技术直接有关外，还与影响生根和蒸腾的内外因素有关。具体与树种根系的再生能力、苗木质量、年龄、栽植季节都有密切关系。

2. 植物栽植成活的关键

① 防止苗木过度失水　在园林植物栽植过程中，要严格保湿、保鲜、防止苗木过多失水。

② 促发新根　促进苗木伤口的愈合，发出更多的新根，恢复扩大根系的吸收表面和能力。

③ 保证根系与土壤的紧密接触　根系与土壤颗粒密切接触，才能使水分顺利进入植株体内，补充水分的消耗。

（四）植物栽植工程的定点放线

1. 准备工作

准备工作和组织工作应做到周全细致，否则因为场地过大或施工地点分散，容易造成窝工甚至返工。

（1）了解设计意图。

全面而详细的技术交底是严格按照设计要求进行施工放线的必要条件。一个设计图纸交到施工人员手里，应同时进行技术交底，设计人员应向施工人员详细介绍设计意图，以及施工中应特别注意的问题，使施工人员在施工放线前对整个绿化设计有一个全面的了解。

（2）踏查现场，确定施工放线的总体区域。

施工放线同地形测量一样，必须遵循"由整体到局部，先控制后局部"的原则，首先建立施工范围内的控制测量网，放线前要进行现场踏查，了解放线区域的地形，考察设计图纸与现场的差异，确定放线方法。清理场地，踏查现场，在施工工地范围内，凡有碍工程开展或影响工程稳定的地面物或地下物都应该清除。

2. 准点、控制点的确定

要把种植点放得准确，首先要选择好定点放线的依据，确定好基准点或基准线、特征线，同时要了解测定高程的依据，如果需要把某些地物点作为控制点时，应检查这些点在图纸上的位置与实际位置是否相符，如果不相符，应对图纸位置进行修正，如果不具备这些条件，则须和设计单位研究，确定一些固定的地上物，作为定点放线的依据。测定的控制点应立木桩作为标记。

3. 施工放线

施工放线的方法多种多样，可根据具体情况灵活采用，此外，放线时要考虑先后顺序，以免人为踩坏已放的线。现介绍几种常用的放线方法：

（1）规则式绿地、连续或重复图案绿地的放线。

① 图案简单的规则式绿地，根据设计图纸直接用皮尺量好实际距离，并用灰线做出明显标记即可。

② 图案整齐线条规则的小块模纹绿地，其要求图案线条要准确无误，故放线时要求极为严格，可用较粗的铁丝、铅丝按设计图案的式样编好图案轮廓模型，图案较大时可分为几节组装，检查无误后，在绿地上轻轻压出清楚的线条痕迹轮廓。

③ 有些绿地的图案是连续和重复布置的，为保证图案的准确性、连续性，可用较厚的纸板或围帐布、大帆布等（不用时可卷起来便于携带运输），按设计图剪好图案模型，线条处留5 cm左右宽度，便于撒灰线，放完一段再放一段这样可以连续的撒放出来。

（2）图案复杂的模纹图案。

对于地形较为开阔平坦，视线良好的大面积绿地，很多设计为图案复杂的模纹图案，由于面积较大一般设计图上已画好方格线，按照比例放大到地面上即可；图案关键点应用木桩标记，同时模纹线要用铁锹、木棍划出线痕然后再撒上灰线，因面积较大，放线一般需较长时间，因此放线时最好订好木桩或划出痕迹，撒灰踏实，以防突如其来的雨水将辛辛苦苦划的线冲刷掉。

（3）自然式配置的乔灌木放线法自然式树木种植方式，不外乎有两种：一为单株的孤植树，多在设计图案上有单株的位置；另有一种是群植，图上只标出范围。而未确定株位的株丛、片林，其定点放线方法一般为：

① 直角坐标放线。这种方法适合于基线与辅线是直角关系的场地，在设计图上按一定比例画出方格，现场与之对应划出方格网，在图上量出某方格的纵横坐标、尺寸，再按此位置用皮尺量在现场相对应的方格内。

② 仪器测放法。适用于范围较大，测量基点准确的绿地，可以利用经纬仪或平板仪放线。当主要种植区的内角不是直角时，可以利用经纬仪进行此种植区边界的放线，用经纬仪放线需用皮尺钢尺或测绳进行距离丈量。平板仪放线也叫图解法放线，但必须注意在放线时随时检查图板的方向，以免图板的方向发生变化出现误差过大。

任务一　木本园林植物的栽植施工

一、一般乔灌木的栽植施工

园林树木的栽植技术主要包括栽植前的准备、定植、栽后管理、验收前的养护、验收后移交等步骤：

（一）栽植前的准备

1. 苗木准备

苗木质量的好坏直接影响栽植的质量、成活率、养护成本及绿化效果。栽植苗（树）木的树种、年龄和规格应根据设计要求选定。苗木挖掘前对分枝较低、枝条长而比较柔软的苗木或冠丛，直径较大的灌木应进行拢冠，以便挖苗和运输，并减少树枝的损伤和折裂。对于树干裸露、皮薄而光滑的树木，应用油漆标明方向。

（1）选好苗木：苗木质量的好坏是影响成活的重要因素之一。为提高栽植成活率和以后的效果，移植前必须对苗木进行严格的选择。选苗时，除根据设计所提出的苗木规格、树形等特殊要求外，还要注意选择根系发达、生长健壮、无病虫害、无机械损伤和树形端正的苗木。并用系绳、挂牌等方式，做出明显标记，以免掘错。苗木数量上应多选出一定株数，供备用。

（2）如果苗木生长地的土壤过于干燥，应提前数天灌水；反之，土质过湿时，应提前设法排水，以利起挖时的操作。

（3）拢冠：对于侧板低矮的常绿树（如雪松、油松等），冠丛庞大的灌木，特别是带刺的灌木（如花椒、玫瑰、黄刺玫等），为方便操作，应先用草绳将其冠捆拢。但应注意松紧适度，不要损伤枝条。拢冠的作业也可与选苗结合进行。

（4）准备好锋利的掘捆苗木的工具。带土球掘苗，要准备好合适的蒲包、草绳、塑料布等包装材料。

（5）试掘：为保证苗木根系规格符合要求，特别是对一些情况不明之地所生长的苗木，在正式掘苗之前，应选数株进行试掘，以便发现问题，采取相应措施。掘苗的根系规格，裸根移落叶灌木，根幅直径，可按苗高的1/3左右；带土球移植的常绿树，土球直径为苗木胸（干）径的10倍左右。

2. 土壤准备

（1）整地。主要包括栽植地地形、地势的整理及土壤的改良。首先将绿化用地与其他用地分开，对于有混凝土的地面一定要刨除。将绿化划出后，根据本地区排水的大趋势，将绿化地块适当垫高，再整理成一定坡度，以利排水。然后在种植地范围内，对土壤进行整理。有时由于所选树木生活习性的特殊要求，要对土壤进行适当改良。

（2）栽植穴的准备。树木栽植前的栽植穴准备是改地适树，协调"地"与"树"之间相互关系，创造良好的根系生长环境，提高栽植成活率和促进树木生长的重要环节。首先通过定点放线确定栽植穴的位置，株位中心撒白灰作为标记。栽植穴的规格一般比根幅（或土球直径）和深度（或土球高度）大 20～40 cm，甚至一倍；绿篱等应挖槽整地、成片密植的小株灌木，可采用几何形大块浅坑。穴或槽周壁上下大体垂直，而不应成为"锅底"或"V"形。

3. 栽植

（1）配苗或散苗。

对行道树和绿篱苗，栽植前要再一次按大小分级，使相邻的苗大小基本一致。按穴边木桩写明的树种配苗，"对号入座"，边散边栽。配苗后还要及时核对设计图，检查调整。

将树苗按规定（设计图或定点木桩）散放于定植穴（坑）边，称为"散苗"。具体要求如下：

① 要爱护苗木，轻拿轻放，不得损伤树根、树皮、枝干或土球。

② 散苗速度应与栽苗速度相适应，边散边栽，散毕栽完，尽量减少树根暴露时间。

③ 假植沟内剩余苗木露出的根系，应随时用土埋严。

④ 用作行道树，绿篱的苗木应事先量好高度将苗木进一步分级，然后散苗，以保证邻近苗木规格大体一致。其中与行道树相邻的同种苗木，其规格差别要求为高度不得超过 50 cm，干径不得超过 1 cm。

⑤ 对常绿树，树形最好的一面，应朝向主要的观赏面。

⑥ 对有特殊要求的苗木，应按规定对号入座，不要搞错。

⑦ 散苗后要及时用设计图纸详细核对，发现错误立即纠正，以保证植树位置的正确。

（2）栽植技术。

园林树木栽植的深度必须适当，并要注意方向。栽植深度应以新土下沉后树木原来的土印与土面相平或稍低于土面为准。栽植过浅，根系容易失水干燥，抗旱性差；栽植过深，根系呼吸困难，树木生长不旺。主干较高的大树，栽植方向应保持原生长方向，以免冬季树皮被冻裂或夏季受日灼危害。若无冻害或日灼，应把树形最好的一面朝向主要观赏面。栽植时除特殊要求外，树木应垂直于东西、南北两条轴线。行列式栽植时，要求每隔 10～20 株先栽好对齐用的"标杆树"。如有弯干的苗，应弯向行内，并与"标杆树"对齐，左右相差不超过树干的一半，做到整齐美观。

（3）裸根苗的栽植。

苗木经过修根、修枝、浸水或化学药剂处理后就可以进行栽植。将苗木运到栽植地，根系没入水中或埋入土中存放、边栽边取苗。两人一组，一人扶树，一人填土。要领"埋"、"踩"、"提"，先将表土填入穴底，填至一半时。轻轻提苗，使苗根自然向下舒展，踩实，边埋边提 2～3 次，穴填满后，再踩一次，最后盖一层松土。

（4）带土球苗的栽植。

先测量或目测已挖树穴的深度与土球高度是否一致，对树穴作适当填挖调整，填土至深浅适宜时放苗入穴。在土球四周下部垫入少量的土，使树直立稳定，然后剪开包装材料，将不易腐烂的材料一律取出。为防止栽后灌水土塌树斜，填土一半时，用木棍将土球四周的松土捣实，填到满穴再捣实一次（注意不要将土球弄散），盖上一层土与地面相平或略高，最后把捆拢树冠的绳索等解开取下。容器苗必须将容器除掉后再栽植。

4. 栽植后管理

（1）树木支撑。为防止大规格苗（如行道树苗）灌水后歪斜，或受大风影响成活，栽后应立支柱。常用通直的木棍、竹竿作支柱，长度以能支撑树苗的 1/3 ~ 1/2 处即可。一般用长1.5 ~ 2 m、直径 5 ~ 6 cm 的支柱。可在种植时埋入，也可在种植后再打入（入土 20 ~ 30 cm）。栽后打入的，要避免打在根系上和损坏土球。树体不是很高大的带土移栽树木可不立支柱。立支柱的方式有单支式、双支式、三支式、四支式和棚架式。单支法又分立支和斜支。单柱斜支，应支在下风方向（面对风向）。斜支占地面积大，多用在人流稀少的地方。支柱与树干捆缚处，既要捆紧，又要防止日后摇动擦伤干皮。因此，捆绑时树干与支柱间要用草绳隔开或用草绳包裹树干后再捆。

（2）开堰、作畦。单株树木定植后，在栽植穴的外缘用细土筑起 15 ~ 20 cm 高的土堰，为开堰（树盘）。连片栽植的树木如绿篱、灌木丛、色块等可按片筑堰为作畦。作畦时保证畦内地势水平。浇水堰应拍平、踏实，以防漏水。

（3）灌水。树木定植后应立即灌水。无风天不要超过一昼夜就应浇透头遍水，干旱或多风地区应连夜浇水。一般每隔 3 ~ 5 天要连灌三遍水。水量要灌透灌足。在土壤干燥、灌水困难的地方，也可填入一半土时灌足水，然后填满土，保墒。浇水时应防止冲垮水堰，每次浇水渗入后，应将歪斜树苗扶正，并对塌陷处填实土壤。

（4）封堰。第三遍水渗入后，可将土堰铲去，将土堆在树干的基部封堰。为减少地表蒸发，保持土壤湿润和防止土温变化过大，提高树木栽植的成活率，可用稻草、腐叶土或沙土覆盖树盘。

（二）非适宜季节园林树木栽植技术

园林绿化施工中，有时出于特殊需要的临时任务或其他工程的影响，不能在适宜季节植树。需要采用一些措施突破植树季节。

1. 预先有计划的栽植技术

由于一些因素的影响不能适时栽植树木是预先已知的，可在适合季节起掘（挖）好苗，并运到施工现场假植养护，等待其他工程完成后立即种植和养护。

（1）起苗。

由于种植时间是在非适合的生长季，为提高成活率，应预先于早春未萌芽时带土球掘（挖）好苗木，落叶树应适当重剪树冠。所带土球的大小规格可按一般大小或稍大一些。包装要比一般的加厚、加密。如果是已在去年秋季掘起假植的裸根苗，应在此时另造土球（称作"假坨"），即在地上挖一个与根系大小相应的，上大下略小的圆形底穴，将蒲包等包装材料铺于穴内，将苗根放入，使根系舒展，放于正中。分层填入细润之土并夯实（注意不要砸伤根系），直至与地面相平。将包裹材料收拢于树干捆好。然后挖出假坨，再用草绳打包。正常运输。

（2）假植。

在距离施工现场较近、交通方便、有水源、地势较高，雨季不积水的地方进行假植。假植前为防天暖引起草包腐朽，要装筐保护。选用比球稍大、略高 20～30 cm 的箩筐（常用竹丝、紫穗槐条和荆条所编）。土球直径超过 1 m 的应改用木桶或木箱。先在筐底填些土，放土球于正中，四周分层填土并夯实，直至离筐沿还有 10 cm 高时为止，并在筐边沿加土拍实做灌水堰。按每双行为一组，每组间隔 6～8 m 作卡车道（每行内以当年生新梢互不相碰为株距），挖深为筐高 1/3 的假植穴。将装筐苗运来，按树种与品种、大小规格分类放入假植穴中。筐外培土至筐高 1/2，并拍实，间隔数日连浇 3 次水，适当施肥、浇水、防治病虫、雨季排水、适当疏枝、控徒长枝、去蘖等。

（3）栽植。

等到施工现场可以种植时，提前将筐外所培的土扒开，停止浇水，风干土筐；发现已腐朽的应用草绳捆缚加固。吊栽时，吊绳与筐间垫块木板，以免松散土坨。入穴后，尽量取出包装物，填土夯实。经多次灌水或结合遮荫保证成活。

2. 临时需要的栽植技术

预先无计划，因特殊需要，在不适合季节栽植树木。可按照不同类别树种采取不同措施。

① 常绿树的栽植。

应选择春梢已停，二次梢未发的树种；起苗应带较大土球。对树冠进行疏剪或摘掉部分叶片。做到随掘、随运、随栽；及时多次灌水，叶面经常喷水，晴热天气应结合遮阴。易日灼的地区，树干裸露者应用草绳进行卷干，入冬注意防寒。

② 落叶树的栽植。

最好也选春梢已停长的树种。疏掉徒长枝及花、果。对萌芽力强，生长快的乔、灌木可以重剪。最好带土球移植；如裸根移植，应尽量保留中心部位的心土。尽量缩短起（掘）苗、运输、栽植的时间，裸根根系要保持湿润。栽后要尽快促发新根，可灌溉一定浓度的（0.001%）生长素；晴热天气，树冠应遮阴或喷水。易日灼地区应用草绳卷干。应注意伤口防腐，剪后晚发的枝条越冬性能差，当年冬应注意防寒。

3. 提高栽植成活的技术措施

（1）根系浸水保湿或沾泥浆。裸根苗栽植前当发现根系失水时，应将植物根系放入水中浸泡 10～20 h，充分吸收水分后再栽植，可有效提高成活率。小规格灌木，无论是否失水，栽植之前都应把根系浸入泥浆中均匀沾上泥浆。使根系保湿，促进成活。泥浆成分通常为过磷酸钙：黄泥：水 = 2：15：80。

（2）利用人工生长剂促进根系生长愈合。树木起掘时，根系受到损伤，可用人工生长剂促进根系愈合、生长。如软包装移植大树时，可以用 ABT—1、ABT—3 号生根粉处理根部，有利于树木在移植和养护过程中迅速恢复根系的生长，促进树体的水分平衡。

（3）利用保水剂改善土壤的性状。城市的土壤随着环境的恶化，保水通气性能越来越差，不利于树木的成活和生长。在有条件的地方可使用保水剂改善。保水剂主要有聚丙烯酰胺和淀粉接枝型，颗粒多为 0.5～3 cm 粒径。在北方干旱地区绿化使用，可在根系分布的有效土层中掺入 0.1% 并拌匀后浇水；也可让保水剂吸足水形成饱水凝胶，以 10%～15% 掺入土层中。可节水 50%～70%。

（4）树体裹干保湿增加抗性。栽植的树木通过草绳等软材料包裹枝干可以在生长期内避免强光直射树体，造成灼伤，降低干风吹袭而导致的树体水分蒸腾，储存一定量的水分使枝干保持湿润，在冬季对枝干又起到保温作用，提高树木的抗寒能力。草绳裹干，有保湿保温作用，一天早晚两次给草绳喷水，可增加树体湿度，但水量不能过多。塑料薄膜裹干有利于休眠期树体的保温保湿，但在温度上升的生长期内，因其透气性差，内部热量难以及时散发导致灼伤枝干，因此在芽萌动后，须及时撤除。

（5）树木遮阴降温保湿。在生长季移植的树木水分蒸腾量大，易受日灼，成活率下降。因此在非适宜季节栽植的树木，条件允许应搭建荫棚以减少树木的蒸腾。在城市绿化中，一般用树杆、竹竿、铁管搭架，用70%遮阴网效果较好。

二、大树移植技术

一般大树是指胸径15 cm以上的乔木。

（一）大树移植前的促根准备

1. 多次移植（用于专门培养大树的苗圃）

速生树种：头几年每隔1～2年移一次，树干直径达6 cm以上时，每隔3～4年移一次；

慢生树种：树干直径达3 cm以上时，每隔3～4年移一次，6 cm以上时，每隔5～8年移一次。

2. 预先断根法（断根缩坨）

在移植前1～3年的春季或秋季，以树干为中心，2.5～3倍胸径为半径画圆或方形，沿圆外缘在相对的两面向外挖30～40 cm宽，深50～80 cm的沟，然后用加有有机肥的土填平，分层踩实，定期浇水，到第二年春季或秋季再在另外两个相对面以同样办法断根，到第三年时，四周均长满了须根。如图3.1所示。

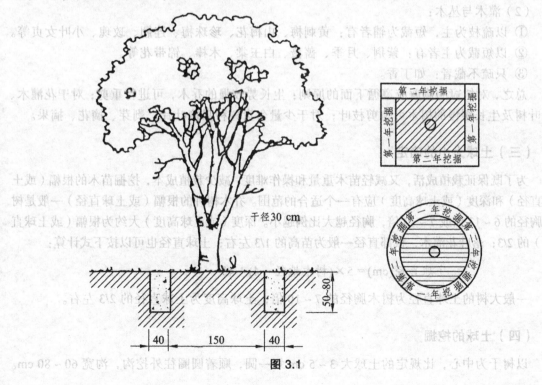

干径30 cm

图3.1

3. 根部环状剥皮法

同上法挖沟，但不切断主根，而采取环状剥皮的方法，剥皮的宽度一般为 10～15 cm。该方法由于大根未断，树身稳定。

（二）大树栽植前的修剪

1. 树根的修剪

剪去断根、病虫根、过长根。

2. 树冠修剪的方法和要求

① 高大乔木应于栽前修剪；小苗、灌木可于栽后修剪。

② 落叶乔木疏枝时应与树干平齐，不留残桩；灌木疏剪应与地面平齐。

③ 短截枝条，应选择在叶芽上方 0.3～0.5 cm 的适宜之处。剪口应稍斜向背芽的一面。

④ 修剪时应先将枯枝、病虫枝、树皮劈裂枝剪去，对过长的徒长枝应加以控制。较大的剪、锯之伤口，应涂抹防腐剂。

⑤ 使用枝剪时，必须注意上下剪口垂直用力，切忌左右扭动剪刀，以免损伤剪口。粗大枝条最好用手锯锯断，然后再修平锯口。

3. 常见树木移植时的修剪方法

（1）乔木：

① 以疏枝为主者有：银杏、雪松、水杉、桂花、广玉兰等。

② 以疏枝、短截并重者有：杨树、槐树、栾树、香樟等。

③ 以短截为主者有：柳树、合欢、悬铃木等。

④ 一般不剪者有：楸树、野漆树、梧桐、臭椿等。

（2）灌木与丛木：

① 以疏枝为主，短截为辅者有：黄刺梅、山梅花、珍珠梅、连翘、玫瑰、小叶女贞等。

② 以短截为主者有：紫荆、月季、蔷薇、白玉棠、木棒、锦带花等。

③ 只疏不截者：如丁香。

总之，对树冠的修剪应遵循下面的原则：生长势较强的乔木，可进行重剪；对于花灌木、针叶树及生长缓慢的树木可疏剪枝叶；对于少量名贵树种只摘叶片；剥芽、摘花、摘果。

（三）土球大小的确定

为了既保证栽植成活，又减轻苗木重量和操作难度，减少栽植成本，挖掘苗木的根幅（或土球直径）和深度（或土球高度）应有一个适合的范围。乔木树种的根幅（或土球直径）一般是树木胸径的 6～12 倍或 7～10 倍，胸径越大比例越小。深度（或土球高度）大约为根幅（或土球直径）的 2/3；落叶花灌木，根部直径一般为苗高的 1/3 左右；土球直径也可以按下式计算：

$$土球直径(cm) = 5 \times (树木地径 - 4) + 45$$

一般大树的土球直径为树木胸径的 7～10 倍，土球高度为土球直径的 2/3 左右。

（四）土球的挖掘

以树干为中心，比规定的土球大 3～5 cm 划一圆，顺着圆圈往外挖沟，沟宽 60～80 cm。

（1）挖掘带土球苗木，其总要求是土球规格要符合规定大小，保证土球完好，外表平整平滑，上部大而下略小，形似红星苹果之形状，包装严密，草绳紧实不松脱，土球底部要封严不漏土。

（2）开始挖掘时，以树干为中心，按土球规格大小，画一个正圆圈，标明土球直径的尺寸。为保证起出的土球符合规定大小，一般应稍放大范围进行挖掘。

（3）先去表土（俗称起宝盖），画定圆圈依据后，先将圆内的表土挖去一层，深度以不伤表层的苗根为度。

（4）挖去表土后，沿所画圆圈外缘向下垂直挖沟。沟宽以便于操作为度，约宽 50~80 cm，所挖之沟上下宽度要基本一致。随挖随修整土球表面，操作中千万不可踩、撞土球边沿，以免伤损土球，一直挖掘到规定的土球纵径深度。

（5）掏底：土球四周修整完好以后，再慢慢由底圈向内掏挖，称"掏底"。直径小于 50 cm 的土球，可以直接将底土掏空，以便将土球抱到坑外包装，而大于 50 cm 的土球，理应将底土中心保留一部分，支住土球，以便在坑内进行包装。

（五）土球的修整

土球修整到一半深时，可逐步向里收底，直到缩小到土球直径的 1/3 为止，将土球表面修整平滑，下部修一小平底。

（六）土球的包装

1. 打包之前应将蒲包、草绳用水浸泡潮湿，以增强包装材料的韧性，减少捆扎时引起脆裂和拉断

① 土球直径在 50 cm 以下者，刨出坑（穴）外打包法：先将一个大小合适的蒲包浸湿摆在坑边，双手抱出土球，轻放于蒲包袋正中。然后用湿草绳以树干为起点纵向捆绕，将包装捆紧。

② 土质松散以及规格较大的土球，应在坑内打包，方法是：将两个大小合适的湿蒲包从一边剪开直至蒲包底部中心，用其一兜底，一里顶，两个蒲包接合处，捆儿道草绳使蒲包固定，然后按规定捆纵向草绳。

③ 纵向草绳捆扎方法：先用浸湿的草绳在树干茎部系紧，缠绕几圈固定好。然后沿土球与垂直方向稍成斜角（约 30°）捆草绳，随拉随用事先准备好的木锤，砖石块，边拉边敲草绳，使草绳稍嵌入土，捆得更加牢固。每道草绳间隔 8 cm 左右，直至把整个土球捆完。土球直径小于 40 cm 者，用一道草绳捆一遍，称"单股单轴"。土球较大者，用一道草绳沿方向捆二遍，称"单股双轴"。土球很大，直径超过 1 m 需用二道草绳捆二遍，称"双股双轴"。纵向草绳捆完后，在树干基部收尾捆牢。

④ 系腰绳：直径超过 50 cm 的土球，纵向系绳收尾后，为保护土球，还要在土球中部捆横向草绳，称"系腰绳"。方法是：另用一根草绳在土球中部紧密横绕几道，然后再上下用草绳呈斜向将纵、横向草绳串联系结起来，不使腰绳滑脱。

⑤ 封底：凡在坑内打包的土球，在捆好腰绳后，轻轻将苗木推倒，用蒲包、草绳将土球底包严捆好，称为"封底"。方法是：先在坑的一边（计划推倒的方向）挖一条小沟，并系紧

封底草绳，用蒲包插入草绳将土球底部露土之处盖严。然后将苗木朝挖沟向推倒再用封底草绳与对面的纵向草绳交错捆连牢固即可。

⑥ 土壤过于松散，难以保证土球成形。可以边掘土球边横向捆紧草绳，称为"打内腰绳"，然后再在内腰绳之外打包。

⑦ 土球封底后，应该立即出坑待运，并随时将掘苗坑填平。如土质较硬不易散坨者，也可不用蒲包。

2. 带土球软材包装

常用的有橘子式（图3.2）、井字式（图3.3）、五角式（图3.4）。

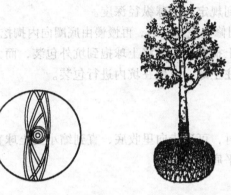

图 3.2

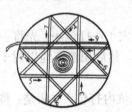
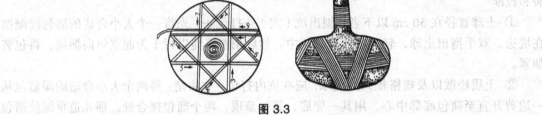

图 3.3

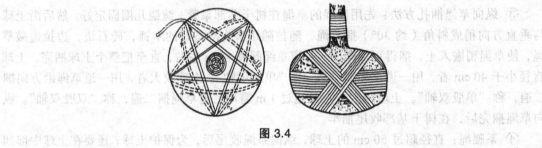

图 3.4

3. 带土块方箱包装

（1）箱板、工具调运车辆准备。准备4块倒梯形壁板，底板、盖板各一块，油压千斤顶、起重机、卡车。土块1.5 m见方用5 t吊车，土块1.8 m见方用8 t吊车，土块2 m见方用15 t吊车，3根比树略高的支撑杆。

（2）挖土块。修整后的土块形状与箱板如图 3.5 所示。

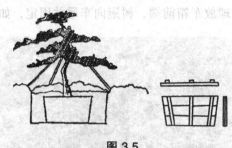

图 3.5

（3）上箱板。壁板中部与中心干对齐，箱板端不要顶上，以免影响收紧（图 3.6），先上底板，后上顶板。

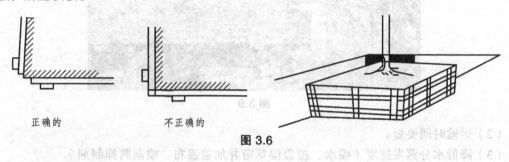

正确的　　　　　　　　不正确的

图 3.6

（七）移植大树的吊装

起吊常用方法：吊干法、平吊法——多用于裸根移植；吊土球（木箱）法——多用于带土球移植。

1. 吊干法

吊干法着力点主要集中在树干上的某一点，技术关键是对树皮的保护，该方法可最大限度地保护树木根部（一般着力点在根上 50 cm 左右），如图 3.7 所示。

2. 平吊法

平吊法着力点在树干上的某两处，重点保护树皮。如图 3.8 所示。

图 3.7　　　　　　　　　　　　　图 3.8

（八）大树的运输

（1）装车一般根系、土球放车箱前端，树冠向车尾并固定，如图3.9所示。

图3.9

（2）运输时间要短。

（3）降低水分蒸发速度（喷水、覆盖湿草帘并加盖篷布、喷蒸腾抑制剂）。

（4）2 m以下的苗木可以立装，2 m以上的苗木必须斜放或平放。土球朝前，树梢向后，并用木架将树冠架稳。

（5）土球直径大于20 cm的苗木只装一层，小土球可以码放2~3层。土球之间必须安放紧密，以防摇晃。

（6）土球上不准站人或放置重物。

（九）挖植树坑

树坑一般应比规定土球大，约加宽放大40 cm，加深20 cm左右，坑壁光滑，树坑上下大小一致，坑底土壤细且松，中间可堆一小土堆。具体做法如下：

① 挖出的表土与底土应分开堆放于坑（穴）边。因表层土壤有机质含量较高，植树填土时，应先填入坑（穴）下部，底土填于上部或作填充用。如部分土质不好应把坏土分开堆放。行道树挖穴（刨坑）时，土应堆于与道路平行的树行外侧，不要堆在行内，以免影响栽树时瞄直的视线。坑穴的上、下口大小应一致。

② 在斜坡上挖穴（刨坑）应先将斜坡整成一个小平台，然后在平台上挖穴（刨坑）。坑（穴）的深度从坡的下沿口开始计算。

③ 在新填土方处刨坑（挖穴），应将坑（穴）底适当踩实。

④ 土质不好的，应加大坑（穴）的规格，并将杂物筛出清走，遇石灰渣、炉渣、沥青、混凝土等对树木生长不利的物质，则应将坑（穴）径加大1~2倍，将有害物清运干净，换上好土。

⑤ 刨坑（穴）时发现电缆、管道等，应停止操作，及时找有关部门配合解决。

⑥ 绿地内挖自然式树木栽植入穴时，如果发现有严重影响操作的地下障碍物时，应与设计人员协商，适当改动位置，而行列式树木，一般不再移位。

（十）大树定植

（1）先量好树坑的深度与土球高度是否一致，对树坑作适当填挖调整。

（2）准备好回填土和有机肥。

（3）大树放树坑时，应有人掌握好方向，确定好大树的主要观赏面。剪开包装材料，将不易腐烂的材料取出。

（4）填土时，先将表土填坑底，边填土边夯实，填至一半时，浇足水，等水全部渗入土中再继续填土。

（十一）筑灌水堰

（十二）立支柱

三、"反季节"移植大树注意事项

（1）尽量缩短起、运、栽的时间。

（2）对常绿树进行疏剪，对生长快的落叶树可重剪。

（3）夏季及时多次灌水，并进行叶面、地面洒水、搭棚遮荫，湿草绳卷干，施用蒸腾抑制剂。

（4）冬季草绳卷干并用薄膜包裹，地面盖草、树冠盖薄膜等。

（5）灌溉水中加入生根剂。

四、植皮与损伤皮复原技术

（一）大树植皮的一般步骤

（1）对撕裂的树皮消毒后进行复原位，如图 3.10 所示。损伤皮复原操作，具体步骤如下：

① 对损伤面消毒；

② 对原皮及时复位；

③ 钉紧复位皮，然后涂敷料保护。

（2）对掉落的树皮，如能找到，消毒后立即复原处理，如无法找到，用本树切下枝的树皮进行植皮，或用植皮涂敷料进行涂抹并用纱布或无纺布包扎，如图 3.11 所示。大树植皮操作，具体步骤如下：

① 当无法确定原皮的伤口大小时，用白纸覆盖在伤口上，画出伤口的大小界线；

② 从本树切下的枝上按样取皮；

③ 对伤口进行消毒处理；

④ 将切取皮植入损皮处；

⑤ 复位后用钉固紧；

⑥ 对植皮缝外涂愈伤涂膜剂；

⑦ 对植皮处用绳捆好。

（3）枝干断面经消毒敷料后，戴上罩帽。

（4）在损皮附近插入动力液（直插瓶），促进伤皮愈合和再生。

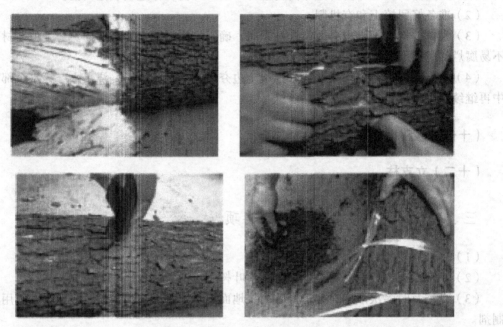

图 3.10　损伤皮复原操作

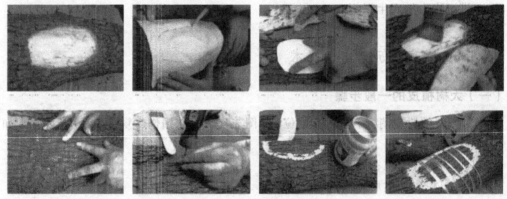

图 3.11　大树植皮操作

（二）大树抑制蒸腾技术

1. 作用特点

对移栽大树在运输途中和移栽后水分的过度蒸腾起抑制作用，能促进气孔关闭和延缓树体新陈代谢，减少树体水分消耗，提高大树移栽成活率；同时，也适用于高温、干旱条件下的树木防树体失水，能减弱蒸腾，减少对水分的需求，抗旱、抗逆能力强。

2. 用法用量

将抑制蒸腾剂稀释 50～100 倍整株喷雾（200 mL 属超浓缩型，稀释 500～600 倍使用）包括树干及叶面，以喷湿不滴水为度，可连喷 2 次，每次间隔 5～7 天，一般在下午 6 点后使用，用后 8 h 内不能向树体浇水。

3. 适用范围

新移栽的苗木和大树、气温高、干旱缺水环境中的植物、植物种植后的养护管理、苗木及大型树木的移栽运输。

（三）大树移栽促根技术

可分为喷施型和浇灌型两类，诱导生根，根多根壮，提高成活率。

1. 喷施型生根

（1）作用特点。能激活根髓组织活性，诱导产生促根活性物质，促进大树快速生根，提高大树移栽成活率。

（2）用法用量。根部喷施，将药品稀释 200 倍，喷起挖后准备移栽的大树根部（包括土球），重点喷树根断面及根系，喷后即可移栽，以完全喷湿根部为度；每瓶 50 mL，能对胸径 15 cm 左右的大树（带土球的）喷到 10～12 棵。

（3）注意事项：

① 本喷施型适用于胸径 5 cm 以上移栽树木。

② 禁止用本剂在移栽后浇灌大树根部。

③ 大树移栽技术性强，移栽的成活率与移栽季节，移栽操作细节，移栽后的环境，温湿度和移栽树品种等诸多因素关系密切。

④ 在挖树、吊运、移栽等各环节应注意保护树体及根部，且根部应带泥团，效果更佳。

2. 浇灌型生根

（1）作用特点。含多种促根活性物质，诱导剂、氨基酸螯合的多种微量稀有元素，提供根系生长内源动力，诱导激活根系活力，促使大树快速生根；能改善根际环境条件，增强根的布展力和营养吸收力；能及时提供大树生长所需要的多种营养物质，提高大树成活率。

（2）用法用量。产品有 200 mL 和 1 000 mL 两种规格，200 mL 包装为超浓缩型，稀释 2 000 倍浇灌；1 000 mL 包装稀释 100～200 倍浇灌。可连灌两次，间隔期为 15～20 天，在浇灌前，应在土球外围 5 cm 处开一条深 20 cm 左右的环状沟，并适当疏松表层土壤，采用慢灌法用药，以利于根系吸收，浇后回填沟。

（3）适用时期：

① 在大树移栽时作为定根水浇灌用，尽量灌透。

② 大树出现根系活力差或根系生长出现障碍需刺激根系活力时用。

（4）注意事项：

① 选阴天或晴天下午 5 时后施用。

② 不能与碱性物质混用。

③ 高温干旱使用应适当增加兑水量，可加入常规浇水中使用。

（四）愈伤涂抹、防腐技术

1. 作用特点

① 在植物切口能够迅速形成保护膜，具有保湿保墒的膜透性，防止水分，养分的流失。

② 加入了细胞激动素、细胞分裂素，能够促进愈伤组织的再生能力，促使伤口快速愈合。

③ 植物伤口的防污、消毒杀菌防腐。

④ 不灼伤树体，成膜后耐雨水冲刷。

2. 用法用量

直接用刷子将该药剂涂抹在伤口上，以均匀涂满树体伤口为宜，表干时间：干燥晴天为 2 h 左右，潮湿阴天为 4 h 左右，未表干时间如遇雨应补刷。每 500 g 本品能涂刷直径 5 cm 的切口约 2 000 ~ 3 000 个。

3. 适用范围

树体修剪口（切口）的杀菌防腐，促进愈合，减少修剪口的水分和养分流失；树体枝干及树皮受伤、受病虫害后的涂抹；促进伤口愈合，减少伤口疤痕。

4. 注意事项

① 久置若有少量分层，属正常现象，使用时搅匀不影响效果。

② 若黏度过大，使用时可加水 10% 稀释搅匀后使用。

③ 不宜涂刷过厚，以均匀涂刷一薄层为度。

④ 环保水溶性成膜剂，对操作人员安全。

（五）源动力大树营养液，大树施它活应用技术

以新朝阳源动力的树营养液，国光大树施它活为例。

1. 作用特点

给树体输入生命平衡液，能及时提供芽生长的动力物质，促进大树快速发芽；补充芽生长的营养物质，促进芽健康生长，提高移栽大树成活率，恢复树势。本输液插瓶是根据人体输液原理而发明的可多次使用的输液插瓶，具有使用方便（可两用），节约水肥，利用率高等特点。

2. 用法用量

① 呈 45°角钻孔，钻孔深 5 ~ 6 cm，孔径 6 ~ 8 mm，插入深度 3 ~ 4 cm。用直径为 5.5 mm 的钻头斜向下与水平呈 45°角钻孔钻孔时，孔与孔之间错开，均分原则，钻至木质部 3 ~ 5 cm，以不超过树木主干胸径的 2/3 为宜。

② 旋下其中一个瓶盖，刺破封口，换上插头，旋紧后将插头紧插在孔中，然后旋下另外一个瓶盖，刺破封口后旋上（调节松紧控制流速），一般情况下，胸径 8 ~ 10 cm 插 1 瓶，胸径大于 10 cm 以上的大树一般插 2 ~ 4 瓶，尽量插在树干上部（插在主干和一级主枝分叉处下方，也可在每根一级主枝上插 1 瓶）。首次用完后的加液量一般根据树体需求和恢复情况决定。用手将封口盖拧开，然后将输液管转换管插入封口拧紧，将袋子提高排出管内的空气，用力将针管塞入钻孔内，并用钳子掐紧，掐紧后观察使其不漏液，以后根据树势的恢复情况确定是否再吊注。树木胸径、钻孔数与吊袋数的关系：

■ 树木胸径（cm）	5~10	10~20	20~30	30以上
■ 钻孔个数（个）	2	4	6	8
■ 吊袋数量（个）	1	2	3	4

3. 大树营养液的作用特点

给树体输液打吊针和给人体输液打吊针道理相同，都是为了补充生命液（以达到维持生命和正常新陈代谢）。给树体输入树体生命液，能提供大树生长活性物质，促进树体生长，激活大树的细胞活性，增强树势的恢复力，提高成活率，复壮快。本品具有使用方便，节约水肥，利用率高，安全环保，见效快等特点。

4. 输液适用范围

大树移栽促成活，园林名木古树、老弱病残树等养护及复壮。

5. 吊注输液时期

大树移栽前后及运输过程中、各个生长时期、老弱病残树，名木古树等。

注：在吊完后，根据树势、天气等情况确定是否还要吊注，如需吊注，直接更换新朝阳源动力大树营养液或者国光大树施它活药袋即可。

6. 使用注意事项

输液结束后，用杀菌剂250~300倍液涂刷孔口消毒，然后用干树枝塞紧注孔，与树皮齐平，并涂上"愈伤涂膜剂"促伤口快速愈合。主干胸径小于5 cm的幼树不宜使用，严禁超浓度、超剂量使用药肥（输水不限量）。嫁接的大树依树势而定。药液吊完后，可连加3~4次清水给树体补充水分，水分补充完后，立即将插头拔除，处理孔口，防止孔口长期被水浸泡腐烂。无用药经验，无事先试用的树种，必须先小试成功后再扩大使用。

（六）大树吊针输液技术

1. 主要成分

含18种氨基酸，16种植物生长所必需的营养元素，稀土及高活性有机质，另外还加有树体专用功能剂，如促根、促芽活性物质，诱抗剂等。

2. 作用特点

根据给人体输液的原理给大树打吊针输液，能及时补充树体生长所需的多种营养物质，吸收利用率高。对植物难吸收的营养元素，如铁、锌、钙、钼等，通过氨基酸高度螯合，形态稳定、易吸收、活性高；产品配方科学，含量高，见效快，对出现缺素症状和移栽养护促成活的树木效果特别明显，植物使用安全。

3. 使用时期

在树体生长期，移栽前后及运输过程中、老弱病残树各个时期，输液时期不受限制，但使用注射液的浓度在各个时期是不同的，休眠期浓度高些，生长期浓度低些。

4. 使用方法

用清洁水或凉开水稀释后在根颈部打孔吊注。

① 刚移栽的树或在树生长期使用：兑水400~600倍。根据施药后树体恢复情况，可适当增加用药次数，间隔期15~20天。

② 休眠期使用：兑水150~200倍，落叶树在落叶后、常绿树一般在越冬期使用，用一次即可。

③ 注入剂量：依据树干胸径大小确定用量，胸径为 5～7 cm 的树用本品稀释液 0.25 kg，胸径为 7～20 cm 的树其用药量，在 0.25 kg 基础上树胸径每增加 1 cm 增加稀释液 0.12 kg，主干胸径超过 20 cm 大树，粗度每增加 1 cm 用药量增加 0.2 kg 稀释液，具体用药量还要考虑到树冠的大小和长势的强弱，建议在农技员或公司技术专家指导下进行。

5. 注意事项

① 输液结束后，用杀菌剂 250～300 倍液涂刷孔口消毒，然后用干树枝塞紧注孔，与树皮齐平，并涂上"愈伤涂膜剂"促伤口快速愈合。主干胸径小于 5 cm 的幼树不宜使用，严禁超浓度、超剂量使用药肥（输水不限量）。

② 药液吊完后，可连加 3～4 次清水给树体补充水分，水分补充完后，立即将插头拔除，处理孔口，防止孔口长期被水浸泡腐烂。

③ 无用药经验，无事先试用的树种，必须先小试成功后再扩大使用。

④ 原液稀释前先摇匀后，再兑水稀释。

案例分析十二　内江市水韵天成园林绿化工程大树栽植工程施工方案

一、编制说明

　　针对本工程特点及现场施工条件，绿化单位通过项目部与公司技术及安全部门共同编制此施工方案。此施工方案在通过公司技术、安全生产部门审核，经公司总工审批通过后，将作为本工程施工纲领性文件执行。

　　本施工组织方案依据现行法律法规及规范标准要求，本着科学、合理、节约、环保的原则进行编制。本施工方案全面、完整地阐述了大树移植施工全过程的策划、管理和实施等内容。

　　1. 编制依据

　　《城市绿化工程施工及验收规范》CJJ/T89—99；

　　《城市园林苗圃育苗技术规程》CJ14—86；

　　《园林栽植土质量标准》DBJ08—231—98；

　　《园林植物栽植技术规程》DBJ08—18—91；

　　《园林植物养护技术规程》DBJ08—35—94；

　　《建设工程安全生产管理条例》。

　　2. 相关文件

　　内江市水韵天成园林绿化施工图；

　　内江市水韵天成园林绿化施工建设合同。

二、工程概况

　　内江市水韵天成园林绿化施工工程，绿化面积 1.2 万 m²。其中乔木 800 余棵，栽植灌木约

4 000 m², 种植草坪约 8 000 m², 植物种类多达到 80 余种。本工程的绿化种植工程中, 胸径在 20 cm 以上的落叶乔木和株高在 6 m 以上的常绿乔木占到种植乔木总量的 1/3。

三、施工准备

1. 技术准备

（1）认真阅读规范, 审核施工图纸, 编制施工方案。

（2）进行临时工程设施具体设计。对第一个具体的分项制定详细的施工方案, 编制作业指导书。

（3）编制各种针对性的保证措施。

（4）结合工程特点编写技术管理办法和实施细则, 备齐必要的参考资料。

（5）对施工现场进行认真核实, 核实相关构筑物和地下管网是否是图纸所示位置, 如发现与图纸不符及时通知监理工程师核查。

2. 人员组织准备

（1）进驻施工现场后, 我公司将派有丰富施工经验的施工员两名负责该项施工任务的现场管理。

（2）现场技术管理和指导由项目总工负责, 安全管理由专职安全员负责。材料采购由项目材料员负责。

3. 机械设备动员及投入方案

（1）机械设备配置原则：

① 严格按照合同工程量和施工要求, 配足配齐施工所需机械设备。

② 保证机械设备性能良好, 配套完善, 所有机械设备的新度系数均达 85% 以上。

③ 机械设备调配严格按照工程进度计划实施, 一旦进场, 未经业主或监理工程师同意不私自撤场。

（2）机械设备配置方案。

投入本专项工程的机械设备从就近租赁调入。机械设备主要是 8 t 吊车 2 辆, 12 t 吊车 1 辆, 8 t 水车 2 辆。所有施工机械车辆均采用沿附近的交通干道自行进入施工现场。

4. 主要材料供应方案

用于本专项工程的主要材料大规格苗木从合格的苗木销售供应商处采用汽车运至工地。

（1）苗木供应商的选择和确定均在公司长期合作的有良好信誉的供应商中选择, 所选苗木得到业主和监理工程师的确认合格后, 方可签订供货合同。

（2）苗木材料进场后, 质量需再次经过工地检验, 经检验合格并经标志后, 方可投入使用。所有材料的进场和发放必须进行计量和检验, 严格材料管理。

四、主要施工方法

1. 苗木选择、起掘、包装、运输

（1）施工顺序：选择苗木→标记、记录（表明所选苗木和原生地的树冠朝向）→挖掘→树体、根部包装→装车→运输。

（2）苗木的选择：

① 所选苗木的品种、规格必须符合设计图纸的要求。

② 苗木生长健壮、根系发达、树形优美、树冠较完整。

③ 苗木无检验检疫对象的病虫害。树干枝干无蛀孔、病斑，根部无褐变、腐烂等现象。

（3）苗木挖掘：

① 土球直径：由于苗木均为大规格苗木，所以土球直径均不得低于1.2 m。

② 土球厚度：浅根性树种土球厚度为土球直径的3/5，深根性树种土球厚度为土球直径的4/5。

（4）苗木包装：

① 土球的包装。要求包装整齐、牢固、不松散。

② 树干和树冠的包装。树干采用草绳或草片缠绕，树冠用绳子拢冠，防止树干和树冠在吊装和运输中树皮、树冠受损。

2. 苗木种植

（1）施工顺序：定点放线→挖种植穴→苗木栽植（回填种植穴）→苗木支撑→浇水养护。

（2）定点放线：

① 采用边线定位法，以已有道路中心线、路缘石、建筑物等的边线为基准点，用钢卷尺丈量将种植点标记在场地内。定点应符合设计图纸的要求，位置准确，标记明显。孤植树应用白灰点明单株栽植中心点位置，订木桩写明树种名称和树穴规格。

② 由于本工程大树种植多为自然式配置方式，因此在放线过程中要注意要避免等距离成排成行栽植，相邻苗木也应避免三株在一条直线上，形成机械的几何图形。栽植点分布要保持自然，有疏有密，做到疏密有致。

③ 种植点位置遇有地下管线和地上构筑物、障碍物时，种植点应进行调整。

（3）种植穴挖掘。本工程采用人工挖掘和机械挖掘两种方式进行种植穴挖掘施工。

① 人工挖掘。

以定点标记为圆心，按规定的尺寸先画一圆圈，然后沿边线外侧垂直向下挖掘，边挖边修直穴壁直至穴底，使树穴上口沿与底边垂直，切忌挖成锅底形。如穴底有建筑垃圾时，应向下深挖，彻底清除渣土；如穴底不透水时，应尽量挖透不透水层。然后，回填种植土至要求深度，踏实。

在地下管线不明，种植点比较孤立不便于组织机械施工的地方采用人工挖掘。

② 机械挖掘。

挖掘机械必须停放安稳，挖掘前必须用白灰标出树穴范围，挖掘时树穴直径、穴深必须达到标准要求。机械挖完后，树穴需进行人工修整。

在施工范围集中，地下管线明确和便于开展机械作业的范围采用机械挖掘。

③ 注意事项。

挖穴是如发现种植点标记不清楚，必须重新放线标定。

种植穴挖掘时，表土和底土应分别放置，种植穴中不适宜植物栽植要求的土壤，应全部清除，更换达标种植土。

对于地势低洼及地下水位较高处，树穴挖掘过程中出现积水的，应及时与监理或甲方协商解决，或抬高地面，或调整位置后再进行种植。

（4）苗木栽植：

① 应先踏实栽植穴底部松土，土球底部土壤散落后，应在树穴相应部位堆土，使苗木栽植后树体端正，根系与土壤紧密结合。

② 苗木落穴前调整苗木朝向，当土球苗吊至穴底但未落实时，应由 2~3 人手推土球上沿，调整好朝阳面或观赏面，将树体落入树穴中。

③ 调整垂直度。将苗木稳稳地放置与栽植穴中央的土堆上，先不撤吊装带，如苗木倾斜时，应将苗木重新吊起，调整至树身上下垂直再进行栽植。严禁回填土后使用人工拉拽进行调整，以免导致土球散坨。

④ 在苗木垂直度，树体朝向调整好，稍加稳固后将土球外包装拆除，取出。回填种植土，分层回填并踏实（每层回填深度不要超过 20 cm）。

（5）苗木支撑。

支撑应在完成种植穴回填后，及时进行。本工程采用三角支撑。

① 支撑方法。

树体高度在 5 m 以上的苗木，做三角支撑。苗木在 6 m 以上、树冠较大，应设两层支撑。支撑杆基部应埋入土中 30~40 cm，并夯实。也可将撑杆基部，直接与楔入地下 30~40 cm 的锚桩固定。绑扎树干处应夹垫透气的草绳或草片，以防磨损树干。支撑杆与树干用 10 号铅丝固定。

② 支撑的标准要求。

支撑高度：支撑点在树高的 1/3~1/2 处。

支撑杆设置方向：一根支撑杆必须设立在主风方向上位，其他两根均匀分布。

支撑杆倾斜角度：一般倾斜角度为 45°。

支撑杆要设置牢固，不偏斜、不吊桩。

（6）浇水。

① 浇水围堰修筑的标准要求。

大树定植后，应在大于栽植穴直径 15~20 cm 用细土筑成 15~20 cm 的灌水围堰，围堰应人工踏实或用铁锹拍实，做到不跑水、不漏水。

② 浇水时间。

定根水应在定之后 24 h 内灌一遍透水，3~5 d 内浇灌二遍水，7~10 d 内浇灌三遍水。待三水充分渗透后，用细土封堰保墒。以后视天气情况及不同苗木对水分的需求，分别适时进行开穴补水。

③ 浇水注意事项。

灌水时应该控制水流速度，水流不可过急，严禁急流直冲树根部。

发现跑水漏水时，应及时进行封堵。穴土沉陷或出现孔洞及根系外露的，应及时回填栽植土，裸露根系应填土埋严、压实。灌水后出现树木倾斜时，应扶正，培土。

每次灌水后，应认真检查土球是否灌透。

五、树木的后期养护管理

1. 保持树体水分代谢平衡

（1）喷水：树体地上部分（特别是叶面）因蒸腾作用而易失水，必须及时喷水保湿。喷水要求细而均匀，喷及地上各个部位和周围空间，为树体提供湿润的小气候环境。可采用高压水枪喷雾，可将供水管安装在树冠上方，根据树冠大小安装一个或若干个细孔喷头进行喷雾，效果较好。或采取"吊盐水"的方法，即在树枝上挂上若干个装满清水的盐水瓶，运用吊盐水的原理，让瓶内的水慢慢滴在树体上，并定期加水，既省工又节省投资。但喷水不够均匀，水量较难控制。一般用于去冠移植的树体，在抽枝发叶后，仍需喷水保湿。

（2）遮阴：大树移植初期或高温干燥季节，要搭制阴棚遮阴，以降低棚内温度，减少树体的水分蒸发。在成行、成片种植，密度较大的区域，宜搭制大棚，省材又方便管理，孤植树宜按株搭制。要求全冠遮阴，阴棚上方及四周与树冠保持50 cm左右距离，以保证棚内有一定的空气流动空间，防止树冠日灼危害。遮阴度为70%左右，让树体接受一定的散射光，以保证树体光合作用的进行。以后视树木生长情况和季节变化，逐步去掉遮阴物。

（3）控水：新移植大树，根系吸水功能减弱，对土壤水分需求量较小。因此，只要保持土壤适当湿润即可。土壤含水量过大，反而会影响土壤的透气性能，抑制根系的呼吸，对发根不利，严重的会导致烂根死亡。为此，一方面，我们要严格控制土壤浇水理。移植时第一次浇透水，以后应视天气情况、土壤质地，检查分析，谨慎浇水。同时要慎防喷水时过多水滴进入根系区域。第二方面，要防止树池积水。种植时留下的浇水穴，在第一次浇透水后即应填平或略高于周围地面，以防下雨或浇水时积水。同时，在地势低洼易积水处，要开排水沟，保证雨天能及时排水。第三方面，要保持适宜的地下水位高度（一般要求−1.5 m以下）。在地下水位较高处，要做网沟排水，汛期水位上涨时，可在根系外围挖深井，用水泵将地下水排至场外，严防淹根。

2. 树体保护

新移植大树，抗性减弱，易受自然灾害、病虫害、人为的禽畜危害，必须严加防范。

（1）保护新芽：新芽萌发，是新植大树进行管理活动的标志，是大树成活的希望，更重要的是，树体地上部分的萌发，对根系具有自然而有效的刺激作用，能促进根系的萌发。因此，在移植初期，特别是移植时进行重修剪的树体所萌发的芽要加以保护，让其抽枝发叶，待树体成活后再行修剪整形。同时，在树体萌芽后，要特别加强喷水、遮萌、防病治虫等养护工作，保证嫩芽与嫩梢的正常生长。

（2）保护支撑：

大规格乔木由于树冠大、重心高，而根系较小，依靠树体自身不能固定，易被风吹倒或发生倾斜，即使树体摇动，也易造成根部晃动，使根部不能生根或露气后使根部腐烂。因此，大树栽植完毕，必须进行支撑。

大树支撑一般用大毛竹杆或杉木杆，因树体规格、高度而定。本项目大树一般用毛竹杆或杉木杆采用三角形或四角对称支撑，竹杆底部用短木桩和支撑固定，使其不易风吹滑动，竹杆与树体支撑部用麻绳绑牢固，树木支撑部位要用棕皮或草绳缠绕保护，以致不损伤树皮。支撑完毕，用力摇动树体，树体牢固，不摇动。

（3）防病治虫：坚持以防为主，防治结合的原则，根据树种特性和病虫害发生发展规律，勤检查，做好防范工作。一旦发生病情，要对症下药，及时防治。

（4）施肥及越冬防护：

施肥有利于恢复树势。大树移植初期，根系吸肥力低，宜采用根外追肥，一般半个月左右一次。用尿素、硫酸铵、磷酸二氢钾等速效性肥料配制成浓度0.5%到1%的肥液，选早晚或阴天进行叶面喷洒，遇降雨应重喷一次。根系萌发后，可进行土壤施肥，要求薄肥勤施，慎防伤根。

新植大树的枝梢、根系萌发迟，年生长周期短，积累的养分少，因而组织不充实，易受低温危害，应做好防冻保温工作。一方面，入秋后，要控制氮肥，增施磷、钾肥，并逐步延长光照时间，提高光照强度，以提高树体的木质化程度，提高自身抗寒能力。第二，在入冬寒潮来临之前，做好树体保温工作。可采用覆土、地面覆盖、设立风障、搭制塑料大棚等方法加以保护。

实训项目十一　木本园林植物的栽植施工

一、实训目的

（1）掌握园林景观木本植物的栽植施工方法及技巧；

（2）熟悉园林植物栽植工程的施工组织与管理。

二、实训材料

树种若干、锄头、铁锹、水管等。

三、实训内容及要求

（1）制定木本植物施工组织方案。

（2）每6人一组施工防线，分组对指定乔木进行起苗、栽植、支撑、筑灌水堰、浇水。

（3）要求学生严格按照要点进行操作，并在规定时间内按要求操作完成。

（4）操作结束后，做好场地清理工作。

四、评分标准（100分）

序号	项目与技术要求	配分	检测标准	实测记录	得分
1	施工组织方案	30	能较好地编写施工组织方案，方案能正确地阐述草坪建植的技术、经济等相关要点		
2	施工防线	30	能利用工具，在施工场地中正确放出图纸要求的设计图案及设计要求		
3	种植	20	能掌握各类木本的栽植方法及技巧		
4	文明施工	20	实训期间遵守纪律、团结协作、爱护工具设备，工完清场		

任务二　草本花卉植物的栽植施工

一、一、二年生草本花卉栽植施工

（一）栽植施工方式

1. 直播栽培方式

将种子直接播种于花坛或花池内而生长发育至开花的栽培方式。该方法主要用于主根明显、须根少、不耐移植的花卉，如虞美人、花菱草、香豌豆、牵牛、茑萝、凤仙花、矢车菊、飞燕草、紫茉莉。

2. 育苗移栽方式

先在育苗圃地播种培育花卉幼苗，长至成苗后，按要求定植于花坛或花池的栽培方式。主要用于主根、须根全面而耐移栽的花卉。育苗移栽方式与直播栽培方式相比的优点是：株型及开花整齐，根系发达，能集中生产。

（二）栽植施工技术

1. 整地作床（畦）

露地栽培一、二年生草本园林植物，要选择光照充足、土地肥沃、地势平整、水源方便和排水良好的地块，在播种或栽植前进行整地。

（1）整地作床的意义。

改进土壤物理性质，使水分空气流通良好，种子发芽顺利，根系易于伸展；保持土壤水分；促进土壤风化和有益微生物的活动；有利于可溶性养分含量的增加；可预防病虫害。将土壤病虫害等翻于表层，暴露于空气中，经日光和严寒灭杀。

（2）整地深度。

一、二年生花卉深 20～30 cm。

宿根和球根花卉深度 40～50 cm。

（3）整地方法。

翻起土壤：整地应在土壤干湿适度时进行。土壤过干，费工费时；土壤过湿破坏土壤团粒结构，物理性质恶化，形成硬块，特别是黏土；新开垦的土地应进行深耕、施基肥、改良土壤。细碎土块：清除石块、瓦片、断茎和杂草镇压，以防土壤过于松软，根系吸水困难。整地后表土要求：细、平、匀、实。整地时一面翻土，一面挑选、清除土中杂物。若土质太差，应当将劣质土全清除掉，另换新土填入花坛中。花坛栽种的植物都是需要大量消耗养料的，因此花坛内的土壤必须很肥沃。在花坛填土之前，最好先填进一层肥效较长的有机肥作为基肥，然后才填进栽培土。一般的花坛，其中央部分填土应该比较高，边缘部分填土则应低一些。单面观赏的花坛，前边填土应低些，后边填土则应高些。花坛土面应做成坡度为 5%～10% 的坡面。在花坛边缘地带，土面高度应填至边缘石顶面以下 2～3 cm；以后经过自然沉降，土面即降到比边缘石顶面低 7～10 cm 之处，这就是边缘土面的合适高度。花坛内土面一般要填成弧形面或浅锥形面，单面观赏花坛的上面则要填成平坦土面或是向前倾斜的直坡面。填土达到要求后，要把上面的土粒整细、粗平，以备栽种花卉植物。花坛种植床整理好之后，应当在中央重新打好中心桩，作为花坛图案放样的基准点。

（4）时间：秋天耕地，春季整地作畦。

（5）作畦：花卉栽培都用畦栽方式，高畦一般用于南方，利于排水；低畦一般用于北方，利于保水和灌溉。畦面整平，微有坡度。畦面两侧有畦埂。畦面宽 100 cm，定植 2～4 行。

2. 播种方式

大粒种子常用点播方式，中粒种子条播，小粒种子撒播。覆土深度取决于种子的大小，通常大粒种子覆土深度为种子厚度的 3 倍左右，小粒种子以不见种子为度。

3. 间苗

（1）含义：又称"疏苗"。将播种生长出的苗，予以疏拔，以防幼苗拥挤，扩大苗木间距。

（2）意义和作用。使苗木间空气流通，日照充足，生长苗壮；减少病虫害；选优去劣。选留强健苗，拔去生长柔弱、徒长、畸形苗、除草。

（3）时期：在子叶发生后进行，分数次进行，最后一次间苗叫定苗。在雨后或灌溉后进行。间苗后要灌水。

（4）应用范围：常用于直播的一、二年生花卉，以及不适于移植而必须直播的种类。

4. 移栽、定植

大部分露地花卉是先在苗床育苗，经分苗和移植后，最后定植于花坛或花圃中。主要作用是加大株间距，扩大幼苗的营养面积；切断主根，可促使侧根发生；抑制徒长。使幼苗生长充实，株丛紧密。一般真叶生出 10～12 枚时进行定植。以幼苗水分蒸腾量极低时进行最为适宜。边移植、边浇水，一畦全部移植后再浇透水。降雨前移植，因移植时损伤根系，影响成活；在无风的阴天进行，天气炎热时在午后或傍晚时进行。有裸根移栽和带土移栽两种。步骤如下：

（1）起苗。应在土壤湿润状态下进行。可先灌水，后起苗。小苗和易成活的大苗：裸根移植。用手铲将苗带土掘起，然后将根群的土轻轻抖落，防止伤根，栽植。一般大苗：带土移植。先用手铲将苗四周铲开，然后从侧下方将苗掘出，保持完整的土球。难成活的苗：较难移植的种类一般采用直播的方法。

（2）栽植。沟植法，依一定的行距开沟栽植；穴植法，依一定的株行距掘穴或打孔栽植。注意裸根栽植时，根系舒展于穴中，然后覆土、镇压；带土球栽植时，填土于土球四周并镇压，但不可镇压土球，以免将土球压碎。

二、多年生草本园林植物栽植施工

1. 宿根类植物的露地栽培

栽植地整地深度应达 30～40 cm，甚至 40～50 cm，并应施入大量的有机肥，以长时期维持良好的土壤结构。应选择排水良好的土壤，一般幼苗期喜腐殖质丰富的土壤，在第二年后则以黏质土壤为佳。定植初期加强灌溉，定植后的其它管理比较简单。为使其生长茂盛、花多、花大，最好在春季新芽抽出时追施肥料，花前和花后再各追肥一次。秋季叶枯时，可在植株四周施腐熟的厩肥或堆肥。

2. 球根类植物的露地栽培

球根花卉的地下部分具肥大的变态根或变态茎。植物学上称球茎、块茎、鳞茎、块根、根茎等，园林植物生产中总称为球根。

（1）整地：球根花卉对整地、施肥、松土的要求较宿根花卉高，特别对土壤的疏松度及耕作层的厚度要求较高。因此，栽培球根花卉的土壤应适当深耕（30~40 cm，甚至40~50 cm），并通过施用有机肥料、掺和其他基质材料，以改善土壤结构。栽培球根花卉施用的有机肥必须充分腐熟，否则会导致球根腐烂。磷肥对球根的充实及开花极为重要，钾肥需要量中等，氮肥不宜多施。我国一些地区土壤呈酸性反应，需施入适量的石灰加以中和。

（2）栽植：球根较大或数量较少时，可进行穴栽；球小而量多时，可开沟栽植。如果需要在栽植穴或沟中施基肥，要适当加大穴或沟的深度，撒入基肥后覆盖一层园土，然后栽植球根。球根栽植的深度因土质、栽植目的及种类不同而有差异。黏质土壤宜浅些，疏松土壤可深些；为繁殖子球或每年都挖出来采收的宜浅，需开花多、花朵大的或准备多年采收的可深些。栽植深度一般为球高的3倍。但晚香玉及葱兰以覆土到球根顶部为宜，朱顶红需要将球根的1/4~1/3露出土面，百合类中的多数种类要求栽植深度为球高的4倍以上。栽植的株行距依球根种类及植株体量大小而异，如大丽花为60~100 cm，风信子、水仙20~30 cm，葱兰、番红花等仅为5~8 cm。

（3）栽培要点：

① 球根栽植时应分离侧面的小球，将其另外栽植，以免分散养分，造成开花不良。

② 球根花卉的多数种类吸收根少而脆嫩，折断后不能再生新根，所以球根栽植后在生长期间不宜移植。

③ 球根花卉多数叶片较少，栽培时应注意保护，避免损伤，否则影响养分的合成，不利于开花和新球的成长，也影响观赏。

④ 作切花栽培时，在满足切花长度要求的前提下，剪取时应尽量多保留植株的叶片，以滋养新球。

⑤ 花后及时剪除残花不让结实，以减少养分的消耗，有利于新球的充实。以收获种球为主要目的的，应及时摘除花蕾。对枝叶稀少的球根花卉，应保留花梗，利用花梗的绿色部分合成养分供新球生长。

⑥ 开花后正是地下新球膨大充实的时期，要加强肥水管理。

三、花坛图案放样

花坛的图案、纹样，要按照设计图放大到花坛土面上。放样时，若要等分花坛表面，可从花坛中心桩牵出几条细线，分别拉到花坛边缘各处，用量角器确定各线之间的角度，就能够将花坛表面等分成若干份。以这些等分线为基准，比较容易放出花坛面上对应重复的图案纹样。有些比较细小的曲线图样，可先在硬纸板上放样，然后剪成图样的模板，再依照模板把图样画到花坛地面上。花境的图案放样可按设计图样及比例在植床上进行放线定位，可先在图纸上画好花境的形状，然后在图纸上行画线格，用藤条、细绳或者皮尺依图纸在地上放样，通过这种方法可以把图纸上的形状原样再移到地面上。也可按照设计方案，定点、定位放线，先用滑石粉或者竹扦插入土中准确地画出位置、轮廓线。对于面积较大的可以用方格线法，按比例放大到地面。

四、花坛植物栽植

从花圃挖起花苗之前，应先灌水漫湿田地，起苗时根土才不松散。同种花苗的大小、高矮应尽量保持一致，过于弱小或过于高大的都不要选用。花卉栽植时间，在春、秋、冬3季基本没有限制，但夏季的栽种时间最好在上午11时之前和下午4时以后，要避开太阳曝晒。花苗运到后，应即时栽种，不要放了很久才栽。栽植花苗时，一般的花坛都从中央开始栽，栽完中部图案纹样后，再向边缘部分扩展栽下去。在单面观赏花坛中栽植时，则要从后边栽起，逐步栽到前边。若是模纹花坛和标题式花坛，则应先栽模纹、图样、字形，后栽底面的植物。在栽植同一模纹的花卉时，若植株稍有高矮不齐，应以矮植株为准，对较高的植株则栽得深一些，以保持顶面整齐。花坛的长度视需要而定，过长者可分段栽植。栽种时，需先栽植株较大的花卉，再栽植株较小的花卉。先栽宿根花卉，再栽一二年生草花和球根花卉。栽植时需选择植物并不断调整，矮棵的浅栽，高棵的深栽，以准确地表达图案纹样。花坛花苗的株行距应随植株大小而确定。植株小的株行距可为 15 cm×15 cm；植株中等大小的可为20 cm×20 cm 至 40 cm×40 cm；对较大的植株则可采用 50 cm×50 cm 的株行距，五色苋及草皮类植物是覆盖型的草类，可不考虑株行距，密集铺种即可。花坛栽植完成后，要立即浇一次透水，使花苗根系与土壤密切接合。

案例分析十三 内江城区节日花坛草本花卉的栽植施工

花坛是城市园林绿地的重要组成部分，常见有圆形花坛、带状花坛、平面花坛、立体花坛等，它美化了城市，改善了生活环境，丰富了人们的文化生活，给人以美的享受，随着人民生活水平的提高，花坛的作用将越来越重要。成品草花的种植和养护是花坛草花种植工程建设的重要一个环节，现对园林绿化工程中花坛草花的种植施工、养护总结如下：

一、栽植前的准备工作

1. 整地

花坛在栽种前要首先整地，一般需将土壤翻挖 25~40 cm，对土壤进行除草、翻晒，清除土壤中的碎石及其他杂物，并对土壤进行消毒处理。要求是富含大量有机质的腐殖土，底层垫上有机肥料或复合肥做基肥，然后盖上一层细的原土，且花坛内泥土土层面低于花坛（花池）口 4 cm 左右，连续多次种植草花的，要更换花坛（花池）土壤的土层。通常花坛地面中心应高于四周成倾斜面，若一面观赏的花坛应前低后高一面倾斜，花池的效果坡度一般为7%~9%，花钵坡度为 40%~45%。

2. 施工放线

整好花坛苗床后，用皮尺、绳子、木桩等工具将花坛勾画出图案，计算出要用各种草花的数量，为种植花坛做好准备。

二、栽植过程

种植方法严格按设计图案（图纸）种植草花，以防品种及色彩混淆。花坛栽种草花一般选在阴天或下午最佳，在夏季气温高，移植时间一般选择在上午 10：00 前或下午 16：00 后。尽量栽植一些刚开花草花；地栽草花应在移植前 2 d 浇透水，以便起苗时多带土，要求种后无裸露的根部，覆土平整。移植时尽量轻拿轻放，勿将草花原土球弄散，以防伤根，移植深度应将新土覆盖原土球 2～3 cm 为宜。定植的草花根据花坛需要将颜色、高度、大小选择好；栽种时先栽中心部位，然后四周，坡式花坛应由上向下种植；图案花坛应先种植图案的轮廓线，剩余部位再补充；栽植时矮的浅栽，高的深栽，株行距尽量对齐，可根据植株大小定为15～25 cm，以草花有一定生长空间且不露太多土面为宜，栽好后浇 2～3 次水，一定要浇透，同时把垃圾打扫干净。

三、日常养护管理

花坛栽好后根据天气情况每 3～5 d 浇一次水，尽量不要浇在花朵上，以免烂花，多清洗花的叶片，及时除杂草、剪残花、去黄叶，枯萎的草花要及时更换，同时每 20～30 d 追一次尿素：二铵＝2：1 的复合肥，可结合浇水撒颗粒肥，并喷 1 000 倍甲胺磷和 800 倍甲托预防病虫，每 15～20 d 一次，在夏季特别注意各项管理工作应在上午 10 点前或下午 4 点后进行，避开高温时间。

实训项目十二　草本花卉植物的栽植施工

一、实训目的

（1）掌握草本花卉植物的栽植施工方法及技巧；
（2）掌握草本花卉植物栽植施工的组织与管理。

二、实训材料

花卉植物若干、锄头、铁锹、水管等。

三、实训要求

（1）根据绿化工程的需要，在校园内指定地块进行草本花卉植物的栽植施工实训。
（2）要求如下：
① 制定草本花卉植物施工组织方案。
② 平整场地。
③ 施工放线。

④ 花卉种植。

⑤ 浇水。

⑥ 清理场地。

四、评分标准（100分）

序号	项目与技术要求	配分	检测标准	实测记录	得分
1	施工组织方案	30	能较好地编写施工组织方案，方案能正确地阐述草本花卉栽植的技术、经济等相关要点		
2	场地平整	10	场地符合设计要求，做到细、平、匀、实		
3	施工放线	20	能利用测量工具，按设计要求对花坛图案进行正确放线		
4	草本花卉栽植	20	能掌握草本花卉栽植方法及技巧		
5	文明施工	20	实训期间遵守纪律、团结协作、爱护工具设备，工完清场		

任务三 草坪建植

一、直播草坪的建植

（一）场地（坪床）的准备

建坪前，应对拟建立草坪的场地进行调查和测量，制定切实的工作方案。建坪前坪床的准备工作，包括地面清理、平整、排灌系统的设置、土壤消毒和土壤改良，施基肥等工作。

1. 地面清理和地形的平整

在建坪的场地上清除不利于草坪生长的障碍物。如在长满树木的场所，应伐去树木或灌木，清理掉树木根系；清除不利于操作和草坪草生长的石头、瓦砾、建筑垃圾；消除和杀灭杂草；清除一切不利于草坪生长的杂物。根据设计方案的要求，进行必要的挖方或填方工程。

（1）树木清理。包括乔木和灌木以及倒木、树桩和树根等。对于树桩和树根的清除，可以应用推土机或其他的方法挖除，因有些残根能萌发新植株或有的残体在腐烂后形成洼地，而破坏草坪的一致性，同时，清除残根也可以防止某些菌类的产生。

（2）岩石和巨砾的清理。要认真清理坪床表土以下 60 cm 以内的大石砾，去除 20 cm 内的小石块和瓦砾。

2. 建坪前对坪床的杂草清除和地下病虫害的防治

对于某些蔓延性的多年生草类，特别是禾草和莎草，仅用耙或草皮铲进行表面去杂的处理还是不够的，因为残留的植物的营养繁殖体如根状茎、匍匐茎、块茎等，以后会再度萌生形成新的杂草植物体，重新侵入。因此，必须在进行坪床准备时，对杂草及根系进行彻底防除。防除方法可用物理防除和化学防除法。

（1）物理防除。常用手工或机械翻耕土壤。用犁、锄头等工具，既翻耕了土壤，同时也起到清除杂草的作用。但是，对像匍匐冰草等这样一些具有地下根茎的杂草，单纯采用翻耕拣拾的方法，是很难一次除尽，故通常在夏季时不种植任何植物，以定期进行去除杂草。此方法宜在秋播建坪时采用。如果条件许可，休闲期应尽量延长。

（2）化学防除。就是用熏杀剂或用非选择性的内吸除莠剂对坪床上的杂草进行除草工作或对土壤处理。利用除草剂除草，主要是当杂草长到 10 cm 时，在对土壤翻耕前 7 ~ 10 天施用除莠剂，以便杂草吸收并转移到地下器官，使整个植株枯死。常用的有效的除莠剂有茅草枯、磷酸甘氨酸、草甘膦等，药物的使用量一般为 0.2 ~ 0.4 mL/d。对于土壤，主要采用熏蒸法进行土壤消毒，即将高挥发性的农药施入土壤，以杀伤和抑制杂草种子、营养繁殖体、致病有机体、线虫和其他有害有机体的过程。在熏蒸前，应对土壤进行深耕，以利药物向防治目标侵入。施药温度不低于 5 ~ 10 ℃，土壤应有一定的湿度，以保持熏杀剂的活性。常用于草坪的熏杀剂有溴甲烷、棉隆、威百亩等。具体的操作方法是用人工或采用具有自动铺膜装置的土壤熏蒸专用设备，在离地面 30 cm 处支起薄膜，用土密封薄膜边缘，将熏杀剂放在密封薄膜棚的蒸发皿中，使之在密封薄膜棚中充分蒸发，以达到熏杀的目的。待熏蒸 24 ~ 48 h 后，方可进行播种。采用棉隆和威百亩药剂，可以用喷雾的方法施入土壤，使用后立即与土壤混合或灌水。施药后 21 天才可进行播种作业。

3. 翻耕土地

其目的是使新建的草坪，在地形上符合设计要求，并为新建草坪创造优良的生长环境。新建草坪应尽可能创造肥沃的土壤表层，一般要求其表层应具有 30 cm 厚度的疏松肥沃的表土。因此，在草坪铺设前，对土壤进行一次全面翻耕是十分必要的，尤其是对于土壤质地黏重或曾受过重力碾压而坚实的场地，全面翻耕土壤更显得十分重要。翻耕的深度一般不低于 30 cm，以达到改善土壤的团粒结构和通气性，提高土壤的持水能力、减少草坪草根系伸入土壤的阻力等目的。在大面积的坪床上整地，可以运用机动机具作业。对于面积较小，不宜翻耕的场地，可用旋耕方式进行土壤处理。旋耕可达到清除表面杂物和将肥料及土壤改良剂混入土壤的作用。在一般情况下，旋耕的深度可以达到 10 ~ 20 cm，沙性较大的土壤可以达到 30 cm。翻耕作业最好在秋季和初冬较干燥的期间进行。因为这样可使翻耕过的土壤块在较长的冷冻作用下破碎，也有利于有机质的分解和减少虫害。耕作时必须细心地破碎紧实的土层，在小面积的坪床上，可进行多次翻耕以松土，大面积则可使用松土机松土。严忌雨后翻耕，雨后翻耕易形成大土块。

4. 坪床整理

在建坪之初，应该按照草坪设计对地形的要求进行整理。如为自然式草坪，则应有适当的自然地形起状；如为规则式草坪，则要求地形平整。坪地的平整作业，不管是自然式草坪或规则式草坪，其表土都应细致平整，使地面平滑，为草坪的铺装和草坪的生长，管理提供一个理想的环境。在地形平整中如移动的土方量较大，则应将表层土壤铲在一边，暂时堆置，然后取出底土或垫高地形后再将原表层土返回原地表。平整作业包括粗平整和细平整两类。粗平整就是草坪床面的等高处理。在粗平整作业中要根据设计的标高要求，钉设标桩，按标高标桩的要求，挖掉突起的部分和填平低洼的部分，使整个坪床达到一个理想的水平面。

对于填方的地方，应考虑填土的沉陷因素，要适量加大填入的土方量，一般情况下，细质土通常下沉 15%（即每米厚的土下沉 12 ~ 15 cm），在填方较深的地方，除要加大填方量外，还需要进行镇压或灌水，以加速沉降速度，在短时期内达到质量要求。坪床的坡度因不同形式（自然式草坪和规则式草坪）而有所异。考虑其表面排水的因素，自然式草坪由于其本身保持一定的自然地形起伏，可以自行排水。对于规则式草坪，为了有利于表面排水，应该设计 0.2% 的适宜排水坡度。在建筑物附近的草坪，其排水坡度应向房屋外向方向倾斜。对于面积较大的绿地草坪和运动场地的草坪地，一般应是中心地段较高，两侧较低的龟背形，以便向外侧方向排水。细平整就是在粗平整的基础上，平滑坪床表面，为种植和以后的苗期作业管理准备优良的基础条件。在小面积的坪床上进行细平整，最好的办法是人工平整，也可以用半机械法，即用绳拉钢垫或板条，以拉平坪床表面，粉碎土块。对于面积较大的坪床，则需要借助整地的专用设备，如土壤犁刀、耙、重钢板、板条、钉齿耙等工具进行作业。细平整作业要在灌水之后和播种以前进行。细平整时应注意坪床土壤的湿度，过湿则会在坪床表土形成板结，有碍播种。

（二）播　种

1. 选种

播种用的草籽必须要选用草种正确，发芽率高，不含杂质（特别是绝对不能含野草种子）。

（1）播种量。播种的草籽必须做发芽试验，以便确定合理的播种量。一般情况下，羊胡子草每亩播种量 5~6 kg，结缕草需 14~15 kg。

（2）种子处理。为使草籽发芽快、出苗整齐，播种前应作种子处理。结缕草可用 0.5% NaOH（氢氧化钠）（火碱）溶液浸泡 24 h，捞出后再用清水冲洗干净，最后将种子放在阴凉、通风处，待晾干外皮，即可播种。

（3）播种时间。主要根据草种与气候条件来决定。播种草籽，自春季至秋季均可进行。冬季不过分寒冷的地区，以早秋播种为最好；此时土温较气温高，根部发育好，耐寒力强，有利越冬。草坪在冬季越冬有困难的地区，只能采用春播。但春播苗多易直立生长，播种量应稍多些。

（4）播种方法。一般采用撒播法。先在地上做出 3 m 宽的条畦，并灌水浸地；水渗透稍干后，用特制的钉耙（粗齿间距 2~3 倍的细沙土），均匀撒播丁沟内。最好是先纵向撒一半，再横向撒另一半，然后用竹扫帚轻扫一遍，将草籽尽量扫入沟内，并用平耙搂平。最后用重 200~300 kg 的碾子碾压一遍（潮而黏的土不宜碾压）。为了使草籽出苗快、生长好，最好在播种的同时混施一些速效化肥。北京地区每平方米可施硫铵 25 g、过磷酸钙 50 g、硫酸钾 12.5 g。

（5）后期管理。播种后应及时喷水，水点要细密、均匀，从上而下、慢慢浸透地面。第1~2 次喷水量不宜太大；喷水后应检查，如发现草籽被冲出时，应及时覆土埋平。二次喷水后则应加大水量，经常保持土壤潮湿，喷水决不可间断。这样，约经一个多月时间，就可以形成草坪了。此外，还必须注意围护起来，防止游人践踏，否则造成出苗严重不齐。

2. 具体播种方法

① 选择无风或微风天气进行，机械播种播 2~4 次，保证播量准确，播撒均匀。

② 为取得更好的效果必要时可进行植前施肥，对整好的场地，均匀撒施熟化的有机肥 3 kg/m²、复合肥 0.08 kg/m²，再进行土壤翻耕，然后用铁耙将表土耙平、耙细保证细整后的坪床不出现坑洼高低不平的现象，以免浇水或雨天积水而造成草坪生长不良。细整后的坪床准备播种。

③ 白三叶播种量以发芽率及土壤条件来决定。发芽率高、土壤条件好则可减少草种播种量，反之增大草种播种量。一般为 $10 \sim 15 \, \text{g/m}^2$，用播种机撒播均匀。

④ 覆土镇压：播种后，用覆土耙进行覆土 2 次以上，覆厚 0.2 cm，之后用 $50 \sim 80$ kg 滚筒进行镇压 2 次，确保草种与土壤接触紧密、坪床具有一定的紧实度。

⑤ 覆盖：选用草苫子进行覆盖，保湿、防止种子流失、减少径流对地表的冲刷而导致地表板结。

⑥ 播后 24 h 内进行第一次喷灌，喷湿土壤 $5 \sim 10$ cm，1 天喷 $2 \sim 3$ 遍，保证坪床湿润，直至种子发芽。

⑦ 发芽后 20 天，保证 $2 \sim 3$ 天对草坪进行一次喷灌，之后每 $3 \sim 5$ 天对草坪进行一次喷灌，直至成坪。

⑧ 揭除覆盖物：待幼苗出土整齐后，选择阴雨天或晴天的傍晚进行，并注意揭除后的养护工作，防止造成幼苗脱水伤害。

⑨ 草坪草生长到 5 叶期时，用速效氮（$4 \sim 8 \, \text{g/m}^2$）对草坪进行第一次追肥。

⑩ 当草坪生长至 $10 \sim 12$ cm 时，对草坪进行第一次修剪，选用悬刀式剪草机修剪，剪高 $7 \sim 8$ cm。苗期进行 $3 \sim 5$ 次杂草防除工作，采用化学防治与人工拔除相结合。做好苗期病虫害防治工作，如幼苗凋萎病、根腐病及食叶、食茎害虫的发生。

二、栽植法建植草坪（或称种草鞭法）

常利用裸根栽植草根或草茎（有分节的）的方法，繁殖草坪。此法操作方便，费用较低，节省草源，管理容易，能迅速形成草坪。

1. 栽植时间

自春至秋均可进行，为及早形成草坪，一般栽植时间宜早不宜迟。

2. 选择草源

草源地一般是事前建立的草圃，特别是分植能力强的草种，以保证草源充足供应。在无专用草圃的情况下，也可选择杂草少，生长健壮的草坪做草源地。草源地的土壤，如果过于干燥，应在掘草前灌水。水渗入深度应在 10 cm 以上。

3. 掘草

掘取匍匐性草根，其根部最好多带一些宿土，掘后及时装车运走。草根堆放要薄，并放在阴凉之地，必要时可以搭遮荫棚存放，并经常喷水保持草根潮湿。一般每平方米草源可以栽种草坪 $5 \sim 8 \, \text{m}^2$。掘非匍匐性的草胡子草，应尽量保持根系完整丰满，不可掘得太浅造成伤根，掘前可将草叶剪短，掘下后可去掉草根上带的土，并将杂草挑净，装入湿蒲包或湿麻袋中，及时运走。如不能立即栽植，也必须铺散存放于阴凉处，并及时喷水养护。

4. 栽草

（1）羊胡子草的栽植法 将结块草根撕开，剪掉草叶，挑净杂草，将草根均匀地铺撒在整好的地面上，铺撒密度以草根互相搭接，基本盖严地面即可；覆细土将草根埋严，并用 200 kg 重的光面碾子碾压一遍，然后及时喷水。水点要细，以免将草根冲露出来。第一次喷水量要小，只起到压土的作用即可，如发现草根被冲出，应及时覆土埋严；以后喷水要勤，保持土壤经常潮湿，以利草根成活生长。这样，一般 $2 \sim 3$ 周就可以恢复生长了。

（2）匍匐性草的栽植方法　匍匐性草类，其茎有分节生根的特点。故根、茎均可栽植形成草坪，常用点栽及条栽两种方法。

① 点栽法。点栽比较均匀，形成草坪迅速，但比较费人工。栽草时，每二人为一个作业组，一人负责分草并将杂草挑净；一人负责栽草。用花铲挖穴（坑），深度和直径均为 6～7 cm；株距 15～20 cm，按梅花形（三角形）将草根栽入穴内，用细土埋平，用花铲拍紧，并随时顺势搂平地面。最后再碾压一次，及时喷水。

② 条栽法。条栽比较节省人力，用草量较少，施工速度也快，但草坪形成时间比点栽要慢。操作方法很简单，先挖（刨）沟，沟深 5～6 cm，沟距 20～25 cm，将草鞭（连根带茎）每 2～3 根一束，前后搭接埋入沟内，埋土盖严，碾压、灌水，以后要及时挑出野草。

三、草皮卷的铺植

（1）以生长健壮的草坪做草源地，草源地的土壤若过于干燥，应在掘草前灌水。掘取草根，其根部最好多带一些宿土，掘后及时装车运走，将草要堆放在阴凉之处，堆入要薄，并经常喷水保持草根潮湿，必要时可搭荫棚存放。

（2）草皮建植采用分栽草根与铺草块的方式进行铺植。

（3）草块选择无杂草、生长势好，无病虫害的草源。

（4）草皮移植前 24 h 修剪并喷水，镇压保持土壤湿润，较好起草皮。

（5）起草皮规格宜为 30 cm×30 cm，厚度掌握在 3～5 cm 适宜，否则运输不易，铺植时草皮根系也不容易与原地形土壤相结合而扎根。

（6）草皮运输时应在运输车上用木板分置 2～3 层，以免卸车草皮破损。

（7）草皮铺植于地面时，草皮间应有 3～5 cm 的间距，后用 0.27 t 重的碾压器压平，也可用圆筒或人工脚踩，使草皮与土壤结合紧密，无空隙，易于生根，保证草皮成活。

（8）草皮压紧后浇第一遍透水，保证坪床 5～10 cm 湿润，使草皮恢复原色或失水不宜过多，之后每隔 3～4 天浇一次水，以保证草皮的需水量。

（9）保证滚压和浇水，直到草皮生根而转到正常的养护管理。

职业能力小结

本学习情境对园林植物栽植的类型、园林植物的栽植季节、园林植物栽植成活的原理、各类园林植物的栽植施工技术进行了全面的介绍。

学完本学习情境后，应具备的职业能力为：

① 能进行木本植物的栽植施工与管理

② 能进行草本花卉植物的栽植施工与管理

③ 能进行草坪的建植施工与管理

讨论与思考

（1）论述如何提高木本植物栽植成活率？

（2）论述花坛施工放线的方法？

（3）论述草坪建植的方法？

案例分析十四　欧城印象园林工程草坪建植

由于欧城印象选择的冷季型草坪具有叶色浓绿、绿期长（300天以上）、耐踩踏性强和易于管理等优良的特点，所以在园林设计和园林工程中多被广泛应用。冷季型草坪建植方法很多，如播种、平铺、分栽等。其中以平铺草坪施工简单、见效快、效果好。故在工期紧的重点绿化工程中最为常用。

一、草坪草平铺建植时间及草坪草草种的品种选择

因冷季型草的生长最适宜温度为 15～25 ℃ 之间，故草坪平铺建植时间最好在初春和秋季为最佳建植时间，此间温度适宜冷季型草生长，成活率高，但鉴于实际工作中的一些特殊情况，也可以在其它季节建植，不过在其它季节建植时，要适当采取一些特殊的措施，以利于草坪草成活。草坪草品种选择以选择当年生生长健壮、密度适合、覆盖率高（>98%）、生长均匀、高度整齐一致、色泽好、适宜建植地生长的草坪草品种。

二、起草皮时的注意事项

在选好品种的前提下，要选好草坪地块，为提高铺植后草坪草生根力，提早返青，起草前10天施薄肥一次。起草前 7～10 天喷药一次，以免将病虫带入建植区内蔓延，造成大片死亡。为便于成卷，利于成活，起草前 2～3 天喷一次水，这样草坪吸足水分，不会因长途运输而失水。起草时草皮太厚，不便于运输与铺设，若太薄，根系损伤大，恢复生长慢，不利于后期管理，一般厚度掌握在 2～3 cm，块状的以 30 cm×30 cm 规格为宜，铲完后，把草块一块一块叠起来捆扎，长条状的则卷起来绑扎，以利于装车。

三、坪床及其他地表管线的铺设准备工作

坪床的准备工作是在草坪建植中比较关键的一个环节。无论是哪种草坪建植方法，坪床的准备方法基本上是一致的。首先要进行地形的粗整理，大致按图形的标高做出地形，然后要上足底肥（一般亩施有机肥 12～15 kg）并对地形做进一步的精细整理。即对坪床要深翻20～30 cm，除去上中部的砖石瓦砾，过筛表土，然后平整地块，坑洼处填平。积水是草坪生长最大的障碍，将引起病虫害的发生和草坪死亡。在园林绿化中，常常设计一些微地型，利

用自然坡排水，坪地应有一定坡度，一般排水坡度在 2% 以上，以利于草坪排水。草坪边缘应设计好排水沟。因特殊需要需建平坦的草坪时，应设计地下排水管道。为了提高工作效率和绿地养护水平，园林工程中还可以设置自动喷灌系统音乐灯光系统等。

四、草坪铺植

草坪铺植的时间是随起随铺，不要长时间存放或隔夜。铺植时将草皮牢牢压入坪床，压紧压实，与土壤密接，很易成活。相连的草皮在两头之间要留 0.5～1 cm 左右的间隔，以防草坪在运输途中边缘失水干缩，遇水浸泡后膨胀，形成边缘重叠。铺植时发现坪床凹凸不平，随时找平，平后随时进行镇压，使之遇土壤密切接触。铺后立即灌水，促进新根生长。

五、养护管理

铺植草坪浇水是关键，尤其是第一次浇水，一定要大水灌透，以后随干随浇。炎热天气还应喷水降温，直到新根生成，开始正常生长。防病防虫、防除杂草，一定要及时、彻底，以后进入正常的草坪草管理。

实训项目十三 草坪的建植与施工

一、实训目的

（1）掌握园林景观工程利用草皮卷进行草坪建植的方法及技巧；
（2）掌握园林景观工程草坪建植施工的组织与管理。

二、实训材料

草皮若干、锄头、铁锹、水管等。

三、实训要求

（1）根据绿化工程的需要，在校园内指定地块进行草皮卷的铺植。
（2）要求如下：
① 制定草坪建植的施工组织方案。
② 平整场地。
③ 施工放线。
④ 铺植草皮卷。
⑤ 浇水。
⑥ 清理场地。

四、评分标准（100分）

序号	项目与技术要求	配分	检测标准	实测记录	得分
1	施工组织方案	30	能较好地编写施工组织方案，方案能正确地阐述草坪建植的技术、经济等相关要点		
2	场地平整	20	场地符合设计要求，做到细、平、匀、实		
3	施工放线	10	能利用测量工具，按设计要求正确放线		
4	草皮卷铺植	20	能掌握草皮卷的铺植方法及技巧		
5	文明施工	20	实训期间遵守纪律、团结协作、爱护工具设备，工完清场		

情境四　园林植物的日常养护管理

【学习目标】

1. 掌握园林植物的日常养护管理技术，包括园林植物的土壤管理、园林植物的施肥与灌溉管理、园林植物的越冬、越夏与抗风管理。

2. 掌握园林植物的整形修剪技术。

3. 掌握古树名木的复壮措施。

【重　　点】

园林植物的日常养护管理技术。

【学习框架】

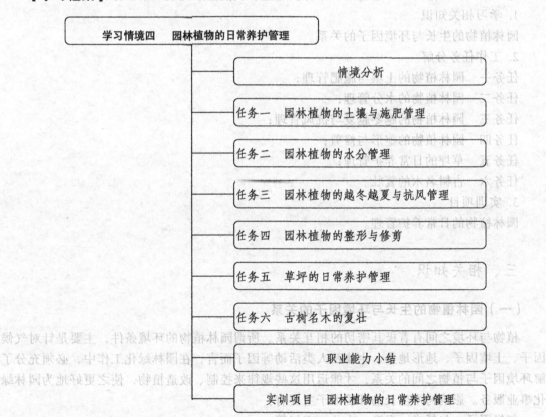

情境分析

一、问题引入

小王和小赵通过前面三部分内容的学习，掌握了园林植物的分类识别方法，能识别常见园林植物，并且能对各类型园林绿地进行植物造景设计，还能进行植物的栽植施工，他们对自己充满了信心，准备到某园林公司进行岗位见习。公司要将他们安排到某绿化工地进行园林植物的日常养护管理，两位同学不敢去了。他们找到老师："老师，我们学习了那么多的园林植物知识，学会认识植物了，学习会造景了，也学会栽植施工了，园林植物的日常养护管理却不会，怎么办呀？"老师说："别急，接下来我们学习第四个部分的内容，那就是园林植物的日常养护管理，加油吧，你们能行的。"

二、解决方案与任务分解

老师指出：要进行园林植物的日常养护管理，我们必须完成以下任务：

1. 学习相关知识

园林植物的生长与环境因子的关系。

2. 工作任务分解

任务一　园林植物的土壤与施肥管理；

任务二　园林植物的水分管理；

任务三　园林植物的越冬越夏与抗风管理；

任务四　园林植物的整形与修剪；

任务五　草坪的日常养护管理；

任务六　古树名木的复壮。

3. 实训项目

园林植物的日常养护管理。

三、相关知识

（一）园林植物的生长与环境因子的关系

植物与环境之间有着极其密切的相互关系。所谓园林植物的环境条件，主要是针对气候因子、土壤因子、地形地势、生物及人类活动等因子而言，在园林绿化工作中，必须充分了解环境因子与植物之间的关系，才能运用这些规律来控制、改造植物，使之更好地为园林绿化事业服务。影响树木生长的环境因子主要有：

气候因子：包括光、温度、水分、空气等；

土壤因子：包括土壤的有机物质、无机物质及土壤理化性质和土壤微生物；地形因子：

包括山岳、平原和坡向、坡度等；

生物因子：包括动物、植物和微生物等；

人为因子：包括人对树木资源的利用、发展、保护与破坏等作用。

1. 温度因子

植物的生长和发育都在一定的温度范围内进行，而且在这个范围内，各种温度对植物的作用是不同的，我们通常所讲的温度三基点，指某一个生长发育过程所需要的最低温度、最适温度和最高温度。由于原产地气候型不同，最低温度不同，如原产热带的植物最低温度18 ℃，原产温带的植物最低温度10 ℃，原产亚热带的植物最低温度15～16 ℃。在最适温度范围内，植物各种生理活动旺盛，植物生长发育最好。随着温度的升高或降低，植物的生命活动减弱，生长发育减慢；超过植物所能忍受的最低和最高温度点，植物的生命活动将遭到破坏，引起植物生长不良，甚至死亡。所以说温度与植物的生命活动密切相关，是重要的环境因子之一。

（1）变温对植物的影响：

① 昼夜变温对植物的影响。

对昼夜温差对多种植物生长的影响研究后发现，白天温度较高，夜晚温度较低对植物生长有利。一般白天的温度在植物光合作用最适范围内，夜间的温度在呼吸作用较弱的范围内，这样昼夜温差越大，光合作用净积累的有机物就会越多，对花芽的形成就越有利，开花就越多。昼夜温差大，也有利于植物结实，且结实的质量也好。昼夜温差大，有利于提高植物产品的品质。如吐鲁番盆地在葡萄成熟季节，由于白天气温高，光照强，昼夜温差常在 10 ℃以上，所以，浆果含糖量高达 22% 以上，而烟台地区受海洋性气候影响，昼夜温差小，浆果含糖量多在 18% 左右。昼夜温差大对植物生长有利可能是因为白天高温有利于植物光合作用，光合作用合成的有机物质多，夜间的适当低温使呼吸作用减弱，消耗的有机物质减少，这样植物净积累的有机物增多。

② 突变温度对植物的影响。

植物在生长期中如遇到温度的突然变化，会打乱植物生理进程的程序而造成伤害，严重的会造成死亡。温度的突变可分为突然低温和突然高温两种情况。

a. 突然低温对植物的影响。

由于强大寒潮的南下，可以引起突然的降温而使植物受到伤害，一般可分为以下几种：

寒害：这是指气温在 0 ℃ 以上时使植物受害甚至死亡的情况。受害植物均为热带喜温植物。

霜害：当气温降至 0 ℃ 时，空气中过饱和的水汽在物体表面就凝结成霜，这时植物的受害称为霜害。如果霜害的时间短，而且气温缓慢回升时，许多种植物可以复原，如果霜害时间长而且气温回升迅速，则受害的叶子不易恢复。

冻害：气温降至 0 ℃ 以下时，细胞间隙出现结冰现象，严重时导致质壁分离，细胞膜或壁破裂就会死亡。植物抵抗突然低温伤害的能力，因植物种类和植物所处的生长环境不同而不同。例如在同一个气候带内的植物间，就有很大不同，以柑橘类而论，柠檬在 −3 ℃ 受害，甜橙在 −6 ℃ 受害而温州蜜橘及红橘在 −9 ℃ 受害，但金柑在 −11 ℃ 才受害。至于生长在不同气候带的不同植物间的抗低温能力就更不同了，例如生长在寒温带的针叶树可耐 −20 ℃以下的低温。应注意的是同一植物的不同生长发育状况，对抵抗突然低温的能力有很大不同，以休眠期抵抗低温的能力最强，营养生长期次之，生殖期抵抗低温的能力最弱。此外，应注意的是同一植物的不同器官或组织抵抗低温能力是不相同的,以胚珠最弱,心皮次之,雌蕊以外的花器又次之,果及嫩叶又次之,叶片再次之,而以茎干抗低温的能力最强;以具体的茎干部位而言,根颈,即茎与根交接处的抗寒能力最弱。这对园林工作者在植物的防寒养护管理措施方面都是很重要的。

冻拔:在纬度高的寒冷地区,当土壤含水量过高时,土壤由于结冻膨胀,将植物抬起,至春季解冻时土壤下沉而植物留在原位造成根部裸露死亡。这种现象一般影响草本植物或体量较小的小苗。

冻裂:在寒冷地区的阳坡或树干的阳面由于阳光照晒,使树干内部的温度与干皮表面温度相差数十摄氏度,对某些树种而言,就会形成裂缝。当树液活动后,会有大量伤流出现,久之很易感染病菌,严重影响树势。树干易冻裂的树种有毛白杨、山杨、椴、青杨等树种。

b. 突然高温对植物的影响。

植物生活中,其生长的温度范围有最高点、最低点和最适点。当温度高于最高点就会对植物造成伤害甚至死亡。其原因主要是破坏了植物的新陈代谢作用,温度过高时可使蛋白质凝固及造成物理伤害,如皮烧等。一般而言,热带的高等植物有些能忍受 50～60 ℃ 的高温,其中被子植物较裸子植物略高。

(2)温度对种子发芽的影响。

种子萌发是一个强烈的生理过程,包括了一系列物质的转化,除了必需的水分和空气条件外,温度也是对萌发过程具有重要影响的环境因子。多数种子在变温条件下发芽良好,而在恒温条件下反而发芽略差。植物的种子只有在一定的温度条件下才能吸水膨胀,温度的升高可以提高酶的活性,加速种子内部的生理生化活动,从而提高催化的效率。但由于酶本身也是蛋白质类物质,过高的温度会破坏酶的结构,使其失去活性。一般树木种子在 0～5 ℃ 开始萌动,以后发芽速率与温度升高呈正相关,最适温度为 25～30 ℃ 间,最高温度是 35～45 ℃,温度再高就对种子发芽不利。不同的植物种子萌发时要求的温度不同,因此播种时要选择适宜的季节,以提供相应的土壤温度,促使种子顺利萌发。

(3)温度对花芽分化的影响。

① 在较高温度下进行花芽分化:一年生花卉、春季开花的木本花卉,如:山茶、杜鹃、梅、樱花、桃等都在 6～8 月气温高至 25 ℃ 以上时进行花芽分化,球根花卉不管春植球根还是秋植球根都在夏季进行花芽分化。

② 在低温下进行花芽分化:许多花卉在开花之前必须经历一定时期的低温刺激,这种低温对植物开花的促进作用,叫做春化作用。如原产温带和寒带的二年生花卉,金鱼草、三色堇、紫罗兰、金盏菊、雏菊等。

2. 水分因子

(1)水分的生理作用。

水是植物生命活动的必要条件,因为植物的生命活动在很大程度上取决于体内的水分状况。原生质的含水量一般需要在 80% 以上,大量水分的存在才能使原生质维持溶胶状态,以保证代谢活动的旺盛进行。如果水分减少,原生质便由溶胶向凝胶转变,代谢强度随之显著降低。如果原生质失水过多,就会引起植物胶体的破坏,导致细胞的死亡。植物的光合作用也只有在水存在的条件下才能进行。水不仅使酶具有活性,同时通过生理生化反应,分解出氢,以供光合作用合成有机物质。尽管光合作用消耗的水分只占吸收水分的 1%,但当水分亏缺时，光合速率明显下降。

土壤中的一些有机物和无机物质，只有溶解于水中，才能为植物所充分吸收。被植物根部所吸收的物质，也必须溶于水中，才能被木质部导管中的液流运送到植物的各个部分。水分能维持细胞的膨大，可使植物保持其挺立姿态，叶片展开以利于充分接受光照和气体交换。花朵丰满，能使植物充分发挥其观赏效果和绿化功能。水有调节植物体温的功能，因水有很高的气化热，植物通过蒸发水分能有效地降低体温，防止了强烈日光照射下植物的过热。水又有很高的比热，在寒冷环境下能使植物体温不致很快下降，缓和了低温对植物的不良效应。

植物主要是通过根系来吸收水分，不断供应叶子的蒸腾。只有当吸水、输导和蒸腾三方面的比例适当时，才能维持良好的水分平衡。水分的动态平衡是植物生长发育的基础，当水分吸收与蒸腾之间的动态达到平衡时，植物才能正常生长，当这种平衡被破坏时，就会影响植物新陈代谢的进行。当水分供应不能满足植物蒸腾的需要时，平衡变为负值，植物体水分亏缺，引起植物体气孔开度变小，蒸腾减弱，以恢复和维持暂时的平衡。该动态平衡原理常应用于大树移植技术，以期提高大树移植的成活率。

（2）植物耐旱、耐淹能力的分类。

① 按不同植物的耐旱力分为 5 级。

a. 耐旱力最强的树种：

经过两个月以上的干旱和高温，未加任何抗旱措施而生长正常或生长稍缓慢的树种有：雪松、垂柳、旱柳、构树、杞柳、枫香、桃、枇杷、石楠、光叶石楠、火棘、合欢、紫穗槐、紫藤、臭椿、乌桕、黑松、响叶杨、加杨、小叶栎、白栎、栓皮栎、榔榆、小檗、木芙蓉、君迁子、夹竹桃、栀子花、葛藤、黄连木等。

b. 耐旱力较强的树种：

经过两个月以上的干旱和高温，未经抗旱措施，树木生长缓慢，有叶黄及枯梢现象的树种有：南天竹、广玉兰、樟树、栾树、桂花、迎春、六月雪、黄栀子、金银花、凌霄、龙柏、朴树、棕榈、毛白杨、木槿、梧桐、杜英、柽柳、胡颓子、紫薇、石榴、八角枫、常春藤、马尾松、油松、侧柏、千头柏、柏木、毛竹、水竹、龙爪柳、麻栎、青冈栎、板栗、白榆、小叶朴、榉树、桑树、无花果、瘦蒴、杏树、李树、皂荚、云实、槐树、香椿、油桐、重阳木、黄杨、枸骨、冬青、丝棉木、无患子、羊蹄甲、柿树、白檀、丁香、水曲柳、枸杞等。

c. 耐旱力中等的树种：

经两个月以上干旱和高温不死，但有较重的落叶和枯梢现象的树种有：喜树、罗汉松、女贞、水冬瓜（喜树）、泡桐、连翘、灯台树、三角枫、鸡爪槭、海棠、郁李、梅、紫荆、刺槐、龙爪槐、樱花、海桐、杜仲、悬铃木、杜鹃、葡萄、刺楸、日本五针松、白皮松、落羽杉、刺柏、香柏、银白杨、小叶杨、钻天杨、杨梅、核桃、核桃楸、山核桃、长山核桃、桦木、桤木、大叶朴、木兰、厚朴、桢楠、八仙花、山梅花、蜡瓣花、木瓜、柑橘、柚、锦熟黄杨、大木漆、五叶槭、枣树、椴树、茶树、金丝桃、野茉莉、白蜡树、小蜡、金钟花、黄荆、揪树、接骨木、琼花、荚迷、锦带花等。

d. 耐旱力较弱的树种：

干旱高温期在一个月以内不致死亡，但有严重落叶枯梢现象，生长几乎停止。如旱期久延，抗旱措施又跟不上，即逐渐枯萎死亡的树种有：大叶黄杨、玉兰、金钱松、华山松、柳杉、鹅掌楸、粗榧、三尖杉、香榧、八角茴香、蜡梅、雅楠、青榨槭、糖槭、油茶、斗霜红、结香、珙桐、四照花、白辛等。

e. 耐旱力最弱的树种：

旱期一月左右即导致死亡，当相对湿度降低，气温高达 40 ℃ 以上死亡最为严重的树种有：银杏、杉木、水杉、珊瑚树、水松、日本花柏、日本扁柏、白兰花等。

② 按不同植物的耐水力分为 5 级。

根据 1931 年及 1954 年两次大水（持续时间平均 2 个月，最长者达 5 个月以上，水深 1 ~ 2 m，最深处达 38.3 m）后，将 115 种绿化树木耐水力的不同表现分为 5 级，标准如下：

a. 耐水力最强的树种：

能耐长期（3 个月以上）深水淹浸，水涝后生长正常或略见衰弱，树叶有黄落现象，有时枝梢枯萎，也有洪水没顶而生长如旧或生势减弱仍不致死亡者。属此级之树种有：垂柳、旱柳、紫穗槐、落羽杉、龙爪柳、榔榆、桑树、拓树、杜梨、柽柳等。

b. 耐水力较强树种：

能耐较长期（2 个月以上）深水淹浸，水涝后生长衰弱，树叶常见黄落，新技、幼茎也常枯萎，但有萌芽力，树干于水退后仍能萌发，恢复生长者。属此级之树种有：凌霄、紫藤、水松、棕榈、栀子、狭叶山胡椒、麻栎、枫杨、桦树、山胡椒、楝树、乌桕、重阳木、柿、葡萄、雪柳、白蜡等。

c. 耐水力中等的树种：

能耐较短时期（1 ~ 2 个月）水淹，水涝后生长必见衰弱，时间一长即趋枯萎，即使有一定萌芽力，也难恢复生势者。属此级之树种有：喜树、槐树、臭椿、香椿、紫薇、侧柏、迎春、千头柏、桧柏、龙柏、水杉、水竹、紫竹、竹、广玉兰、酸橙、夹竹桃、杨类 3 种、木香、李树、苹果、卫矛、丝棉木、石榴、黄荆、枸杞、黄金树等。

d. 耐水力较弱的树种：

仅能忍耐约 2 ~ 3 周短期水淹，超过时间即趋枯萎，一般经短期水涝后生长也显然衰弱者。属此级之树种有：罗汉松、合欢、皂荚、紫荆、南天竹、朴树、黑松、刺柏、樟树、花椒、冬青、小蜡、黄杨、核桃、板栗、白榆、梅、杏、溲疏、无患子、刺揪、三角枫、梓树、连翘、金钟花等。

e. 耐水力最弱的树种：

最不耐涝，水仅淹浸地表或根系大部时，经过不到一周的短暂时期，即趋枯萎而无恢复生长的可能者。属此级之树种有：梧桐、泡桐、琼花、蜡梅、杜仲、桃树、刺槐、栾树、木芙蓉、木槿、桂花、大叶黄杨、女贞、构树、无花果、玉兰、木兰、马尾松、杉木、柳杉、柏木、海桐、枇杷、石楠、盐肤木、楸树等。

（3）不同形态的水对植物的影响。

水在自然界中有固态（雪、雹）、液态（降水、灌水）、和气态（大气湿度、雾）三种形态，不同形态的水对植物的影响和作用不同，其中以降水的作用最大。

① 降水。

是我国最普遍的降水方式和土壤水分的主要来源，强度小，频度大的液态降水最有利于土壤吸收储存和被植物充分利用，有益于植物的生长。而暴雨对植物的机械损伤很大，特别对幼苗的损伤最重。植物在开花结实期间，降雨常淋掉花粉，打落果实。

② 雪。

是我国北方寒冷地区降水的主要形式，降雪可以覆盖大地，可增加土壤的水分，保持土壤温度，防止土温过低，减轻土壤的冻结程度，有利于植物越冬，使幼苗、幼树免受冻害。但是，有时雪对树木的机械损伤很大，雪量较大的地区，可导致园林树木枝、干被压折断，造成相当大的危害。一般而言，常绿树受害重于落叶树，单层林重于复层林，根系较浅的树木受害也较重。

③ 冰雹。

对植物有害无利，往往打伤或折断植物的叶片、新芽、嫩枝，击落花果，严重时造成毁灭性灾害。

④ 雾及露水。

虽然水分很少，但是也可缓解植物因干旱引起的萎蔫。一般言之，对草木的繁茂是有利的。

⑤ 大气湿度。

主要是影响植物的蒸腾，大气湿度的相对增加，可以缓解植物及地表蒸发，起到调解气温缓解干旱的作用。城市垂直绿化的实施，大气湿度是重要的保证条件。

3. 光照因子

光是植物生存的必需条件，是绿色植物制造碳素营养的能源，绿色植物通过光合作用将光能转化为化学能，储存在有机物中，为地球上的生物提供了生命活动的能源，各种植物都要求在一定的光照条件下才能正常生长。

（1）光对植物的影响。

光是太阳的辐射能以电磁波的形式投射到地球的辐射线，其中可见光（红、橙、黄、绿、青、蓝、紫）占 52%，红外线占 43%，紫外线占 5%。对植物起着重要作用的部分主要是可见光部分。不同波长的光对植物的生长发育、种子萌发、叶绿素合成及形态形成的作用是不一样的。太阳辐射光谱不能全被植物吸收，植物吸收用于光合作用的辐射能称为生理辐射，主要指红橙光和蓝紫光。红橙光被叶绿素吸收最多，光合作用活性最大，蓝紫光的同化效率仅为红橙光的 14%。

红橙光有利于叶绿素的形成及碳水化合物的合成，加速长日照植物的生长发育，延迟短日照植物的发育，促进种子萌发，其中红光有利于植物的伸长，如用红光偏多的白炽灯照射植物，可引起植物生长过盛的现象；蓝紫光有利于蛋白质合成，加速短日照植物的发育，延迟长日照植物的发育，抑制植物的伸长，使植物形成矮小的形态，青蓝紫光还能引起植物的向光敏感性，并促进花青素等植物色素的形成。紫外线有利于维生素 C 的合成，也能抑制植物茎的伸长，引起向光敏感性和促进花青素的形成。在紫外线辐射下，许多微生物死亡，能大大减少植物病虫害的传播。高山植物一般都是具有茎干粗矮、叶面缩小、毛茸发达、叶绿素增加、茎叶富含花青素、花色鲜艳等特征。这除了和高山低温风大有关外，主要是因为在高山上，蓝、紫、青等短波光线较强的缘故。生长期内生长素受侧方光线的影响，在迎光一面生长素少于背光面，造成背光面生长速度快于迎光面，产生所谓植物向光运动。

（2）植物对光照的需要量。

大多数植物最适需光量大约为全日照的 50%～70%，50% 以下光照生长不良，当日光不足时，植株徒长，节间延长，花色及香气不足，分蘖力减小，且易感染病虫害。

（3）光强对植物生长的影响。

光对植物的生长有直接影响和间接影响。直接影响指光对植物形态生成的作用，就植物生长过程本身而言，它并不需要光，只要有足够的营养物质，植物在暗处也能生长。但是，在暗处生长的植物，形态是不正常的，如在无光下生长出来的植物是黄化苗。间接影响主要指光合作用，光合作用固定空气中的 CO_2 合成有机物质，这是植物生长的物质基础。植物叶片每固定 1 mol 的 CO_2，大约需要 468.6 kJ 的光能，因此光是通过影响光合作用的进行来影响植物的生长。光能促进植物的组织和器官的分化，制约着各器官的生长速度和发育比例。强光对植物茎的生长有抑制作用，但能促进组织分化，有利于树木木质部的发育。如在全光照条件下生长的树木，一般树干粗壮、树冠庞大、枝下高较低，具有较高的观赏与生态价值。在高强光中生长的树木较矮，但是干重增加，并且根茎比提高。此外，叶子较厚，栅栏组织层数较多。强光往往导致高温，易造成水分亏缺，气孔关闭和 CO_2 供应不足，也会引起光合下降，从而影响植物的生长。

另外，光照强度对树木根系的生长能产生间接的影响，充足的光照条件有利于苗木根系的生长，形成较大的根茎比，对苗木的后期生长有利；当光照不足时，对根系生长有明显的抑制作用，根的伸长量减少，新根发生数少，甚至停止生长。尽管根系是在土壤中无光条件下生长，但它的物质来源仍然大部分来自地上部分的同化物质。当因光照不足，同化量降低，同化物减少时，根据有机物运输就近分配的原则，同化物质首先给地上部分使用，然后才送到根系，所以阴雨季节对根系的生长影响很大，而耐阴的树种形成了低的光补偿点以适应其环境条件。树体由于缺光状态表现徒长或黄化，根系生长不良，必然导致上部枝条成熟不好，不能顺利越冬休眠，根系浅且抗旱抗寒能力低。

此外，光在某种程度上能抑制病菌活动，如在日照条件较好的立地上生长的树木，其病害明显地减少。光照过强会引起日灼，尤以大陆性气候、沙地和昼夜温差剧变情况下更易发生。叶和枝经强光照射后，叶片温度可提高 5~10 ℃，树皮温度可提高 10~15 ℃ 以上。当树干温度为 50 ℃ 以上或在 40 ℃ 持续 2 h 以上，即会发生日灼。日灼与光强、树势、树冠部位及枝条粗细等均密切相关。如果光照强度分布不均，则会使树木的枝叶向强光方向生长茂盛，向弱光方向生长不良，形成明显的偏冠现象。这种现象在城市园林树种表现很明显，由于现代化城市高楼林立、街道狭窄，改变了光照强度的分布，在同一街道和建筑物的两侧，光照强度会出现很大差别。如东西走向街道，北侧受的光远多于南侧，这样由于枝条的向光生长会导致树木偏冠。

（4）光周期对植物生长的影响。

植物从生长到开花，必须经过两个阶段，即春化阶段和光照阶段。植物的开花与季节变化的昼夜长短有关。在一天内白昼和黑夜的时数交替，称为光周期。植物开花对昼夜周期的适应反应称为光周期现象。一般长日照能促进生长，短日照可抑制枝的伸长生长，促进芽的形成。虽然植物是处在昼夜交替的环境中，但试验证明，在光周期诱导中光期和暗期的作用不是相等的。对于植物成花来说，真正起主导作用的是暗期长度，且有一定的临界值。即短日照植物必须在超过某一临界暗期的情况下才能形成花芽；而长日照植物则必须在短于某一临界暗期时才能开花。在暗期中，如给予低能光（光谱有效波长为红光）间断照射，则暗期效果消失，而使花芽的分化受到限制，休眠芽形成推迟，例如许多落叶树种在路灯附近落叶晚。而同样情况却可促进长日照植物开花。闪光试验进一步证明了暗期的重要性：对短日照植物在暗期给予短暂光照如用闪光打断，即使光期总长度短于其临界日长，短日照植物也不开花，因其临界暗期遭到间断而使花芽的分化受到抑制；而同样情况却可促进长日照植物开花。

从较远地区引进新的植物种或品种时，应考虑到它们对光周期的需要。长日照植物北移时，对长日条件的需要能较快地得到满足，发育会提前完成。然而，长日照植物南移时，发育会延迟，有的甚至不能开花结实。短日照植物往北移时，由于夏季日照较长，使发育延迟，往南移时，则提早开花结实。原产地与引入地区的日照条件差异太大，会造成过早或过晚开花，都会引起减产，甚至没有收获。光周期虽然一般不影响树木的成花，但能影响树木的休眠。所以，在引种树木时也应该考虑其光周期需要。南树北移，往往因不能及时进入休眠而不能顺利越冬。北树南移，则容易提早进入休眠而生长缓慢。南方起源的树木北移时，由于秋季北方的日照时间长，往往造成南方树木徒长，秋季不封顶，很容易遭受到初霜的危害。为了使南方起源的树木在北方安全越冬，可对其进行短日照处理，使树木的顶芽及早木质化，进入休眠状态，来增强抗寒越冬能力。长日照可促进植物的营养生长，如松树、云杉幼苗在人工长日照下，其生长为对照组（正常光照）的5倍。许多植物的地下储藏器官的形成和营养繁殖，也明显受日照长度的影响。

根据植物开花对光照长度的要求不同，一般把植物分为4类：

① 长日照植物。

在开花以前需要有一段时间，每日的光照时数必须超过临界日长，或黑夜的长度短于某一时数，一般每天光照时数要超过12～14 h以上才能形成花芽，进入开花阶段的植物，称为长日照植物。如果满足不了这个条件则植物将仍然处于营养生长阶段而不能开花。反之，日照越长开花越早。这类植物的开花通常是在一年中日照时间较长的季节里。如倒挂金钟、唐菖蒲、兰花、凤仙花等。

② 短日照植物。

指日照长度短于临界日长（黑夜长于一定时数）才能开花的植物。如：菊花、一品红、苍耳等。日照时数越短开花越早，但每日的光照时数不得短于维持生长发育所需的光合作用时间。

③ 中性植物。

开花受日照影响较小，只要经过一段足够的营养生长后，其他条件适宜，任何长度的日照条件下都能开花，如石竹、大丽花、仙客来、蒲公英等。

一般说，短日照植物原产于南方，长日照植物原产于北方。日照的长短除对植物的开花有影响外，对植物的营养生长和休眠也起着重要的作用。一般而言，延长光照时数会促进植物的生长或缩短生长期，缩短光照时数则会促进植物进入休眠或延长生长期。苏联曾对欧洲落叶松进行不间断的光照处理，结果使所受光照处理的植株生长速度加快了近15倍，我国对杜仲苗施行不间断的光照处理，使其生长速度增加了1倍。对从南方引种的植物，为了使其及时准备过冬，则可用短日照的办法使其提早休眠以增强抗逆性。了解日照长度的生态类型，对于植物的引种工作十分重要。在引种时一定要注意引种地和原产地日照长度的季节变化，以及该种植物对日照长度的反应特性和敏感性，再结合考虑该种植物对温度及水分等的要求，引种才能成功。

4. 土壤因子

土壤是树木生长的基础，不同的土壤在一定程度上会影响到树木的分布及其生长发育。

（1）依土壤酸度而分的植物类型。

天然土壤的酸度反应是受气候、母岩及土壤的无机和有机成分、地形地势、地表水和植物等因子影响的。在干燥而炎热的气候下，中性和碱性土壤较多；而在潮湿寒冷或暖热多雨的地方，则以酸性土为多。母岩如为花岗岩类则为酸性土，为石灰类则为碱性土。施用某些无机肥料，亦可逐渐改变土壤酸性，例如年年施用过磷酸石灰可使土壤酸化，地形如为低湿冷凉且有积水之处则常为酸性土。地下水中如富含石灰质成分，则为碱性土。同一处的土壤依其深度的不同以及季节的不同，都会发生酸度变化。依照中国科学院南京土壤研究所 1978 年的标准，我国土壤酸碱度可分为五级，即强酸性为 pH<5.0，酸性为 pH5.0～6.5，中性为 pH6.5～7.5，碱性为 pH7.5～8.5，强碱性为 pH>8.5。依植物对土壤酸度的要求，可以分为以下 3 类：

① 酸性土植物。

土壤 pH 在 6.5 以下，生长良好的植物。例如杜鹃、山茶、油茶、马尾松、栀子花、大多数棕榈科植物、石楠、油桐、吊钟花、红松、印度橡皮树等。

② 中性土植物。

在中性土壤上生长最佳的种类。土壤 pH 在 6.5～7.5 之间。大多数的花草树木均属此类。

③ 碱性土植物。

在呈或轻或重的碱性土上生长最好的种类。土壤 pH 在 7.5 以上。例如柽柳、紫穗槐、沙棘、康乃馨、满天星、天竺葵、非洲菊、蜀葵等。

在上述三类中，每类中的植物又因种类不同而有不同的适应范围和特点，故有人又将植物对土壤酸碱性的反应按更严格的要求而分为五类，即：

需酸植物：只能生长在强酸性土壤上，即使在中性土上亦会死亡；

需酸耐碱植物：在强酸性土中生长良好，在弱碱性土上生长不良但不会死亡；需碱耐酸植物：在碱性土上生长最好，在酸性土上生长不良但不会死亡；

需碱植物：只能生于碱土中，在酸性土中会死亡。

（2）依土壤中的含盐量而分的植物类型。

我国海岸线很长，在沿海地区有相当大面积的盐碱土地区，在西北内陆干旱地区中的内陆湖附近以及地下水位过高处也有相当面积的盐碱化土壤，这些盐土、碱土以及各种盐化、碱化的土壤均统称为盐碱土。盐土中通常含有 NaCl（氯化钠）及 Na$_2$SO$_4$（硫酸钠），因为这两种盐类属中性盐，所以一般盐土的 pH 属于中性土，其土壤结构未被破坏。碱土中通常含 Na$_2$CO$_3$（碳酸钠）较多，或含 NaHCO$_3$（碳酸氢钠）较多，又有含 K$_2$CO$_3$（碳酸钾）较多的，土壤结构被破坏，变坚硬，pH 一般均在 8.5 以上。就我国而言，盐土面积很大，碱土面积较小。

依植物在盐碱土上生长发育的类型，可分为：

① 喜盐植物。

a. 旱生喜盐植物。主要分布于内陆的干旱盐土地区，如乌苏里碱莲、海蓬子等。

b. 湿生喜盐植物。主要分布于沿海海滨地带，喜盐植物以不同的生理特性来适应盐土所形成的生境，对一般植物而言，土壤含盐量超过 0.6% 时即生长不良，但喜盐植物却可在 1%，甚至在超过 6% NaCl（氯化钠）浓度的土中生长。喜盐植物可以吸收大量可溶性盐类并积聚在体内，细胞的渗透压高达 $400 \sim 1\,000$ kPa，如黑果枸杞、梭梭树等，高浓度的盐分已成为这类植物生理上的需要了。

② 抗盐植物。亦有分布于旱地或湿地的种类，它们的根细胞膜对盐类的透性很小，所以很少吸收土壤中的盐类，其细胞的高渗透压不是由于体内的盐类而是由于体内含有较多的有机酸、氨基酸和糖类所形成的，如田菁、盐地凤毛菊等。

③ 耐盐植物。亦有分布于干旱地区和湿地的类型，它们能从土壤中吸收盐分，但并不在体内积累而是将多余的盐分经茎、叶上的盐腺排出体外，即有泌盐作用，例如柽柳、大米草、二色补血草以及红树等。

④ 碱土植物。能适应 pH 达 8.5 以上和物理性质极差的土壤条件，如一些藜科、苋科等植物。从园林绿化建设来讲，在不同程度的盐碱土地区，较常用的耐盐碱树种有：柽柳、杞柳、旱柳、枸杞、楝树、臭椿、刺槐、国槐、紫穗槐、白榆、加杨、小叶杨、合欢、枣、食盐树、桑、白刺花、黑松、侧柏、皂荚、美国白蜡、白蜡、杜梨、桂香柳、乌桕、杜梨、复叶槭、杏、钻天杨、胡杨、君迁子等。

（3）沙生植物。能适应沙漠半沙漠地带的植物，具有耐干旱贫瘠、耐沙埋、抗日晒、抗寒耐热、易生不定根、不定芽等特点，如沙竹、沙柳、黄柳、骆驼刺、沙冬青等。

5. 城市气候因子

城市是人口最为集中，人类活动最为频繁的地方，由于人类的生活、生产活动，极大地改变了城市内及其近郊的环境因子。在同一地理位置上的城市或居民区的环境条件与其周围的自然环境条件相比，有很大的变化，因此，在进行园林规划设计时必须根据城市环境的特殊性加以考虑。

（1）城市的土壤因子。

受城市废弃物、建筑物、城市气候条件的影响以及车辆、人流的踏压等作用，城市土壤的物理、化学和生物性状与自然状态下的土壤有很大的差异。

① 城市的土壤变化。

由于城市建设和人类的生产、生活影响，使城市土壤缺乏完整的发育层次，除建筑工地外，一般土层薄，土壤板结，且常混有砖砾沙石，以及金属、玻璃、塑料等物。因市政施工需挖方、填方，造成土壤养分不均；因碾压、夯实，铺装路面以及行人踩踏等，致使土壤坚实度较大，土壤空气少，有机物少，微生物活动减弱，肥力较低；由于城市建设的需要，多数地面为沥青、水泥等密封，故其通气性、渗水性都较差，使雨水渗入不多，而现代化生产与生活需大量用水而使城市地下水呈漏斗形下降，甚至造成地面沉降。

此外，城市中地下各种管道、电缆、电线纵横交错，改变了土壤结构。城市中高楼林立，地被植物少，日照时数减少，对土壤的温度、湿度都有影响。由于建筑施工，造成的建筑垃圾，如果管理上不合理，就坑填平不清理，会给以后绿化造成困难。

② 土壤污染。

土壤中的污染主要与城市工业的"三废"有关，此外与城市园林工作中使用农药、除草剂等化学药剂也有一定的关系。城市土壤污染的形成主要有：工厂排出的废气烟尘中含有重金属及其他有害气体，首先污染了大气，然后在重力作用下飘落下来，进入土壤，或随降水进入土壤而污染了土壤；含有毒物质或重金属的工业废水、废渣排入土壤，直接引起土壤污染，或通过污染水质后再污染土壤；引用工矿排放的有毒废水灌溉，或用已被污染的地面水或地下水灌溉，同样形成土壤污染；此外，城市中的生活废水、垃圾中有一些有毒物质，也会污染土壤；含有铅、砷、汞等重金属的农药、除草剂也会造成对土壤的污染。

土壤是一个开放体系，不断地与其他环境要素间进行着物质和能量的交换。当城市土壤中某些有害物质含量过高，超过了土壤的自净能力时，就造成土壤污染，从而影响植物的生长发育。土壤中有毒物质如砷、镉、过量的铜和锌能直接影响植物的生长和发育，或在树木体内积累。如过量的铜、镉和锌能抑制植物生长发育；砷含量过高能使桃树提早落叶落花，果变小而萎缩。有些污染物质能引起土壤 pH 的变化，如酸性气体二氧化硫随雨水进入土壤形成酸雨，导致土壤酸化，使氮不能转化为供植物吸收的硝酸盐；使磷酸盐变成难溶性的沉淀；使铁转化为不溶性的铁盐，从而影响植物生长。有些碱性粉尘，如水泥粉尘降落地表，能使土壤碱化，影响植物吸收水分养料，影响植物正常的生长发育。土壤污染后，会破坏土壤中微生物系统的自然生态平衡，还会引起病菌大量繁衍和传播，造成疾病蔓延。土壤被任一项污染后，其结构破坏，土质变坏，土壤微生物活动受抑制或破坏，土壤肥力渐降或盐碱化，甚至成为不毛之地。土壤污染的显著特点是具有持续性，而且往往难以采取大规模的消除措施，如某些有机氯农药在土壤中自然分解需要几十年。

③ 城市土壤与植物生长发育。

由于城市土壤坚实，混有大量的砾石砖块，纵横的管道线路以及浅薄的土层，限制了园林植物根系的生长，改变了园林植物根系分布特性，如深根性树种变为浅根性生长，且根量明显减少，降低了树木根系的吸收面积，使树木生长不良，易发生风倒。同时由于城市土壤结构坚实，水、气条件较差，肥力不足，影响植物根系向穴外穿透与生长，造成树木早衰，变为"小老树"，甚至死亡。

（2）城市建筑物。

城市中由于建筑的大量存在，形成特有的小气候。其生态条件因建筑方位和组合而不同。

① 东面。一天之内有几小时光照，约 15：00 成为庇荫地，光照强度不大，比较柔和，适合一般树木。

② 南面。白天全天几乎都有直射光，反射光也多，墙面辐射热也大，加上背风，空气不甚流通，温度高，生长季延长，春季物候早，冬季楼前土壤冻结晚，早春化冻早，形成特殊小气候，适于喜光和暖地的边缘树种。

③ 西面。与东面相反，上午以前为庇荫地，下午形成西晒，尤以夏日明显。光照时间虽短，但强度大，变化剧烈。西晒墙吸收累积热量大，空气湿度小，适选耐热、不怕日灼的树木。

④ 北面。背阴，其范围随纬度、太阳高度角而变化。以漫射光为主，夏日午后傍晚有少量直射光。温度较低，相对湿度较大，风大，冬冷，北方易积雪，土壤冻结期长。宜选耐寒、耐阴树种。

由于单体建筑因地区和习惯，朝向不同，高矮不同，建筑材料色泽不同，以及周围环境不同，生态条件也有变化。一般建筑越高，对周围的影响越大。城市建筑群的组合形式多样，有行列式的，有四合院式的等等。由于组合方式、高矮的不同，对不同方位的生态条件有一定影响。如，四合院式，可使向阳处更温暖；东西走向的街道，建筑越高，楼北阴影区就越大；在寒冷的北方地区，带状阴影区更阴冷或会长期积有冰雪，甚至影响到两边行道树，应选用不同的树种；大型住宅楼，多按同向并呈行列式设置，如果与当地主风相一致或近于平行，楼间的风势多有加强。尤其是南北走向的街道，由于两侧列式建筑形成长长的通道，使"穿堂风"更大，宜选用抗风树种做行道树。

任务一 园林植物的土壤与施肥管理

一、松土除草

公共绿地，行人多，土壤被反复践踏而板结，透水性、排水性极差，也不利于微生物活动，土壤肥力受到影响，从而影响根系生长，只有通过松土，才能改善土壤状况。疏松表土，切断表层与底层土壤的毛细管联系，以减少土壤水分的蒸发，改善土壤的通气性，加速有机质的分解和转化，从而提高土壤的综合营养水平，有利于植物生长。

1. 松土深度和范围（表 4.1）

表 4.1

种类	范围	深度	时间	次数
乔木	树冠投影半径的 1/2 以外至树冠投影外 1 m 以内的环状范围内	5 ~ 10 cm	在晴天，也可在雨后 1 ~ 2 天进行	两年一次
灌木	可全面进行	5 cm 左右		一年多次
草本				

2. 除草（表 4.2）

为排除杂草对水、肥、气、热的竞争，避免杂草对植物的危害，需要经常清除杂草。应做到："除小、除早、除巧"。除掉的杂草要集中处理，并及时清运。

表 4.2

	除草次数	除草范围
普通绿地	一年应多次	全面进行；
散生和列植树丛	一年 2 ~ 3 次 第一次：盛夏到来之前 第二次：立秋以后	乔木：一般应在树盘以内

注：片林景观的地区，一般不需要除草；斜坡地段，为保持水土，避免雨水对表土的冲刷，也无需除草。

二、地面覆盖

对于新移栽的乔木或其他有特殊要求的植物，可以利用其他物质或者植物覆盖土面，以防止水分蒸发，减少地面径流，增加土壤有机质，调节土壤温度，减少杂草生长，为园林植物生长创造良好的条件。若在生长季进行覆盖，以后把覆盖的有机物随即翻入土中，还可增加土壤有机质，改善土壤结构，提高土壤肥力。覆盖的材料以就地取材，经济适用为原则，如水草、谷草、豆秸、树叶、树皮、锯屑、马粪、泥炭等均可应用。在大面积粗放管理的园林中还可将草坪上或树旁割下来的草头随手堆于树盘下，用以进行覆盖。一般对于幼龄的园林树木或草地疏林的树木，多仅在树盘下进行覆盖，覆盖的厚度通常以 3 ~ 6 cm 为宜，鲜草约 5 ~ 6 cm，过厚会有不利的影响，一般均在生长季节土温较高而较干旱时进行土壤覆盖。

地被植物可以是紧伏地面的多年生植物，也可以是一、二年生的较高大的绿肥作物，如饭豆、绿豆、黑豆、苕子、猪屎豆、紫云英、豌豆、蚕豆、草木樨、羽扇豆等。前者除覆盖作用之外，还可以减免尘土飞扬，增加园景美观，又可占据地面，竞争掉杂草，降低园林树木养护的工本；后者除覆盖作用之外，还可在开花期翻入土内，收到施肥的效用。对地被植物的要求是适应性强，有一定的耐阴力，覆盖作用好，繁殖容易，与杂草竞争的能力强。

三、土壤改良

采用物理、化学以及生物措施，改善土壤理化性质，提高土壤肥力。改良的主要措施有：深挖增施有机肥、改良土壤理化性质、地面覆盖减少地表蒸发、防治盐碱上升等。

园林绿地土壤改良不同于农作物的土壤改良，农作物土壤改良可以经过多次深翻、轮作和多次增施有机肥等手段。而城市园林绿地的土壤改良，不可能采用轮作措施，只能采用深翻、增施有机肥等手段来完成，以保证树木能正常生长几十年至百余年。园林绿地土壤改良和管理的任务，是通过各种措施来提高土壤的肥力，改善土壤结构和理化性质，不断供应园林树木所需的水分与养分，为其生长发育创造良好的条件。同时还可以结合实行其他措施，维持地形地貌整齐美观，减少土壤冲刷和尘土飞扬，增强园林景观效果。园林绿地的土壤改良多采用深翻熟化、客土改良、培土与掺沙和施有机肥等措施。

1. 土壤深翻

深翻的同时进行施肥，可改善土壤结构和理化性质，促使土壤团粒结构形成，增加孔隙度。深翻后土壤的水分和空气条件得到改善，使土壤微生物活动加强，可加速土壤熟化，使难溶性营养物质转化为可溶性养分，相应地提高了土壤肥力。

深翻熟化，不仅能改良土壤，而且能促进树木生长发育。园林树木很多是深根性植物，根系活动很旺盛，因此，在整地、定植前要深翻，给根系生长创造良好条件，促使根系向纵深发展。对重点布置区或重点树种还应适时深耕，以保证树木随着树龄的增长，对肥、水、热的需要。过去曾认为深翻伤根多，对根系生长不利，实践证明，合理深翻，断根后可刺激发生大量的新根，因而提高吸收能力，促使树体健壮。

深翻一般在秋末冬初进行。此时，地上部生长基本停止或趋于缓慢，同化产物消耗减少，并已经开始回流积累，深翻后正值根部秋季生长高峰，伤口容易愈合。同时容易发出部分新根，吸收和合成营养物质，在树体内进行积累，有利于树木翌年的生长发育。深翻后经过冬季，有利于土壤风化。同时，深翻后经过大量灌水，土壤下沉，土粒与根系进一步密接，有助于根系生长。

深翻的深度，因地、因植物而异，一般为 60 ~ 100 cm。黏重土壤深翻应较深，沙质土壤可适当浅耕，地下水位高时宜浅，下层为半风化的岩石时则宜加深以增厚土层，深层为砾石，也应翻得深些，拣出砾石并换好土，以免肥、水流失。地下水位低，土层厚，栽植深根性树木时则宜深翻，反之则浅。下层有黄淤土、白干土、胶泥板或建筑地基等残存物时，深翻深度则以打破此层为宜，以利渗水。可见，深翻深度要因地、因树而异，在一定范围内，翻得越深效果越好，一般为 60～100 cm，最好距根系主要分布层稍深、稍远一些，以促进根系向纵深生长，扩大吸收范围，提高根系的抗逆性。

经过一次深翻后，效果可保持多年，因此，不需要每年都进行深翻，可间隔 4～5 年一次，深翻效果持续年限的长短与土壤有关，一般黏土地、涝洼地翻后容易紧实，保持年限较短；疏松的沙壤土保持年限则较长。据报道，地下水位低，排水好，翻后第 2 年即可显示出深翻效果，多年后效果尚较明显；排水不良的土壤保持深翻效果的年限较短。

深翻后的土壤，需按土层状况加以处理，通常维持原来的层次不变，深翻后掺和有机肥，再将心土放在下部，表土放在表层。有时为了促使心土迅速熟化，也可将较肥沃的表土放置沟底，而将心土覆在上面，可根据具体情况来操作。

2. 酸碱度调节

酸性土壤：pH 过低，主要采用石灰改良。

碱性土壤：pH 过高，主要用硫酸亚铁、硫黄和石膏改良。

3. 客土栽培

园林树木有时必须实行客土栽培，主要在以下情况下进行：

（1）栽植地段的土壤根本不适宜园林植物生长的如坚土、重黏土、沙砾土及被有毒的工业废水污染的土壤等，或在清除建筑垃圾后仍然板结，土质不良，这时应酌量增大栽植面，全部或部分换入客土。

（2）树种需要有一定酸度的土壤，而本地土质不合要求，最突出的例子是在北方种酸性土植物，如栀子、杜鹃、山茶、八仙花等，应将局部地区的土壤全换成酸性土。至少也要加大种植坑，放入山泥、泥炭土、腐叶土等，并混拌有机肥料，以符合酸性植物的生长要求。

4. 培土（壅土、压土）

这种土壤改良的方法，在我国南北地区都普遍采用。在我国南方高温多雨地区，由于降雨多、土壤淋洗流失严重，多把树种种在墩上，以后还大量培土。在土层薄的地区也可采用培土的措施，具有增厚土层、保护根系、增加营养、改良土壤结构等作用，以促进树木健壮生长。北方寒冷地区一般在晚秋初冬进行压土掺沙，可起保温防冻的作用。压土掺沙后，土壤熟化，沉实，有利树木的生长。压土厚度要适宜，过薄起不到压土作用，过厚对树木生育不利，"沙压黏"或"黏压沙"时要薄一些，一般厚度为 5～10 cm；压半风化石块可厚些，但不要超过15 cm。连续多年压土，土层过厚会抑制树木根系呼吸，从而影响树木生长和发育，造成根颈腐烂，树势衰弱。所以，一般压土时，为了防止对根系的不良影响，可适当扒土露出根颈。

四、肥料的种类

通常根据肥料的性质多将其分为有机肥和无机肥两大类，也可从中再划分出细菌肥料和微量元素肥料等。

（一）有机肥

有机肥又称长效肥或迟效性肥，常作基肥。有机肥在熟化土壤、培养地力和提高作物产量方面发挥着重要作用。有机肥包括各种植物的残体及各种动物的排泄物，如厩肥、堆肥、绿肥、饼肥、圈肥、人粪尿、骨粉、作物秸秆、草木灰等。有机肥含有苗木生长发育所必需的多种营养，施用有机肥可以增加土壤有机质含量，改善和提高土壤的物理、化学性质，由于增加了土壤的有机胶体，使吸附表面增加，促进形成稳定的团粒结构，进而提高了土壤保水、保肥和通气能力，同时也为各种有益微生物的生活和繁殖创造了条件。总之，施用有机肥可使土地越种越肥。但有机肥也有不足之处，如养分含量低、肥效慢，以及脏、臭和施用不便等。

（二）无机肥

无机肥又叫化学肥料，简称化肥，又称矿质肥料或速效性肥料，常作追肥。主要有 N、P、K 肥三种。化肥具有养分含量高、肥效快和使用方便等优点。但是，它们也具有养分单一，肥效短，明显的生理酸性，生理中性及生理碱性等特点，使用时要根据具体情况选择适宜的种类。如硫酸铵、氯化铵属生理酸性肥料，适宜在石灰性土壤上施用；而在酸性土壤上施用则会使土壤的 pH 降低，使土壤酸化。

1. 无机肥常用种类

无机肥又称矿质肥料或速效性肥料，常作追肥。主要有 N、P、K 肥。

（1）P 肥：

① 过磷酸钙 $Ca(H_2PO_4)_2 \cdot H_2O$：流动性小，当年不能被全部吸收，可作种肥、基肥、追肥。

② 磷酸二氢钾 KH_2PO_4：速效，酸性，常作为花前叶面追肥。

③ 磷酸铵 $NH_4H_2PO_4$：氮磷复合肥，高浓度速效，作基肥和追肥。

（2）N 肥：

① 碳酸氢铵 NH_4HCO_3：不稳定易失去有效成分，长期施用不会破坏土壤结构。可作基肥和追肥，深施覆土并立即灌溉。

② 尿素 $CO(NH_2)_2$：吸湿性强，中性，肥效及含氮量较其它氮肥高，作土壤及叶面追肥。

③ 硝酸铵 NH_4NO_3：吸湿性强，中性，肥效快，用作土壤追肥。

④ 硫酸铵 $(NH_4)_2SO_4$：吸湿性小，肥效快，不能与碱性肥混用，用作土壤及叶面追肥

（3）K 肥：

① 硫酸钾 K_2SO_4：作基肥效果好；

② 氯化钾 KCL：球根和块根忌用；

③ 硝酸钾 KNO_3：适用于球根花卉。

2. 主要无机肥料对植物生长发育的作用

（1）N 肥：营养生长的主要肥料。

缺 N：植株生长不良，枝弱叶小，开花不良。

N 过量：枝叶徒长，花期延后，对病虫害缺乏抵抗力。

（2）P 肥：可促进植物成熟，有助于花芽分化，强化根系，增强抗寒力。

缺 P：花朵小、花色淡。

（3）K 肥：可使枝干坚韧，促进光合作用及根系的扩大，增强抗寒、抗病、抗倒伏能力。

K 肥过量：植株低矮、节间缩短、叶变黄继而枯萎。

3. 新型无机肥

由于农业生产上的需要和生产工艺水平的提高，近年来出现的复混肥料（复合肥料和混合肥料）和长效氮肥（也称缓释氮肥），将会弥补一些化肥品种养分单一和肥效短的不足。

（1）复混肥料。

复混肥料在氮、磷、钾三种营养元素中，至少要含有其中的两种营养元素，它的营养成分及含量按氮（N）—磷（P_2O_5）—钾（K_2O）顺序以阿拉伯数字表示，例如 18—46—0 表示含 N18%、P_2O_5 46% 总养分为 64% 的氮磷二元复混肥料，复混肥料中含有其他微量营养元素时，可在 K_2O 后注明其含量及元素符号，如 15—15—15—0.5（Zn）—0.12（B）为含微量元素锌、硼的三元复混肥料。不同品种的复混肥料所含的营养元素种类及所占比例不同，使用时要结合当地的情况合理地选用。其次，复混肥料大都呈颗粒状，在土壤中溶解缓慢，也适宜用作基肥或种肥。

（2）长效氮肥。

长效氮肥也叫缓释氮肥，研制生产这种肥料的目的是延长肥效、减少淋溶和挥发及提高作物吸收利用率。我国 20 世纪 70 年代初开始研制，曾试制包膜肥料、尿素甲醛类缩合物及草酸胶等多种长效氮肥，至今尚未推广应用于生产。

（3）微量元素肥料。

在化肥中，微量元素肥料的重要性普遍受到重视，当前，对硼、钼、锌、铁、铜、锰等微量元素的利用和研究文献比较多，如硼对植物开花授粉和结实的促进、铁对植物缺绿病的防治等都取得了明显的效果。在土壤中，微量元素的可给性受土壤 pH、有机质含量及微生物活动等多种因素的影响。一般地讲，大多数微量元素的可给性随土壤 pH 的升高而降低，所以在碱性土壤上常发生微量元素缺乏症，这也与碱性土壤中碳酸钙对锌、锰链和铜、铁的吸附作用或形成难溶的化合物，因而降低了这些微量元素的可给性；土壤有机质含量高、通透性好，则能够改善和提高微量元素的有效性。微量元素肥料多以根外追肥（叶面喷施）的方式使用，较少用作基肥或种肥。

（三）微生物肥料

微生物肥料是利用土壤中有益的微生物，经过选育培养制成的各种菌剂肥料总称。微生物肥料是通过微生物的生命活动为苗木增加土壤中营养元素的供给量，使苗木的营养状况得到改善和提高；或者是通过微生物的生命活动，除能增加营养元素的供给水平外，还能产生植物生长激素，促进苗木对营养元素的吸收利用和提高抗逆性。微生物肥料的种类很多，按其作用机理可分为根瘤菌类肥料、固氮菌类肥料、解磷菌类肥料、解钾菌类肥料等。微生物肥料的肥效是肯定的，但也受土壤肥力状况、有机质含量、pH 和使用技术等许多条件的制约。最重要的是要结合当地的具体情况选育和培养优质高效的菌种，以提高肥效、降低成本。

五、施肥的原则及方法

（一）施肥的原则

（1）应全面掌握圃地的土壤情况，对土壤的物理和化学性质、有机质及各种营养成分的种类和含量、pH、土壤微生物的种类和数量等要做到心中有数，要根据土壤的肥力状况和培育的植物制定施肥计划，缺什么补什么，缺多少补多少，尤其是当土壤中缺乏有机质时，要多施有机肥。

（2）应根据土壤的 pH 选择适宜的肥料品种。酸性土宜选用碱性肥料，如硝态氮肥、钙镁磷肥、草木灰、石灰等；碱性土宜选用酸性或生理酸性肥料，如铵态氮肥、水溶性磷肥（过磷酸钙）等，以防止土质变劣。

（3）要配合使用有机肥与化肥。基肥要以有机肥为主、追肥要以化肥为主，既要保证土壤中的有机质含量，又要保证各种营养元素达到应有的有效含量，二者可以相辅相成共同为苗木的生长提供所需的营养。

（4）根据所培育植物特性选择肥料种类。不同植物所需营养元素的种类和数量具有差异，如豆科树种的苗木多能通过根瘤菌固氮，因而可以减少氮肥的施入量。

（5）氮、磷、钾要配合施用，而且不宜长期使用单一品种，以防止有害物质的积累危害苗木。

总之，施肥要考虑当地的具体情况和各种肥料的性质特点，通过施肥既要使植物生长健壮，又要使土壤的肥力水平得到保持和提高，又不破坏土壤结构。

（二）施肥的方法

1. 土壤施肥

土壤施肥要与树木的根系分布特点相适应，应用根的趋肥性原理，把肥料施在距根系集中分布层稍深、稍远的地方，以利于根系向纵深扩展，形成强大的根系，扩大吸收面积，提高吸收能力。具体施肥的深度和范围与树种、树龄、土壤和肥料性质有关。如油松、银杏等根系强大，分布较深远，施肥宜深，范围也要大一些，根系浅的悬铃木、洋槐施肥应较浅，幼树根系浅，根分布范围也小，一般施肥范围较小而浅，并随树龄增大。为了充分发挥肥效，施过磷酸钙或骨粉时，应加深和扩大施肥范围，以满足树木根系不断扩大的需要。沙地、坡地岩石缝易造成养分流失，施基要深些，追肥应在树木需肥的关键时期及时施入，每次少施，适当增加次数，既可满足树木的需要，又减少了肥料的流失，各种肥料元素在土壤中移动的情况不同，施肥深度也不一样，如氮肥在土壤中的移动性较强，既可浅施也可渗透到根系分布层内，被树木吸收。钾肥的移动性较差，磷肥的移动性更差，所以，宜深施至根系分布最多处。基肥因发挥肥效较慢应深施，追肥肥效较快，宜浅施，以便植物及时吸收。

施肥应有利于根系吸收，应根据植物根系的分布状况与吸收功能确定具体的施肥位置。水平位置应在树冠投影半径的 1/3 处，垂直深度应在密集根层以上 40～60 cm。在土壤施肥中必须注意：一是不要靠近树干基部；二是不要太浅，避免采取简单的地面喷洒；三是不要太深，一般不超过 60 cm。具体有以下几种施肥方法：

（1）地表施肥：松土除草后，将肥料撒施到地里，同时结合松土或浇水使肥料进入土层获得满意的效果，此法适用于小灌木和草本植物。

（2）沟状施肥：该施肥方法把营养元素尽可能施在根系附近。

① 环状沟施：在树冠投影半径的 1/2 处至投影外 1 m 以内的环状范围内，挖 2～3 条宽 20～30 cm，深 30 cm 左右的同心环沟。环沟间距 50～80 cm，将肥料施入环沟，覆土填平，应适当踩紧。此法多用于中壮龄以上的乔木、大灌木施肥。

②放射状沟施：以树干为中心，从距树干 60~80 cm 处，向树冠外缘由浅而深地挖 4~8 条沟。沟宽 30~40 cm，深 20~50 cm，将充分腐熟的有机肥与表土混匀后施入沟中，封沟灌水，此法适合中壮龄以上的乔木，大灌木施肥。

（3）穴状施肥：在树冠投影半径 1/2 以外至投影外 1 m 以内环状范围内，挖 20 个左右的穴，穴深 40 cm，直径 50 cm，将肥料放入后盖土填平并踩紧即可。此法适用于中壮龄以上的乔木，大灌木施肥。

（4）淋施：用水将化肥溶解后，结合淋水进行，此法速度快、省工、省时、多用于小型植物和草坪植物。

（5）打孔施肥：由穴状施肥演变而来。在施肥区每隔 60~80 cm 打一个 30~60 cm 深的孔，将额定肥量均匀地施入各个孔中，达孔深的 2/3。然后用泥炭藓、碎粪肥或表土堵塞空洞，踩紧。此法可使肥料遍布整个根系分布区，大树及草坪上的树木采用此法。

2. 根外追肥

根外追肥有叶面喷肥和植物注射施肥两种。

叶面喷肥的优点是：简单易行，用肥量小，发挥作用快，可及时满足植物的急需，并可避免某些肥料元素在土壤中的化学和生物的固定作用。尤在缺水季节或缺水地区以及不便施肥的地方，采用此法最多。

叶面喷肥的缺点是：不能代替土壤施肥，据报道，叶面喷氮素后，仅叶片中的含氮量增加，其他器官的含量变化较小，这说明叶面喷氮在转移上还有一定的局限性。

土壤中施肥的肥效持续期长，根系吸收后，可将肥料元素分送到各个器官，促进整体生长。同时，向土壤中施有机肥后，又可改良土壤，改善根系环境，有利于根系生长。但是土壤施肥见效慢，所以，土壤施肥和叶面喷肥各具特点，可以互补不足，如能运用得当，可发挥肥料的最大效用。

叶面喷肥主要是通过叶片上的气孔和角质层进入叶片，而后运送到植物体内各个器官。一般喷后 15 min 到两小时即可被树木叶片吸收利用。但吸收强度和速度则与叶龄、肥料成分溶液浓度等有关。由于幼叶生理机能旺盛，气孔所占面积较老叶大，因此较老叶吸收快。叶背较叶面气孔多，且叶背表皮下具有较松散的海绵组织，细胞间隙大而多，有利于渗透和吸收。因此，一般幼叶较老叶，叶背较叶面吸水快，吸收率也高。所以在实际喷布时一定要把叶背喷匀、周到。使之有利于树木吸收。同一元素的不同化合物，进入叶内的速度不同。如硝态氮在喷后 15 min 可进入叶内，而铵态氮则需两小时，硝酸钾经一小时进入叶内，而氯化钾只需 30 min，硫酸镁要 30 min，氯化镁只需 15 min。溶液的酸碱度也可影响渗入速度，如碱性溶液的钾渗入速度较酸性溶液中的钾渗入速度快。此外，溶液浓度浓缩的快慢、气温、湿度、风速和植物体内的含水状况等条件都与喷施的效果有关。可见，叶面喷肥必须掌握植物吸收的内外因素，才能充分发挥叶面喷肥的效果。叶面喷肥时间最好在上午 10 时以前和下午 4 时以后，以免气温高，溶液很快浓缩，影响喷肥效果或导致药害。

（1）叶面施肥：一般将化肥稀释后，用喷雾的方法喷在叶片上。这些肥料主要由尿素、磷酸二氢铵、磷酸二氢钾及硝酸钾配制而成。在使用时，应严格掌握肥液浓度，一般在 0.3%~0.5% 之间。喷洒量以肥液开始从叶片大量滴下为准，应在上午 10 时以前，下午 4 时以后进行。

（2）树木注射：将营养液直接注入树干。具体做法是将营养液盛在一个专用容器里，系在树上，把针管插入木质部，甚至于髓心，慢慢吊注数小时或数天。这种方法也可用于注射内吸式杀虫剂和杀菌剂，防治病虫害。

六、施肥时期

1. 基肥的施用时期

基肥产生肥效慢，所以应早施，如为植物早春萌芽、开花和生长，提供养分，应在秋冬提前施肥。根据南北方气候不同，基肥分秋施和冬春施。

北方多在秋分前后施入基肥，秋施基肥正值根系秋季生长高峰，伤根容易愈合，并可发出新根，但时间宜早不宜晚，尤其是对观花、观果及从南方引入的树种，更应早施，施得过迟，使树木生长不能及时停止，会降低树木的越冬能力。北方常秋施基肥，有机质腐烂分解的时间较充分，可提高矿质化程度，来春可及时供给树木吸收和利用，促进根系生长。增施有机肥可提高土壤孔隙度，使土壤疏松，有利于土壤积雪保墒。防止冬春土壤干旱，并可提高地温，减少根际冻害。

南方多在冬季施基肥，春施基肥，因有机物没有充分分解，肥效发挥较慢，早春不能及时供给根系吸收，到生长后期肥效发挥作用，往往会造成新梢二次生长，对树木生长发育不利。特别是对某些观花观果类树木的花芽分化及果实发育不利。所以，南方一般可在冬季施入基肥，为植物早春生长提供营养。

基肥在较长时期内供给植物养分，所以宜施持效性有机肥料，如腐殖酸类肥料，堆肥、厩肥、圈肥、鱼肥、血肥以及作物秸秆、树枝、落叶等，使其逐渐分解，供植物较长时间吸收利用大量元素和微量元素。

2. 追肥的施用时期

追肥要巧，应根据植物一年中各物候期需肥特点及时追肥，以调解植物生长和发育的矛盾。追肥的施用时期，在生产上分前期追肥和后期追肥。前期追肥又分为开花前追肥、落花后追肥、花芽分化期追肥。具体追肥时期，则与地区、植物品种及年龄等有关，要紧紧依据各物候期特点进行追肥。对观花、观果植物而言，花后追肥与花芽分化期追肥比较重要，尤以落花后追肥更为重要。同时，花前追肥和后期追肥常与基肥施用相隔较近，条件不允许时则可以省去。因此，对于一般初栽2~3年内的花木、庭荫树、行道树及风景树等，每年在生长期进行1~2次追肥，实为必要，至于具体时期，则需视情况合理安排，灵活掌握。民间流传施肥技巧"基肥要早，追肥要巧；秋季施肥要早，避免枝梢徒长"。

一般认为：

春季：为促进枝梢生长，以N肥为主。

花芽分化期、开花期与结果期：以P、K肥为主。

入秋后：先施P肥，落叶后再施K肥，以利安全越冬。

冬季：一般施基肥，补充来年早春树体养分。

七、肥料的用量

施肥量受植物品种、土壤的肥瘦、肥料的种类以及各个物候期需肥情况等多方面的影响。因此，很难确定统一的施肥量，以下几点原则，可供决定施肥量的参考。

1. 根据不同植物而异

植物不同，对养分的要求也不一样，如梧桐、梅、桂花、梓树、茉莉、牡丹等树种喜肥沃土壤；刺槐、悬铃木、油松、臭椿等则耐瘠薄的土壤。开花结果多的大树应较开花、结果少的小树多施肥，树势衰弱的也应多施肥。不同的树种施用的肥料种类也不同，如果树以及木本油料树种应增施磷肥；酸性花木如杜鹃、栀子花、山茶、八仙花等，应施酸性肥料。绝不能施石灰、草木灰等。施肥量过多或不足，对植物生长发育均有不良影响。施肥量既要符合植物生长要求，又要以经济用肥为原则。喜肥的多施，耐瘠薄的可少施。

树木一般按胸径大小计算施肥量，一般胸径 8 ~ 10 cm 的树木，每株施堆肥 25 ~ 50 kg；花灌木可酌情减少。草本花卉施肥量见表 4.3。

表 4.3　草本花卉施肥量　　　　　　　　　　　　（单位：kg/亩）

花卉种类		N	P_2O_5	K_2O
一般标准	一、二年生草花宿根与球根类	6.27 ~ 15.07	5.00 ~ 15.07	8.0 ~ 11.27
		10.0 ~ 15.07	6.87 ~ 15.07	12.53 ~ 20.0
基肥		2.64 ~ 2.80	2.67 ~ 3.33	3
		4.84 ~ 5.13	5.34 ~ 6.67	6
追肥		1.98 ~ 2.10	1.60 ~ 2.00	1.67
		1.10 ~ 1.17	0.85 ~ 1.07	1.00

2. 根据对叶片的分析而定施肥量

植物叶片所含的营养元素量可反映植物体内的营养状况，所以近年来，广泛应用叶片分析法来确定植物的施肥量。用此法不仅能查出肉眼见得到的症状，还能分析出多种营养元素的不足或过剩，以及能分辨两种不同元素引起的相似症状，而且能在病症出现前及早测知。此外，进行土壤分析对于确定施肥量的依据更为科学和可靠。这在过去是办不到的，现在利用普通计算机和电子仪器等，可很快测出很多精确数据，使施肥量的理论计算成为现实。

实训项目十四　园林植物的施肥管理

一、实训目的

通过实践操作，学会针对不同的植物对象确定不同的施肥时期，肥料种类与用量，以及掌握科学的施肥方法，从而增加土壤肥力保证植物健康生长。进一步掌握园林植物施肥的技巧与方法。

二、实训材料

养护植物、锄头、铁锹、花铲、喷壶、肥料等。

三、实训内容与方法步骤

根据所学施肥的基本知识，每 6 人一组，分组完成各自责任区内的相应施肥工作：

（1）施肥方法的确定；

（2）肥料种类及用量的确定；

（3）施肥操作；

（4）浇水或覆盖。

四、实训要求

通过对各自辖区内具体的施肥操作，谈谈你对该项工作的体会，并完成一份完整的实训报告。

五、成绩评定

根据实训现场的操作情况及效果质量评定成绩，成绩可以按"优、良、中、及格、不及格"五个等级或按百分制。

任务二　园林植物的水分管理

一、水分对植物生长发育的影响

（一）植物在年周期生长中的需水量

1. 同一植物在不同的生长周期对水分的需求量不同

种子发芽期：需要较多的水分，以便透入种皮，有利于胚根的抽出，并供给种胚必要的水分。

幼苗期：因根系弱小，在土壤中分布较浅，抗旱力极弱，必须经常保持湿润，但该阶段适当控水有利于植物根系生长。

植物营养生长期：新梢进入旺盛生长，此时需水量最多，如供水不足，会削弱生长或早期停长。该时期的植物一般都要求湿润的空气，但空气湿度过大时，植株易徒长。

花芽分化期：如水分缺乏，花芽分化困难，形成花芽少，如水分过多，长期阴雨，花芽分化也难以进行。对于很多植物来说，水分常是决定花芽分化迟早和难易的重要因素之一。总的来说花芽分化期适当控水有利于花芽分化。

开花结实期：要求空气湿度小，不然会影响开花和花粉自花药中散出，使授粉作用减弱。水分过多会导致落花落果现象。

种子成熟期：该时期也需要一定水分，但过多则会引起后期落果或发生裂果和病虫害。该时期水分过多，会缩短挂果观赏期。

2. 同一植物在不同的季节对水分的需求量不同

秋季根系生长高峰期，此期需一定的水分。如果秋旱，植物根系和直径的加粗生长减缓，地上部分提早封顶和提早落叶，进而影响营养的吸收和有机物的制造积累及转化，果实发育差，易引起生理性落果，对观果植物来说，既降低了产量，又削弱了观赏价值，会削弱越冬性，连续影响到下一年。如果秋季水分过多，则会使枝叶再生长，秋梢生长过旺，枝条成熟度差，较易受冻害。在植物相对休眠期，尽管需水量较少，但也不能缺水。

（二）水分对植物花芽分化及花色的影响

植物由营养生长转向生殖生长，进行花芽分化、开花和结实，此期控制对植物的水分供给，以达到控制营养生长，促进花芽分化。如梅花6～8月的"扣水"，就是控制水分供给，致使新梢顶端自然干梢，叶面卷曲，停止生长，使花芽得到较多的营养进行分化。广州的盆栽年橘就是在7月份控制水分，促使花芽分化，提早开花结果。

水分对花的色彩有一定影响，一般在水分缺乏时花色变浓，在水分不足的情况下，色素形成较多，所以色彩变浓，如蔷薇、菊花。开花期内水分不足，花朵难以完全绽开，不能充分表现出品种固有的花形与色泽，而且缩短花期，影响到观赏效果。此外，土壤水分的多少，对花朵色泽的浓淡也有一定的影响。水分不足，花色变浓，如白色和桃红色的蔷薇品种，在土壤过干时，花朵变为乳黄色或浓桃红色。

二、树木灌水的原则

1. 不同气候和不同时期灌水要求不同

4～6月份，北方多数地区是干旱、少雨季节，但却是植物生长发育的旺盛时期，需水量较大，一般都需要灌水，灌水次数应根据树种和各地气候条件决定。而江南地区因有梅雨季节，在这期间不宜多灌水。对于某些花灌木，如梅花、碧桃等，于6月底以后形成花芽，所以在6月份短时间扣水可以促进花芽的形成。

7月份是各地的雨季，降水较多，空气湿度大，故不需要多灌水，遇雨水过多时还应注意排水，但在遇大旱之年，在此期也应灌水。

9～10月份植物进入生长末期，为避免植物徒长，影响枝条木质化，降低抗寒性，一般情况下，不应再灌水。但如过于干旱，也可适量灌水，特别是对新栽的苗木和名贵树种及重点布置区的植物，以避免植株因过于缺水而萎蔫。不同地区的气候不同，灌水也不同，如在华北灌冻水宜在土地将封冻前，但不可人早，因为9～10月灌大水会影响枝条成熟，不利于安全越冬，但在江南，9～10月常有秋旱，故在当地为安全越冬起见在此时也应灌水。

11～12月份植物已经停止生长，此期在冬季严寒的北方地区应灌封冻水，减少冬春寒冷干旱的危害，特别是在北方地区越冬尚有一定困难的树种一定要灌封冻水。

2. 树种和栽植年限不同灌水要求不同

耐干旱的树种灌水量和次数均较少；喜欢湿润土壤的树种，如枫杨、垂柳、水松、水杉等，则应加强灌水；观花树种，特别是花灌木的灌水量和灌水次数均比一般的树种要多；一些名贵树木，如红枫、杜鹃等，当略现萎蔫或叶尖焦干时，应立即灌水并对树冠喷水，否则将导致旱害；而丁香类及蜡梅等，虽然遇干旱即现萎蔫，但一段时间内缺水，也不至于死亡，在灌水条件差时，可适当延期灌溉。

不同栽植年限灌水的要求也不同。新植园林植物一般需要连续灌水3～5年，土质不好的地方或植物因缺水而生长不良以及干旱年份，均应延长灌水年限。对于新栽常绿树，除正常灌水外，还应向树体喷水，以利成活，特别是常绿阔叶树，更应注意喷水。对定植多年，生长正常的植株，一般可少灌水或不灌水，但在久旱或立地条件差时，也应及时灌水。

3. 土壤质地不同灌水要求不同

对砂地进行灌水时，因砂土容易漏水，保水力差，灌水次数应适当增加，应多次少浇，并施有机肥增加保水保肥性；低洼地也要多次少浇，注意不要积水，并应注意排水防碱；而对盐碱地，就要多次多浇，并且灌水与中耕松土相结合，最好用河水灌溉；较黏重的土壤保水力强，灌水次数和灌水量应当减少，并施入有机肥和河沙，增加通透性，以便在互相影响下更好地发挥每个措施的积极作用。灌溉应与施肥结合，在树木施化肥的前后，应浇透水，促进肥料的溶解和下渗，以利于根系的吸收，又可避免肥力过大、过猛，影响根系吸收或遭毒害。也可结合灌水同时施肥。此外，灌水应与中耕除草、培土、覆盖等土壤管理措施相结合。

三、灌水时期

灌水时期由植物在一年的生长周期中对水分的要求、气候特点和土壤类型等决定。

（一）一天中的灌水

夏季高温天气一般在早晚进行，清晨最好；冬季一般在中午前后进行。因为夏季早晚水温与地温相近，灌溉对根系生长活动影响小，夏季高温天气正午灌溉，冷水会使根系不能适应骤凉而吸水困难，易造成暂时生理干旱，树叶萎蔫。冬季湿叶过夜易引起病害。

（二）休眠期灌水

休眠期灌水是在秋冬和早春进行。在我国的东北、西北、华北等地降水量较少，冬春又严寒干旱，因此休眠期灌水非常必要。秋末或冬初的灌水（北京为 11 月上、中旬）一般称为灌"冻水"或"封冻"水。冬季结冻，放出潜热有提高树木越冬能力，并可防止早春干旱，故在北方地区，这次灌水是不可缺少的，对于边缘树种，越冬困难的树种，以及幼年树木等，灌冻水更为必要。早春灌水，不但有利于新梢和叶片的生长，并且有利于开花与座果。早春灌水促使树木健壮生长，是花繁果茂的一个关键。春季灌溉是否及时和充分直接影响植物一年的生长，并且北方春灌能防止春寒及晚霜对树木造成的危害。

（三）生长期灌水

1. 花前灌水

花前灌水主要针对北方一些地区容易出现早春干旱的现象，及时灌水补充土壤水分的不足，是解决植物萌芽、开花、新梢生长和提高座果率的有效措施。同时还可以防止春寒、晚霜的危害。盐碱地区早春花前灌水后进行中耕还可以起到压碱的作用。花前灌水可在萌芽后结合花前追肥进行。花前灌水的具体时间，要因地、因植物品种而异。

2. 花后灌水

大多数植物在花谢后半个月左右是新梢迅速生长期，如果水分不足，则抑制新梢生长。果树此时如缺少水分则易引起大量落果。尤其北方各地春天风多，地面蒸发量大，适当灌水能保持土壤适宜的温度。灌水后可促进新梢和叶片生长，增强光合作用，提高座果率和增大果实，同时，对后期的花芽分化有一定的良好作用。没有灌水条件的地区，也应积极做好保墒措施，如盖草、盖沙等。

（四）需要灌水的特征确定（表4.4）

表4.4　需要灌水的特征确定

土色	潮湿程度（%）	土壤状态	作业措施
深暗	大于20	手握成团，揉搓不散，手上有明显水迹；水稍多而空气相对不足，为适度的上限，持续时间不宜过长	松土，适于栽植和繁殖
黑黄偏暗	潮湿，含水量15～20	手握成团，一搓即散，手有湿印；水气适度	松土，适于生长发育
潮黄	潮，含水量12～15	手握成团，微有潮印，有凉感；是适度的下限	给水，适于蹲苗、花芽分化
浅灰	半干燥，含水量5～12	握不成团，手指下才有潮迹，幼嫩植株出现萎蔫	及时灌水
灰白	干燥，含水量小于5	无潮湿，土壤含水量过低，草本植物脱水枯萎，木本植物干黄，仙人掌类停止生长	需灌透水
灰黄	表潮里干	高温期，或灌水彻底，或表面土壤因苔藓、杂物遮阴看潮润，实际内部干燥	仔细检查，尤其是盆花，正常灌水

四、灌水量

灌水量受多方面因素影响：不同品种、土质、不同的气候条件、不同的植株大小、不同的生长状况等，都与灌水量有关。在有条件灌溉时，即灌足，切忌浇"半根水"，即表土打湿而底土仍然干燥。一般已达花龄的乔木，大多应浇水令其渗透到80～100 cm深处。适宜的灌水量一般以达到土壤最大持水量的60%～80%为标准。

最适宜的灌水量应在一次灌溉中，使植物根系分布范围内的土壤湿度达到最有利于植物生长发育的程度。所以，必须一次灌透。一般对于深厚的土壤，需要一次浸湿1 m以上的土层，浅层土壤经改良也应浸湿0.8～1.0 m。

五、灌水的方式和方法

正确的灌水方式，可使水分均匀分布，节约用水，减少土壤冲刷，保持土壤的良好结构，并充分发挥水效。常用的方式有下列几种：

（一）地面灌水

这是效率较高的常用方式，可利用河水、井水、塘水等。可灌溉大面积树木，又分畦灌、沟灌、漫灌等。畦灌时先在树盘外做好畦埂，灌水应使水面与畦埂相齐。待水掺入后及时中耕松土。这个方式普遍应用，能保持土壤的良好结构；沟灌是用高畦低沟的方式，引水沿沟底流动浸润土壤，待水分充分渗入周围土壤后，不致破坏其结构，并且方便实行机械化；漫灌是大面积的表面灌水方式，因用水极不经济，很少采用。主要有以下几种方式：

1. 漫灌

适合于地势平坦的群植、片植的树木、草地及各种花坛。采取分区做埂，在围埂内放水淹及地表进行灌溉，待水渗完之后，挖平土埂，松土。漫灌耗水多，易造成土壤板结，应尽量避免使用。

2. 单株灌溉

可在每株树木的树冠投影内，先扒开表土做一土埂，灌水至满，让水慢慢向下渗透。城区行道树，株行距大的园林树木，多用此法灌溉。在实际灌水中，单株灌溉分为以下两种：

（1）盘灌（围埂灌水）：以干基为圆心，在树冠投影以内的地面筑埂围堰，形似圆盘，在盘内灌水。盘深 15～30 cm，灌水前先在盘内松土，便于水分渗透，待水渗完以后，铲平围堰，松土。灌水后，加以覆盖。此法用水经济，但渗湿土壤范围较小，离干基较远的根系，难以得到水分供应。

（2）穴灌：在树冠投影外侧挖穴，将水灌入穴中，以灌满为度。穴的数量依树冠大小而定，一般 8～12 个，直径 30 cm 左右，穴深以不伤粗根为准，灌后将土还原。现代先进的穴灌技术是离干基一定距离，垂直埋设 2～4 个直径 10～15 cm、长 80～100 cm 的羊毛蕊管或瓦管等永久性灌水设施。此法在地面铺装的街道、广场的使用中等十分方便。

3. 沟灌

成片栽植的园林植物，可每隔 100～150 cm 开一条深约 20～25 cm 的长沟，在沟内灌水，慢慢向沟底和沟壁渗透，达到灌溉目的。灌溉完毕，将沟填平。此法比较均匀地浸湿土壤，水分蒸发与流失量少，可达到经济用水，防止土壤板结，是地面灌溉中比较合理的方法。

（二）地下灌水

是利用埋设在地下多孔的管道输水，水从管道的孔眼中渗出，浸润管道周围的土壤，用此法灌水不致流失或引起土壤板结，便于耕作，较地面灌水优越，节约用水，但要求设备条件较高，在碱土中需注意避免"泛碱"。此外在先进国家中有安装滴灌设备进行滴灌的，可以大大节约用水量。

（三）空中灌水（喷灌）

在大面积绿地，如草坪、花坛或树丛内，安装固定喷头进行人工控制的灌溉。基本上不产生深层渗透和地表径流，省水、省工、效率高，且能减免低温、高温、干热风对植物的危害，提高了园林植物的绿化效果。这种灌水方式有以下优点：

（1）减少对土壤结构的破坏，可保持原有土壤的疏松状态。

（2）喷灌基本上不产生深层渗漏和地表径流，因此可节约用水，一般可节约用水 20% 以上，对渗漏性强，保水性差的砂土，可节省用水 60%～70%。

（3）节省劳动力，工作效率高，便于田间机械作业的进行，为施化肥，喷农药和喷除草剂等创造条件。

（4）对土地平整的要求不高，地形复杂的山地亦可采用。

（5）调节公园及绿化区的小气候，减免低温、高温、干风对树木的危害，使对植物产生最适宜的生理作用，从而提高树木的绿化效果。

（6）喷灌可以降低小环境气温。

喷灌也有以下的缺点：

（1）可能增加植物感染白粉病和其他真菌病害的可能性。

（2）在有风的情况下，喷灌难做到灌水均匀。据苏联经验，在 3～4 级风力下，喷灌用水因地面流失和蒸发损失可达 10%～40%。另外，喷灌设备价格投资高。

（四）滴　灌

这是最能节约水量的办法，但需要一定的设备投资。目前在花卉生产中应用较多。

六、灌溉的注意事项

（1）经过重剪的植物因失去叶片较多，蒸腾减少，应控制灌水。

（2）多肉植物在冬季温度低于 10 ℃ 时，应停止灌水。

（3）热带植物在土温处于 10～15 ℃ 以上根系才吸水。

（4）灌溉前先松土，灌溉后待水分渗入土壤、土表层稍干时，进行松土保墙。

（5）要适时适量灌溉，经常注意土壤水分的适宜状态，争取灌饱灌透。

（6）夏季灌溉在早晚进行，冬季应在中午前后为宜。如有条件可掺薄肥一道灌入，以提高树木的耐旱力。

（7）干旱时追肥应结合灌水，土壤水分不足时，追肥以后应立即灌溉，否则会加重旱情。

（8）秋季应控制灌水，以防止植物徒长，降低植物抗寒性。

七、排　水

土壤中水分过多出现积水称为涝，涝对植物不利，轻则生长不良重则死亡。土壤中水分越多空气含量越少，当土壤处于涝象时，空气极少，根系呼吸微弱，进而转入无氧呼吸，产生和积累酒精，硫酸根还原为硫化氢等，这些物质都毒害根系，引起植物死亡。

各植物抗涝力不同，要根据树木的生态习性、忍耐水涝的能力决定排水方式。耐水力最强的树种，如垂柳、旱柳等，均能耐 3 个月以上深水淹浸，即使被淹，短时期内不排水也问题不大；而耐水力弱的树种，应及时排水防涝，如玉兰、梅花、雪松、桃、杏、梧桐耐水力最弱，若遇水涝淹没地表，必须尽快排出积水，否则不过 3～5 日即可死亡。此外，新植树木，由于根系发育不健全，应注意及时排水。成年树比幼年树耐涝，根系呼吸越弱的比根系呼吸强的耐涝，如葡萄耐涝。栽植深度对抗涝性也有影响，尤其是嫁接的树木，凡嫁接部位埋于地下的，易涝死，嫁接口处于地面以上，受涝最轻。

发现涝象应立即组织排水，排水的方法主要是地表径流和沟道排水两种。

1. 地表径流排水

利用地面的坡度，保证暴雨时雨水从地面流入江河、湖海，或从下水道内排走，这是大面积绿地如草坪、花灌木丛常用的排水方法，省工、省钱。建立绿地时即安排好倾斜度，地面坡度在 0.1%~0.3%，地面要较平整，不留洼坑。

2. 沟道排水

在地表挖沟，或在地下埋设管道，引走低洼处的积水，使汇集江湖。

（1）明沟排水。适用于发生暴雨或阴雨连绵造成积水很深的地方，在无法实行地表径流排水的绿地，挖明沟，沟底坡度以 0.1%~0.5% 为宜。

（2）暗沟排水。绿地下挖暗沟或铺设管道排水，于地下埋设管道或筑暗沟，将积水从沟内排走，此法节约用地，省劳力，地面美观又不影响交通。

实训项目十五　园林植物的水分管理

一、实训目的

通过实践操作，掌握科学灌溉的方法和实际操作技能。

二、实训材料

养护植物、锄头、铁锹、花铲、喷壶、水管等。

三、实训内容与方法步骤

根据所学施肥的基本知识，每 6 人一组，分组完成各自责任区内的相应灌溉工作：

（1）灌溉时期的确定；

（2）灌溉方法的确定；

（3）灌溉操作；

（4）工完清场。

四、实训要求

通过对各自辖区内具体的灌溉操作，谈谈你对该项工作的体会，并完成一份完整的实训报告。

五、成绩评定

根据实训现场的操作情况及效果质量评定成绩，成绩可以按"优、良、中、及格、不及格"五个等级或按百分制。

任务三 园林植物的越冬越夏与抗风管理

一、低温危害及防治

（一）低温伤害的基本类型

低温可伤害植物各组织和器官，致使植物落叶、枯梢，甚至死亡。可分为以下几类：

1. 冻害

气温 0 ℃ 以下，植物组织内部结冰所引起的伤害，会出现以下症状：

① 溃疡：受冻部分最初轻微冰色下陷，不易被察觉，用力挑开可发现皮部已经变褐，其后逐渐干枯死亡，皮部裂开脱落。

② 冻裂：树皮和木质部发生纵裂，树皮常沿裂缝与木质部分离，严重时向外翻卷，裂口可深达树木中心。其一般不会直接引起树木的死亡，但由于树皮开裂，木质部失去保护，而容易招致病虫，特别是木腐菌的危害，削弱树木的生活力，造成木材腐朽，形成树洞。

③ 冻拔：又称冻举，指温度降至 0 ℃ 以下，土壤冻结并与根系联为一体，由于水结冰体积膨胀，使根系与土壤同时抬高，解冻时土壤与根系分离，在重力作用下，土壤下沉，苗木根系外露，似被拔出，倒伏死亡。冻拔多发生在土壤含水量高，质地黏重的地方。

④ 霜害：多发生在生长期内，又可分为早霜危害和晚霜危害。

早霜的危害使生长季推迟，植物的小枝和芽不能及时成熟，木质化程度低，而遭受霜冻的危害，秋天异常的寒潮，可导致无数乔木死亡。

晚霜的危害导致阔叶树的嫩枝、叶片萎蔫、变黑死亡，如火棘和朴树等最为敏感。

2. 冻旱

又称干化，是一种因土壤冻结而发生的生理干旱。寒冷地区，冬季土壤冻结，根系很难从土壤中吸收水分，而地上部分的枝条、芽、叶仍进行蒸腾作用，不断散失水分，最终破坏水分平衡导致细胞死亡，枝条干枯直至整株死亡。常绿植物遭受冻害可能性大，如杜鹃、月桂、冬青、松树等。

3. 寒害

又称冷害。多发生在热带和亚热带植物上，特别在喜温植物北移时，应考虑这一限制因子。

（二）低温伤害的防治

低温伤害，轻者引起溃疡，大大削弱植物的生长势，重则导致植物死亡。因此，防治低温伤害对发挥园林植物的功能效益有重要意义。

1. 预防措施

在一定范围内采取合理的预防措施，可减少低温伤害。

① 选择抗寒植物种类或品种，是一条根本措施。一般乡土植物和经过驯化的外来植物种类和品种，已适应了当地的气候条件，具有较强的抗逆性，应是园林植物栽植的主要种类。

在一般情况下，对低温敏感的植物，应栽在通气、排水良好的土壤上，以促进根系生长，提高耐低温的能力。

② 加强抗寒栽培，提高植物的抗性。加强栽培管理，如春季加强肥水供应，合理应用排灌施肥技术，可以促进新梢生长和叶片增大，提高光合效应；后期控制灌水，及时排涝，适当施用磷钾肥，有利于枝条及早结束生长，提高木质化程度，增加抗寒性；夏季适当摘心，促进枝条成熟，对减少低温伤害有良好的效果。

③ 改善小气候条件，增加温度、湿度的稳定性。通过人为的措施改善小气候条件，减小植株的温度变化，提高大气湿度，促进空气对流，避免冷空气聚集，可以减轻低温，特别是晚霜和冻旱的危害。

④ 林带防治法：用受害程度较轻的常绿针叶树或抗性强的常绿阔叶树营造防护林，可以提高大气湿度，适用于专类园（杜鹃、月桂、茶花等）的保护。

⑤ 熏烟法：事先在园内用秸秆、草类、锯末等设置发烟堆，根据天气预报，于凌晨点火发烟，形成烟雾，减少土壤辐射散热，同时烟粒吸收湿气，使水汽凝结成液体放出热量，提高湿度，保护植物。

⑥ 喷水法：利用人工降雨或喷雾设备，在将发生冻害的黎明，向树冠喷水，防止急剧降温。

⑦ 加强土壤管理和株体保护。一般情况下，采用浇冻水和春水防寒，在冻前灌水，特别对常绿植物周围的土壤灌水，保证冬季有足够的水分供应，防止冻旱有效。对植株培土（如月季、葡萄等）、束冠、涂白、包草，树盘覆盖（用腐叶土、泥炭藓、锯末等），对常绿植物喷洒蜡质剂。

⑧ 推迟萌动期，避免晚霜危害。利用生长调节剂或其他方法延长休眠期，推迟萌动，可以躲避早春寒潮袭击，如用 B_9、乙烯利、萘乙酸、钾盐等溶液，在萌芽前或秋末喷洒在树上，可抑制萌动。

⑨ 合理施肥。秋季控制施 N 肥，落叶之前先施 P 肥再施 K 肥，能一定程度上防治低温对植物的危害。

2. 受害植株的保护

对已经遭受低温伤害的植株，采取适当的养护措施，使植株恢复生机。

① 合理修剪。对受冻害的植株进行修剪，控制修剪量，即将受害部分剪除，促进枝条更新生长。

② 合理施肥。适量施肥，能促进新组织形成，提高越夏能力。

③ 加强病虫害预防。植物遭低温危害后，树势较弱，极易受病虫害侵袭，可结合防治冻害，施化学药剂。

④ 伤口保护与修补。对伤口修整、消毒、涂漆。

二、高温危害及防治

植物在异常高温的影响下，生长下降甚至受到伤害，在仲夏和初秋最为常见。

1. 高温伤害的类型

（1）高温的直接伤害：即日灼。夏秋季由于气温高、水分不足、蒸腾作用减弱，致使植物体难以调节，造成枝干的皮层或其他器官表面的局部温度过高，导致组织或器官出现损伤、干枯的现象。

① 根颈灼环、颈烧：又称干切。太阳强烈照射，土表温度增高，过高的地表温度灼伤幼苗或幼树的根颈，在根颈处造成一个宽几毫米的环带，即灼环。灼环使疏导组织中断，幼苗倒伏死亡。如柏科的树木在土温 40 ℃ 时就开始受害。

② 形成层伤害：又称皮烧或皮焦。树木受强烈的太阳辐射，温度过高引起形成层和树皮局部组织死亡。形成层伤害多发生在树皮光滑的薄皮成年树上，特别是耐阴树种，书皮呈斑状死亡或片状脱落，给病菌入侵造成有利条件，从而影响树木生长发育。

③ 叶片伤害：即叶焦。嫩叶、嫩梢烧焦，受强烈高温的影响，叶片褪色、变褐，枝梢灼伤干枯的现象。

（2）间接伤害，饥饿失水干枯。高温使光合作用降低，呼吸作用继续增加，消耗养分，蒸腾作用加剧，引起叶片萎蔫，气孔关闭，植株干化死亡。

2. 高温伤害的防治

根据高温对树木伤害的规律，可采取以下措施：

① 选择耐高温、抗高温的植物种类或品种栽植。

② 栽植前进行抗性锻炼。在植物移栽前加强抗高温锻炼，逐渐疏开树冠和蔽荫树，以便适应新环境。

③ 保持移栽植株较完整的根系。移栽时尽量保留比较完整的根系，使土壤与根系密接，以便顺利吸水。

④ 树干涂白。涂白可反射阳光，缓和树皮温度的剧变，对减轻日灼有明显的作用，一般在秋末冬初进行。涂白剂为：水 72% + 生石灰 22% + 石硫合剂 3% + 食盐 5%。

⑤ 加强树冠的科学管理。修剪中，适当降低主干高度，多留辅养枝，避免枝干光秃和裸露。

⑥ 加强综合管理，促进根系生长，改善树体状况，增强抗性防止干旱，避免损伤，防病治虫，合理施肥。

⑦ 加强受害树木的管理。对已遭受伤害的树木应进行审慎的修剪，去掉受害枯死枝叶，刈焦灼处修整、消毒、涂漆、适时灌溉，合理施肥。

三、风害及防治

园林植物遭受大风的危害主要表现在风倒、风折和树权劈裂上。

（一）风害的原因

① 因为 V 形分叉，使树权易劈裂。

② 地下水位高或土层浅，根系发育差。

③ 土木工程对树木地下与地面开挖，破坏树木根系。

（二）风害防治

① 合理整形修剪。做倒树形、树冠不偏斜，冠幅体量不过大，叶幕层不过高和避免 V 形权的形成。

② 树体支撑加固。在树木背风面立支撑物支撑，用铁丝、绳索扎缚加固。

③ 选择抗风树种。选深根性、耐水湿、抗风强的树种，如悬铃木、枫杨、无患子、香樟等。

④ 及时扶正，精心养护风倒树木。

（三）抗风树种

抗风力强的有：南洋杉、葡萄、臭椿、朴、栗、槐树、梅树、樟树、马尾松、黑松、圆柏、榉树、胡桃、白榆、乌桕、樱桃、枣树、麻栎、台湾相思、大麻黄、柠檬桉、假槟榔、桃榔、竹类及柑橘类等。

抗风力中等的有：侧柏、龙柏、杉木、柳杉、合欢、紫薇、木绣球、旱柳、檫木、楝树、苦槠、枫杨、银杏、广玉兰、重阳木、椰榆、枫香、凤凰木、桑、梨、柿、桃、杏等。

抗风力弱受害较大的有：大叶榕、小榕树、雪松、悬铃木、梧桐、加杨、钻天杨、银白杨、泡桐、垂柳、刺槐、杨梅、枇杷、苹果等。

一般而言，凡树冠紧密，材质坚韧，根系强大深广的树种，抗风力较强；而树冠庞大，材质柔软或硬脆，根系浅的树种，抗风力就弱。但是同一树种又因繁殖方法、立地条件和配植方式的不同而有异。用扦插繁殖的树木，其根系比用播种繁殖的浅，故易倒，在土壤松软而地下水位较高处亦易倒，孤立树和稀植的树比密植者易受风害，而以密植的抗风力最强。不同类型的台风对树木的危害程度会不一致，先风后雨的要比先雨后风的台风危害为小，持续时间短的比时间长的危害小。

任务四 园林植物的整形与修剪

修剪是对植物的某些器官如枝、芽、干、叶、花、果等进行剪截、疏删的具体操作；整形是对植物进行修剪，使之形成栽培者所需要的植株形态。修剪是手段，整形是目的，两者密切相关，统一于一定的栽培管理条件下。整形修剪与土、肥、水管理一样，都是提高园林绿化水平不可缺少的一个技术环节。对于园林植物地上部分的管理，整形修剪技术是一项十分重要的措施。

一、常见的整形修剪形式

1. 自然式修剪

根据植物生长发育状况特别是枝芽习性的不同,在保持原有自然株形的基础上适当修剪,称为自然式修剪。它基本上保持了原有的株形，充分表现了园林植物的自然美。修剪时，只对枯枝、病弱枝和少量影响株形的枝条进行修剪。常见园林植物自然式修剪有：尖塔形、圆锥形、圆柱形、椭圆形、垂枝形、伞形、匍匐形、圆球形等类型。

2. 整形式修剪

根据观赏的需要，将植物强制修剪成各种特定的形状，称为整形式修剪。整形式修剪几乎完全不顾植物生长发育的特性，彻底改变了园林植物的自然株形，按照人们的艺术要求修剪成各种几何体或非规则式的动物形体，其一般用于枝叶繁茂、枝条细软、不易折损、不易秃裸、萌芽力强、耐修剪的植物种类，如圆柏、黄杨、榆、罗汉松、六月雪、珊瑚、小叶女贞、红花继木等。

常见整形式修剪有：几何形式的整形方式（如球形、半球形、蘑菇形、圆锥形、圆柱形、杯状形、葫芦形、城堡形等）、非几何体的整形方式（垣壁式、建筑物形式如亭、雕塑式如龙、鹿、马等）。

3. 混合式整形

是以园林植物原有的自然形态为基础，略加人工改造的整形方式。多用在观花、观果及藤本类植物的整形上。方式很多，比较常见的有：疏散分层形、疏散延迟开心形、自然开心形。

二、整形修剪的依据

应依据园林绿化功能的需要和设计要求，在不违背植物生长特性和自然分枝规律的前提下，充分考虑植物与生长环境的关系，并根据株龄及生长势强弱进行修剪。

1. 按需修剪

修剪时必须明确植物的栽培目的与要求，根据需要进行修剪。

（1）以观花为目的的植物，如梅、桃等应以自然式或圆球形为主，使植物上下花团锦簇，满株有花。

（2）绿篱类植物则应采用规则式的修剪整形为主，以展示植物群体组成的几何图形。

（3）绿荫树、丛植的观赏树应均应以自然式为宜。

2. 因地制宜

（1）种植在门厅两侧的园林树木，整形时可用规则的圆球式或悬垂式树形。

（2）在高楼前的园林植物，可选用自然式的冠形，以丰富建筑物的立体构图。

（3）在风口空旷地区，应适当控制植物高生长，降低分枝高度，并抽稀树冠，增加透风性，防风折、风倒。

（4）在潮湿的地区，加强对过密树冠疏剪。

3. 随株作形，因枝修剪

（1）很多圆柱形、尖塔形、圆锥形树冠的乔木，如钻天杨、毛白杨、圆柏、银杏等，顶芽生长势强，形成明显的中心干与主侧枝的从属关系。这类树种在整形时，应保留中心领导干，以自然式修剪为主。

（2）一些顶端优势不强，但发枝力强的树种，如桂花、栀子花、榆叶梅等，容易形成丛状树冠，可剪成圆球形、半球形等形状。

（3）喜光植物，为了提高观花、观果效果，可采取自然开心形的整形方式。

（4）具有曲垂而开张习性的树种，如龙爪槐、垂枝榆等，应以疏枝和短截为主，整成水平圆盘状。

（5）萌芽力、成枝力强的植物为耐修剪植物，可多修剪、重修剪，如悬铃木、大叶黄杨、女贞、圆柏、海桐等。反之，则应少修剪、轻修剪，如梧桐、桂花、玉兰等。

（6）同一株植物的枝条有不同的生长势，不同的生理特性，如长短、枝位等，修剪时也应考虑采取不同的修剪方法。如长枝可采用短截、疏删方法修剪，而短枝则一般不修剪。

4. 年龄不同，方法有别

（1）幼年植物，以整形为主，扩大冠幅，形成良好冠形。

（2）中龄阶段的植物，整形修剪目的在于保持植株完美健壮。观花类植物，修剪以调节营养生长与生殖生长的关系，防止营养损耗，促进花芽分化；观叶观形的植物，通过修剪保持冠的丰满度，防止偏冠，内膛空虚。

（3）衰老植物，通过回缩修剪刺激休眠芽的萌发，更新复壮，恢复株势，修剪时应强剪、重剪。

三、整形修剪时期

从总体上看，一年中的任何时候都可进行修剪，具体时间的选择应从实际出发，最佳时期应满足两个条件：一是不影响植物的正常生长，避免剪口感染；二是不影响观花观果植物的开花结果。因此，园林植物的修剪时期一般分为休眠期（冬季）修剪和生长期（夏季）修剪。

1. 冬季修剪

自秋冬至早春在植物休眠期内进行的修剪，落叶植物在落叶以后一个月左右开始修剪至早春萌芽前结束。

2. 夏季修剪

在夏季植物生长季节内进行的修剪，自春季萌芽后开始至秋季落叶前结束。此期修剪起到控制枝叶生长，加速果实生长的作用。对观果类的园林植物来说，这种作用十分明显，但对植株抑制作用较大，修剪宜轻。

3. 常绿植物的修剪

一般终年可修剪，但要避开生长旺盛期，以早春萌芽前后至初秋以前为好。如绿篱、色块、黄杨球等的修剪在每年5月上旬和8月底以前进行。

四、整形修剪技术

园林植物的修剪程序为"一知、二看、三截、四拿、五处理"。一知就是修剪者必须知道操作规程、技术规范以及要求；二看就是要绕植株进行仔细的观察，做到心中有数；三截是在一知二看后，根据修剪的原则进行修剪；四拿就是剪断的枝条应随时拿下；五处理就是对剪口的修整、涂漆，对枝条的清理、运走。整形修剪技术的基本方法有"截、疏、伤、变、放"五种。

1. 截

又称短截，即剪去一年生枝条的一部分，对剪口下侧芽有刺激作用，是修剪最常用的方法。根据短截程度可分为以下几种：

（1）摘心剪梢：将枝梢顶芽摘除或将新梢一部分剪除。如绿篱植物剪梢可使绿篱枝叶密生，增加观赏效果和防护功能；草花摘心可增加分枝数量，培养丰满株形。

（2）轻短截：只剪去一年生枝梢的 1/4 ~ 1/3，起到缓和生长势、促进花芽分化的作用。

（3）中短截：在枝条中上部饱满芽处剪去枝条全长的 1/2，剪口下可萌发几个较旺的枝，向下发出几个中短枝，促进分枝，增强枝势。

（4）重短截：在枝条中下部剪截，约剪去枝条 2/3，剪截后，成枝力低，生长势强，有缓和生长势的作用。

（5）极重短截：在枝条基部留 2 ~ 3 个不饱满芽，或在轮痕处下剪。剪后只能抽生 1 ~ 3 个较弱枝条，可降低枝的位置，削弱旺枝、徒长枝、直立枝的生长，以缓和枝势，促进花芽形成。

（6）回缩：将多年生枝条的一部分剪掉，修剪量大，刺激较重，有更新复壮的作用。

2. 疏

又称疏删，即将枝条从分枝点剪除。疏一般用于疏除枯枝、病虫枝、过密枝、徒长枝、竞争枝、衰弱枝、下垂枝、交叉枝、重叠枝、并生枝等，是减少树冠内部枝条数量的修剪方法。按疏的强度分为以下几种：

（1）轻疏：疏枝量占全株枝数的 10% 以下。

（2）中疏：疏枝量占全株枝数的 10% ~ 20% 之间。

（3）重疏：疏枝量占全株枝数的 20% 以上。

疏删强度因植物种类、生长势和年龄而定，如洒金榕等可重疏，雪松、白千层、凤凰木等可轻疏。

3. 伤

用各种方法损伤枝条，达到缓和树势，削弱受伤枝条生长势的目的。常见有以下几种：

（1）环状剥皮：剥去枝或干上的一圈或部分树皮。环状剥皮一般在植物生长初期或停止生长期进行，剥皮宽度一般可分为 0.3 ~ 0.5 cm。环状剥皮主要用于处理幼旺树的直立旺枝，阻止养分向下输送，有利于果实生长和花芽分化。

（2）刻伤：用刀在芽的上方切口，深达木质部。一般在春季萌芽前进行，可阻止根部储存的养分向上运输，使位于刻伤口下方的芽获得较多养分，有利于芽的萌发和抽新枝。这一技术广泛用于园林树木的修剪。

（3）扭梢和折梢：在生长季节，将生长过旺的枝条扭伤或折伤，起到阻止无机营养向生长点输送，削弱生长势的作用。

4. 放

对一年生枝条不作任何修剪。放有利于营养物质的积累，促进花芽形成，使旺枝或幼旺树提早开花结果。

5. 变

改变枝条的生长方向，控制生长势的方法，如曲枝、拉枝、抬枝，使顶端优势转位、加强或削弱。

6. 留桩修剪

在进行疏删回缩时，在正常修剪位置上留一段残桩的修剪方法。因疏删、回缩产生的伤口减弱下枝生长势，留桩后可削弱该影响。

7. 平茬

又称截干，从地面附近全部去掉地上枝干，利用原有的发达根系刺激根颈附近的芽萌发更新的方法。平茬多用在灌木的复壮更新。

五、剪口处理与保护

1. 剪口芽

修剪后的伤口称剪口，按形状分为平剪口和斜剪口；剪口下第一个芽称为剪口芽。剪口芽的方向对修剪效果有一定的影响，在树桩盆景修剪时，选留剪口芽，可作为培养特殊枝干用。若修剪后希望树冠扩张，剪口芽应在枝条的外侧方向；若希望修剪后所萌发的枝条用于填补树冠内膛，剪口芽的方向应向内侧；若希望控制枝条生长，应选弱芽为剪口芽；反之，应选壮芽为剪口芽。

2. 剪口的保护

对珍贵植物、盆景、大树修剪所形成的剪口，一般应加以保护，以防伤口由于日晒雨淋、病菌入侵而腐烂。剪口的保护方法，一是用锋利的刀削平伤口，用硫酸铜溶液消毒；二是涂上保护剂，促进伤口愈合。常用的保护剂有保护腊和豆油铜素剂两种。

六、修剪新技术

目前，应用较广的有机械修剪和化学修剪：

（1）机械修剪：主要有电动手锯、油锯、气动高枝剪、绿篱修剪机等。

（2）化学修剪：利用某些化学试剂处理枝条抑制枝梢生长，达到修剪的效果，如生长延缓剂、调节磷、矮壮素等。

实训项目十六　园林植物的整形修剪

一、实训目的

通过对园林植物的整形修剪实训，掌握整形修剪的方法和实际操作技能。

二、实训材料

用于修剪的园林植物、枝剪、抬剪、手锯、梯子、安全带伤口保护剂等。

三、实训内容与方法步骤

根据各自责任区内园林植物对象，以及气候季节，选择相应的措施，每6人一组，分组完成各自责任区内的相应修剪工作：

（1）制定操作方案，包括人员分工等。

（2）完成指定绿篱植物的修剪。

（3）完成指定乔木的整形。

（4）工完清场。

四、实训要求

（1）通过实际操作和经验的逐渐积累，谈谈你对园林植物修剪整形的体会，并完成一份完整的实训报告。

（2）根据各组所管辖范围内的具体景观环境状况，检查本实训内容的实施情况和完成效果：修剪措施的选择、修剪方法及修剪效果等。

五、成绩评定

根据实训现场的操作情况及效果质量评定成绩，成绩可以按"优、良、中、及格、不及格"五个等级或按百分制。

任务五　草坪的日常养护管理

一、草坪的修剪

修剪的目的是维持草坪草在一定的高度下生长，增加分蘖；促进横向的匍匐茎和根茎发育，增加草坪密度；使草坪草叶片变窄，提高草坪的观赏性和运动性；限制杂草生长，抑制草坪草的生殖生长。

1. 修剪高度

修剪高度是指修剪后草坪草茎叶的高度。

（1）草坪草的耐剪高度。

耐剪高度范围是草坪草能忍耐最高与最低修剪高度之间的范围，高于这个范围，草坪变得稀疏，易被杂草吃掉；低于耐剪高度，发生茎叶剥离，老茎裸露，甚至造成地面裸露。不同类型草坪草的参考修剪高度范围如表4.5。

表 4.5　草坪草的参考修剪高度

冷季型草	高度/cm	暖季型草	高度/cm
匍匐剪股颖	0.35～2.0	美洲雀稗	4.0～7.5
草地早熟禾	3.75～7.5	狗牙根（普通）	2.0～3.75
高羊茅	4.5～8.75	狗牙根（杂交）	0.63～2.5
多年生黑麦草	3.75～7.5	结缕草（马尼拉）	1.25～5
细羊茅	2.5～6.5	野牛草	2.5～不剪

（2）环境条件影响修剪高度：在高温高湿或高温干旱期间，应提高修剪高度。

（3）1/3原则：对于一般的草坪，原则上，每次修剪不要超过1/3的纵向生长茎叶长度，否则地上茎叶生长与地下根系生长不平衡而影响草坪草正常生长。如图4.1所示。

图4.1

2. 修剪频率

取决于修剪高度，何时修剪则由草坪草生长速度决定。一般修剪高度为5 cm的草坪，每周修剪一次。对于生长过高草坪，不能1次修剪到标准留茬高度，应逐步修剪。

3. 修剪方向

修剪方向不同，草坪草茎叶取向、反光也不同，产生许多明暗相间的条带。为了保证茎叶向上生长，每次修剪的方向应该改变。同一草坪，每次修剪避免同一方式进行，尤其防止永远在同一地点、同一方向的多次重复修剪导致瘦弱趋势和"纹理"现象，如图4.2所示。

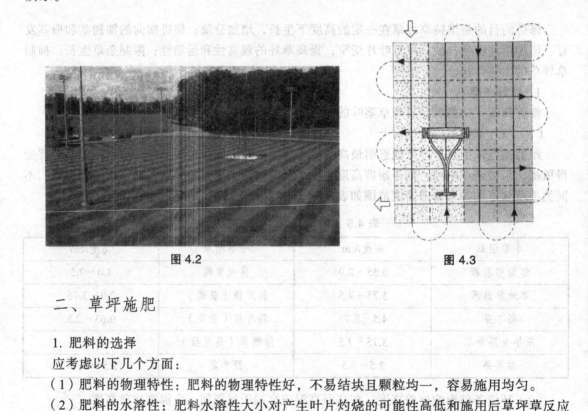

图4.2   图4.3

二、草坪施肥

1. 肥料的选择

应考虑以下几个方面：

（1）肥料的物理特性：肥料的物理特性好，不易结块且颗粒均一，容易施用均匀。

（2）肥料的水溶性：肥料水溶性大小对产生叶片灼烧的可能性高低和施用后草坪草反应

的快慢影响很大。缓效肥，有效期较长，每单位氮的成本较高，但施用次数少，省工省力，草坪质量稳定持久。

（3）肥料对土壤性状产生的影响：在进行施肥时，肥料对土壤性状产生的影响不容忽视，尤其是土壤 pH、养分有效性和土壤微生物群体的影响。

2. 施肥量

（1）氮肥施用量：在良好的生长条件下，一般每次施用量不超过 $6\ g/m^2$ 速效氮，温度高时，冷季型草坪施氮量不要超过 $3\ g/m^2$。如施用缓释氮肥，可按 $6\ g/m^2$ 施用，不得超过 $18\ g/m^2$。

（2）磷肥、钾肥施用量：可根据土壤测试结果，在氮肥施用量的基础上，按 N、P、K 配合施用比例来确定。一般情况下，N∶K = 2∶1，磷肥每年施用量为 $5\ g/m^2$。

（3）氮、磷、钾配比施肥：适宜的 N、P、K 配比可缓解土壤 pH 低对草坪不良影响，当 N、P、K 达到 20∶8.8∶16 时，草坪能在 pH 5.1 的土壤中保持良好的质量。

3. 施肥时间及施肥次数

（1）施肥时间：健康的草坪草每年在生长季节应施肥保证氮、磷、钾的连续供应。冷季型草坪草，深秋施肥；暖季型草坪草，最佳的施肥时间是早春和仲夏。

（2）施肥次数：应根据草坪草的生长需要而定。理想的施肥方案是，每隔一或两周施一次肥，对大多数草坪来说，每年至少施两次肥。实践中，草坪施肥的次数取决于草坪养护管理的水平。养护管理水平低的，每年施一次肥；中等养护管理水平，冷季型草坪每年施二次，暖季型草坪每年施三次；高养护管理水平，每月施肥一次。

4. 施肥方法

草坪施肥主要以追肥的方式进行，有表施和灌溉施肥两种方法。

（1）表施：是指采取下落式或旋转式施肥机将颗粒状肥直接撒入草坪内，然后结合灌水，使肥料进入草坪土壤中。

（2）灌溉施肥：是指经过灌溉系统将肥料溶解在水中，喷洒在草坪上。在干旱灌水频繁的地区，常采用这种方式施肥。

施肥时为使施肥均匀可将肥料分为两等份（横向撒一半，纵向一半），量少可掺沙（均匀分布性好）如图 1.3 所示。

三、草坪的覆盖

用外部材料覆盖坪床的作业，该方法适宜坡地或水分条件差的场地。

1. 覆盖的作用

（1）为了抗风和抵御地表径流的侵蚀，稳定土壤和固定种子。

（2）缓冲地表温度波动，保护幼苗。

（3）提供温润小环境，减少地表水分蒸发。

（4）减缓水滴冲击，减少地表板结。

（5）晚秋、早春低温播种时，起到保温的作用。

（6）需草坪提前返青或延迟枯黄时。

2. 常用覆盖材料

（1）秸秆（用量 $0.4 \sim 0.5\ kg/m^2$；最好不含杂草；覆盖不超过 50%）。

（2）干草（为避免含有杂草种子应早期刈割）。

（3）疏松木质：木质纤维丝、木片、刨花、锯木屑或切碎的树皮。

（4）有机物残渣：菜豆秧、压碎的玉米棒芯、蔗渣、甜菜渣、花生壳等。

（5）合成物：玻璃纤维、聚乙烯物、弹性多聚乳胶（玻璃纤维持久性强，但不利于修剪；聚乙烯物可加速种子萌发，具温室效应；弹性多聚乳胶抗侵蚀可与种子、肥料混合使用）。

（6）黄麻网或粗布条（黄麻网用于陡坡和排水沟，稳定苗床；粗布条在种子萌发后应拿掉）。

四、草坪灌水

1. 灌水时间

草坪第一次灌水时，要先检查地表状况，若地表坚硬、有枯枝落叶覆盖应先打孔、划破、垂直修剪再灌水；为了将蒸发量减少到最小，灌水最好在凉爽天气的傍晚或早上进行。

2. 灌水次数

依照床土类型和天气状况而定，一般沙土多于黏土，热干旱天气多于冷干旱天气；在生长季节，普通干旱下，每周1次；特干旱或床土保水性差时，每周2次或2次以上；凉爽天气，每10天1次。

3. 灌水注意事项

（1）对初建草坪，出苗前每天1~2次，土壤湿润层深5~10 cm；苗出、苗壮时少次多量。

（2）成坪后至越冬前的生长期内要求土层湿润层深20~40 cm，土壤含水量不应低于饱和田间持水量的60%。

（3）灌水应与施肥配合。

（4）冬季严寒地区，入冬前必须灌好封冻水，充分湿润40~50 cm的土层，最好采用漫灌，但要防止"冰盖"；来春土地开始融化前，草坪开始萌动时灌好返青水。

4. 节水管理措施

（1）在旱季，适当提高留茬高度2~3 cm，可使草坪遮阴加强，进而土壤蒸发降低。

（2）减少修剪次数，可一定程度减少因修剪伤口造成的水分流失。

（3）干旱季节应少施肥，因N肥促成营养生长使叶片茂密而耗水，可施P、K肥利于抗旱。

（4）及时进行垂直修剪，促进根系生长。

（5）过紧实的床土要及时穿孔、打孔→提高渗水贮水性。

（6）新坪建植时，选用耐旱的草种和品种。

（7）床土制备时应增施有机质和土壤改良剂→提高土壤持水力。

（8）灌溉前注意天气预报，避免降雨前浇水。

五、表施细土

1. 前提

（1）土地贫瘠、凹凸不平时（厚度少于0.5 cm；用金属刷将地拉平；每隔几周重复一次）。

（2）草坪表面不规则定植或均一性差时。

（3）出现严重絮结现象时（先高密度划破在表施细土）。

2. 表施细土的时间和数量

萌芽期最好，暖季草（4～7月和9月），冷季草（3～6月和10～11月）。

一般草坪1次/年，运动场草坪2～3次/年。当土地贫瘠、凹凸不平时一般施土厚度少于0.5 cm，施土后用金属刷将地拉平，每隔几周重复一次。当出现严重絮结现象时，先高密度划破再表施细土。

3. 表施细土的材料

与床土差异小；肥料成分低；是沙、有机物、沃土和土壤材料的混合物（含水分少，不含杂草种子、病菌或害虫等），表施细土的操作如图4.4所示。

图4.4

六、草坪碾压

滚压的重量依滚压的次数和目的而定，如为了修整坪床面宜少次重压。

1. 碾压时节

（1）草皮铺植后。

（2）幼坪第一次修剪后。

（3）成坪春季解冻后。

（4）生长季需叶丛紧密平整时。

2. 作业时期

春、夏生育期；建坪后不久、降霜期、早春开始剪草时等，土壤黏重、水分过多时，草坪较弱时不宜碾压作业。

七、草坪通气

通气指对草皮进行穿洞划破等技术处理，以利土壤呼吸和水分、养肥渗如床土中的作业。作用是改良草皮的物理性质，加快有机质层的分解，促进草坪地上生长发育。

1. 打孔（穿刺，图 4.5）

打孔是用实心的锥体插入草皮（深度不少于 6 cm）。主要分为两类：一类带有空心管垂直运动型打孔机；另一类是带有广口杯或空心管滚筒式打孔机。在草坪草生长旺盛，恢复力强，没有逆境胁迫，且不利于杂草萌发的时间（秋季）进行最佳。

图 4.5　　　　　　　　　　　　　　　　图 4.6

打孔时应注意：

① 作用在降雨后有积水处、草因干旱迅速变灰暗处、苔藓蔓生处、因重压出现秃斑处、杂草繁茂处等；

② 通常情况下，草坪打孔后常需进行覆土或覆沙作业；

③ 刺孔与划条的过程相似，只是扎土的深度限制在 3 cm 以内；

④ 夏季胁迫期间打孔很可能损伤或破坏草坪，这时划条可替代打孔。

2. 除土芯（土芯耕作）

除土芯是用专用机具从草坪土地中打孔并挖出土芯（草塞）的作业。应与灌水、施肥、补播、拖平等措施结合为防止脱水，干旱时不宜进行。

3. 划破（碾切，图 4.6）

划破是借助安装在圆盘上的一系列"V"形刀刺入草皮 7 ~ 10 cm，改良草坪通气透水性，该方法对草坪的机械破坏较小。

八、草坪着色

草坪着色是用喷雾器或其他设备，将草皮颜料溶液喷于植物表面的作业。颜料一旦干燥就能长时间存在，因此，喷施最好在雨后进行，主要在暖季型草休眠时、冷季型草越冬时或出现病害褪色时应用。

九、损坏草坪的修补

1. 更换草皮块（图 4.7）

先利用半圆形修边器和长木板，在损坏的区域四周切入。然后用铲子从下部铲断草皮，并把它完全移开；然后轻轻地叉松暴露的土壤，以促进新植草皮的生根。然后施一层液体或颗粒状肥料；接着小心踏实土壤，在重铺草皮之前，将土表压牢。向穴中置入一块新草皮，用半用形修边器切割草皮，使其大小刚好合适；最后检查新植草皮是否与草坪的其余部分水平。如果必要，在把草皮压下之前，调节其下土壤高度。

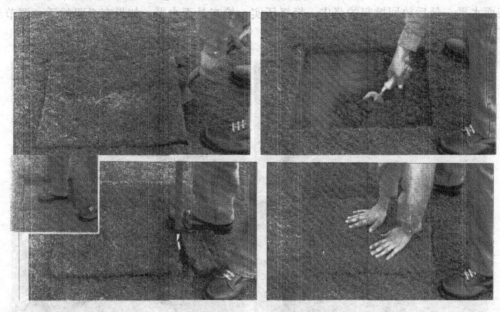

图 4.7

2. 修补破裂的草坪边缘（图 4.8）

先用铲子从下部切除破损的草皮，然后把它向前推动，直到受损的部分超过草坪的边缘。再利用直木板修剪草坪，这样修剪出来的草坪边缘就与草坪的其它部分齐平了。接着根据留下的缺口大小割块新的草皮，缓缓移入洞中，使它对齐并大小合适。如必要在新的草皮下添些土，直到新草皮与其余的草坪平整一致为止。一旦齐平，用耙子的背部或滚洞将新草皮捣实。最后在修复的地方撒些砂质土壤表层肥料，尤其是在结合处，然后浇水。

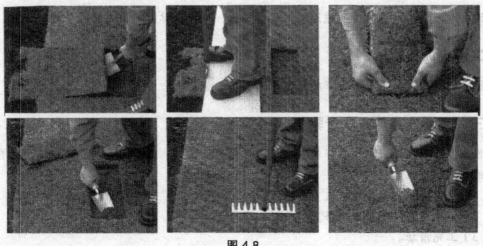

图 4.8

3. 草坪凹凸不平的处理（图 4.9）

用半月形修边器穿过空洞或隆起切一个十字形叉，十字叉的大小应刚好超过出现问题的地方，切至草皮以下。接关从十字叉的中心掀起草皮块，注意不要用力太猛以免造成草块破损。然后用筛过的优质砂质表层土壤将空洞填实。如果是隆起的问题，移走一些土壤直到整个表面水平。最后放回掀起的草皮，轻轻压实，检查是否水平。如果有必要的话，调节土壤高度，然后压实，施表层肥并充分浇水。

图 4.9

实训项目十七　园林草坪的养护管理

一、实训目的

通过对园林草坪的修剪、施肥、灌溉的实训，掌握园林草坪的日常养护管理方法。

二、实训材料

用于养护的园林草坪、剪草机、竹耙、肥料、施肥机、喷壶、水管、喷头等。

三、实训内容与方法步骤

根据各自责任区内园林草坪的特征，选择相应的措施，每 6 人一组，分组完成各自责任区内的草坪养护工作：

（1）制定操作方案，包括人员分工等。

（2）完成指定草坪植物的修剪、施肥、灌溉工作。

（3）工完清场。

四、实训要求

（1）通过实际操作和经验的逐渐积累，谈谈你对园林草坪日常养护的体会，并完成一份完整的实训报告。

（2）根据各组所管辖范围内的具体景观环境状况，检查本实训内容的实施情况和完成效果：草坪生长状况、草坪修剪、草坪灌溉、草坪施肥。

五、成绩评定

根据实训现场的操作情况及效果质量评定成绩，成绩可以按"优、良、中、及格、不及格"五个等级或按百分制。

任务六　古树名木的复壮

一、认识古树名木

1. 古树、名木的概念及保护的意义

（1）基本概念。古树指凡达到100年树龄的树木；名木指具有历史意义、文化科学意义或其他社会影响而闻名的树木。

（2）保护和研究古树名木的意义：

① 古树名木是历史的见证；

② 为文化艺术增添光彩；

③ 古树名木是历史陵园、名胜古迹的佳境之一；

④ 古树是研究古自然史的重要资料；

⑤ 古树对于研究树木生理有特殊意义；

⑥ 古树对于树种规划有很大的参考价值。

（3）古树、名木的调查登记：

① 调查内容：树种；树龄；树高；冠幅；胸径；生长势；生长的环境；及对观赏与研究的作用。

② 搜集有关古树的历史及其他资料。

二、古树名木复壮措施

1. 古树衰老的原因

生理处于衰老期；土壤透气性差，肥力不足；自然灾害和人为的伤害。

2. 日常管理技术措施

支架支撑、堵树洞、设避雷针、防治病虫害、灌水、施肥、松土、树体喷水等

3. 古树的复壮措施

常用的复壮措施有：埋条法、桥接法、地面打洞、换土、修剪枯弱枝，利用潜伏芽更新。

（一）地下部分复壮措施

地下复壮目标是促使根系生长，可以做到的措施是土肥管理和嫁接新根。

（1）深耕松土：操作范围应比树冠宽大，深度要求在 40 cm 以上。园林假山上不能深耕时，要查看根系走向，通过松土结合客土覆土保护根系。

（2）加塑料：对一些土壤板结严重的地方，可结合耕锄松土埋入聚苯烯发泡（可利用包装后的废料）。先将塑料撕成乒乓球或黄豆大小，数量不限，以埋入土中不露出土面为度。聚苯烯分子结构稳定，目前无分解它的微生物，故不会刺激根系，还有利根系生长。

（3）地面铺植草砖和草皮：在人为活动较多的地面铺置特制的植草砖，砖与砖之间不勾缝，留有通气道。

（4）挖壕沟：一些特殊地质的古树，由于所处地势不易截留水分，常受旱灾，可以在上方距树 10 m 左右处的缓坡地带挖水平壕，平均深为 1.5 m，宽 2～3 m，长 7.5 m，向处沿翻土，筑成截留雨水的土坝，底层填入嫩枝、杂草、树叶等，拌以表土。这种土坝可截雨水，蓄积水分，使古树根系长期处于湿润状态，遇到大旱之处，也可人工担水浇入壕内。

（5）根基填土：对树木根基水土流失地域用种植土填埋，厚度在 40 cm 以上。填土范围以树根全部埋在土中为准，一般不少于树冠投影面积，填土四周要结合景观建设，地表栽植花草，四周用挡土墙挡土。

（6）换土：古树几百年甚至上千年生长在一个地方，土壤里肥分有限，常呈现缺肥症状；再加上人为踩实，通气不良，排水也不好，对根系生长极为不利。因此，造成古树地上部分日益萎缩的状态。换土时在树冠投影范围内，深挖 0.5 m（随时将暴露出来的根用浸湿的草袋子盖上），将原来的旧土与沙土、腐叶土、大粪、锯末、少量化肥混合均匀之后填埋其上。对排水不良地域的古树名木换土时，同时挖深 3～4 m 的排水沟，下层填以大卵石，中层填以碎石和粗砂，再盖上无纺布，上面掺细砂和园土填平，使排水顺畅。

（7）施用生物制剂：用活力素或生根粉配水浇根可使根系生长量明显增加，树势增强。

（二）地上部分复壮措施

地上部分复壮，指对古树名木树干、枝叶等的保护，并促使其生长，这是整体复壮的重要方面，同时还要考虑根系的复壮。

（1）支架支撑：古树由于年代久远，主干或有中空，主枝常有死亡，造成树冠失去均衡，树体容易倾斜；又因树体衰老，枝条容易下，因而需用支架支撑。

（2）桥接法（架桥）：可在树旁栽小树，利用幼树的生长吸取土壤水肥。此法亦可用于古树伤口愈合。如若创伤较深，那么在用钢筋水泥封后，可在其旁植小树靠接。对一些特别珍贵并且生长衰退的古树名木采用"架桥"的方式复壮树体。

（3）树体喷肥：由于城市空气被浮土污染，古树名木树体截留灰尘极多，影响光合作用和观赏效果。对一些特别珍贵或生长衰退的古树名木可用 0.5%尿素进行树体喷肥。

（4）合理修剪：由于古树名木生长年限较长，有些枝条感染了病虫害，有些无用枝过多耗费营养，需进行合理修剪，达到保护古树名木的目的，对有些古树结合修剪也可进行疏花果处理，减少营养的不必要浪费。

（5）树木注液：对于生长极度衰退的珍贵古树，可用活力素进行注射，也可自行配置注射液。

（6）避雷保护：对一些高雷区的古树名木，应设置避雷设施，以防雷击。

职业能力小结

本学习情境对园林植物的生长与环境因子的关系、园林植物养护机械、园林植物的日常养护管理进行了全面的介绍。

① 具备园林植物的土壤与施肥管理能力；

② 具备园林植物的水分管理能力；

③ 具备园林植物的越冬越夏与抗风管理能力；

④ 具备园林植物的整形与修剪能力；

⑤ 具备草坪的日常养护管理能力；

⑥ 具备古树名木的养护管理能力。

讨论与思考

（1）请结合所在校园的园林植物养护管理现状，谈谈你对校园植物养护管理的看法？

（2）请谈谈你所在城市的名木古树资源分布情况，及当地园林管理部门对名木古树的保护管理措施。

参考文献

[1] 潘文明. 观赏树木[M]. 北京：中国农业出版社，2009.

[2] 金煜. 园林植物景观设计[M]. 沈阳：辽宁科学技术出版社，2008.

[3] 蒲亚云. 绿化工[M]. 成都：电子科技大学出版社，2004.

[4] 张金锋. 绿化种植设计[M]. 北京：机械工业出版社，2007.

[5] 杰瑞·哈勃，等. 屋顶花园——阳台相关知识花坛与露台设计. 北京：中国建筑工业出版社，2006.

[6] 黄金琦. 屋顶花园设计与营造. 北京：中国林业出版社，1994.

[7] 胡长农. 园林规划设计. 北京：中国农业出版社，2002

[8] 黄东兵. 园林规划设计. 北京：高等教育出版社，2002.

[9] 赵建民. 园林规划设计. 北京：中国农业出版社，2002.

[10] 汪新娥. 植物配置与造景. 北京：中国农业大学出版社，2008.

[11] 苏雪痕. 植物造景. 北京：中国林业出版社，1994

[12] 周初梅. 园林规划设计. 重庆：重庆大学出版社，2012.

[13] 程凤环，陈月华. 滨水植物景观设计探讨[J]. 山西建筑，2007（4）：7-8.

[14] 何松林，毕文龙. 水生观赏植物种植设计及施工探讨[J]. 山东林业科技，2009（2）：73-74.

[15] 日本土木学会. 滨水景观设计[M]. 大连：大连理工大学出版社，2002.

[16] 丁圆. 滨水景观设计[M]. 北京：高等教育出版社，2010.

[17] 贺晓娟. 论植物造景中的审美观[D]. 杨凌：西北农林科技大学，2005.

[18] 编委会. 庭院花草布景[M]. 北京：化学工业出版社，2011.

[19] 郭妤. 庭院植物设计原则及应用[J]. 中国园艺文摘，2010（9）：101-102.

[20] 张光宁. 室内植物装饰[M]. 南京：江苏科学技术出版社，2004.

[21] 白永莉，乔丽婷. 草坪建植与养护技术[M]. 北京：化学工业出版社，2009.